大学计算机

主编:沈丽容　张黎宁
参编:章春芳　韦素云　高琳明

东南大学出版社
·南京·

内 容 简 介

本书是根据教育部计算机科学与技术教学指导委员会提出的《关于进一步加强高等学校计算机基础教学的意见》中的有关要求编写的,主要讲述信息技术的基础理论,分为6章,内容包括计算机与信息技术概述、计算机硬件系统、计算机软件、计算机网络与 Internet 应用、多媒体技术及应用、数据库技术与信息系统等。

本书更加注重计算机前沿和发展趋势方面的信息,在每章中添加了计算机发展的趣闻,增加学生见识和学习乐趣,并通过丰富的习题提高学生学习效果。

本书可作为各类高等院校计算机基础课程教材,也可作为计算机各类社会培训班的教材或者计算机初学者的自学参考书。

图书在版编目(CIP)数据

大学计算机 / 沈丽容,张黎宁主编 . — 南京 : 东南大学出版社,2013.9(2016.6 重印)

ISBN 978 - 7 - 5641 - 4466 - 1

Ⅰ. ①大… Ⅱ. ①沈… ②张… Ⅲ. ①电子计算机—高等学校—教材 Ⅳ. ①TP3

中国版本图书馆 CIP 数据核字(2013)第 195942 号

大学计算机

出版发行	东南大学出版社	
出 版 人	江建中	
社 址	南京市四牌楼 2 号	
邮 编	210096	
经 销	全国各地新华书店	
印 刷	常州市武进第三印刷有限公司	
开 本	787 mm×1092 mm 1/16	
印 张	15.25	
字 数	368 千字	
书 号	ISBN 978 - 7 - 5641 - 4466 - 1	
版 次	2013 年 9 月第 1 版	
印 次	2016 年 6 月第 4 次印刷	
印 数	20801—27300 册	
定 价	31.00 元	

(本社图书若有印装质量问题,请直接与营销部联系,电话:025—83791830)

前　言

随着社会的发展,新的计算机技术不断涌现,计算机在社会中的应用更加深入广泛,新时期社会对人才的培养提出了更高的要求,迫切需要加强高等院校计算机基础的教学工作。根据教育部高等学校非计算机专业基础课程教学指导分委员会提出的《关于进一步加强高等学校计算机基础教学的意见》,高等学校计算机基础教学是为非计算机专业学生提供计算机知识、能力与素质方面的教育,旨在使学生掌握计算机硬件、软件、网络、多媒体及其他相关信息技术的基本知识,培养学生利用计算机分析问题、解决问题的意识与能力,提高学生的计算机素质,为将来利用计算机知识与技术解决自己专业实际问题打下基础。

不同专业因其计算机应用特点不同,可能会对计算机基础教学提出不同要求。但概括起来,计算机基础课程的教学目的主要侧重于以下几个方面:

(1) 掌握计算机软硬件的一些基础知识,以及程序设计、数据库、多媒体、网络等方面的基础概念与原理性内容,了解信息技术的发展趋势。

(2) 熟悉典型的计算机或网络操作环境及工作平台,具备使用常用软件进行信息处理的能力。

(3) 培养良好的信息素养,具有良好的社会责任与职业道德,能够利用计算机手段进行表达与交流,能够利用 Internet 主动学习。

基于以上目的和要求,针对信息技术的发展和新时期高等学校学生的特点,我们组织了一批工作在教学一线并且有多年计算机基础课程教学经验的高校教师,编写了《大学计算机》一书。

本书共 6 章,主要讲述信息技术的基本理论,内容翔实,知识点分析透彻,与时俱进,力求反映最新发展动态。

本书第 1 章概述了计算机的产生、发展、分类和应用,信息技术的发展动态和规律;第 2 章讲述了计算机硬件系统的组成和计算机系统的工作原理;第 3 章讲述了计算机软件的概念、特点和分类,常见的操作系统和应用软件,程序设计语言的发展,常用的程序设计语言,算法的概念和特性,数据结构和软件工程的基本理论;第 4 章讲述了计算机网络基础知识、数据通信技术、局域网技术和组建方法、TCP/IP 协议、接入 Internet 的方法、Internet 服务与应用、计算机网络安全、计算机从业道德等;第 5 章讲述了多媒体技术的概念和特点,图形图像的概念、特点和生成方法,声音数字化的方法和合成声音的原理,数字视频的概念和动画制作原理,并简要介绍了多款常用的图像处理、视频编辑和动画制作软件;第 6 章讲述了数据库和信息系统的基本理论,内容包括数据库系统概述、关系数据库的基本概念、标准的关系数据库语言 SQL、信息系统的概念和分类等。

本书的特点是内容丰富,实用性强,能反映最新硬件、软件、网络发展动态。通过本书的学习,学生不但可以掌握信息技术基础理论知识和基本原理,而且可以了解信息技术发展前沿,提高计算机素养,为今后学习和工作奠定理论基础。

参加本书编写的教师有沈丽容(第3章、第6章)、张黎宁(第4章)、章春芳(第2章)、韦素云(第5章)、高琳明(第1章),全书由沈丽容统稿,周宇、夏霖、朱正礼、窦立君等多位教师对本书进行审核并提出了许多宝贵的意见,黄肖锐为本书提供了许多图片素材,在此表示衷心的感谢。在本书的编写过程中参考了大量文献资料和网络资源,对相关文献和资源的作者,也在此表示衷心感谢。

由于时间仓促和编者水平有限,书中有欠妥和不足之处,恳请读者批评指正。

编　者

2013 年 5 月

目　录

1 计算机与信息技术概述

电子计算机(Electronic Computer)又称为计算机(Computer),是一种能够高速、自动地进行信息处理的电子设备。它是 20 世纪人类最伟大的发明创造之一。在短暂的半个多世纪里,计算机技术取得了迅猛的发展。它的应用领域从最初的军事应用和科学计算扩展到目前的各个领域,有力地推动了信息化社会的发展。计算机现已成为信息社会各行各业不可缺少的工具。

1.1 计算机发展概述

1.1.1 计算机的产生和发展

第二次世界大战期间,美国军方为了解决计算大量军用数据的难题,开始研制计算机。世界上第一台电子数字式计算机最终于 1946 年 2 月 15 日在美国宾夕法尼亚大学问世,称为 ENIAC,是电子数值积分计算机(Electronic Numerical Integrator And Computer)的缩写。它使用了 18 000 个电子管,耗电 150 千瓦,占地 170 平方米,重达 30 吨。虽然它的功能还比不上今天最普通的一台微型计算机,但在当时它已是运算速度的绝对冠军,并且其运算的精确度和准确度也是史无前例的。一条炮弹的轨迹,20 秒钟就能被它算完,比炮弹本身的飞行速度还要快。ENIAC 标志着电子计算机的问世,人类从此大步迈进了计算机时代,社会生活从此发生了巨大的变化。图 1.1 中即为 ENIAC。

图 1.1　ENIAC 电子计算机

ENIAC 诞生后短短的几十年间,计算机的发展突飞猛进。每一次计算机使用的电子器件的更新换代都使它的体积和耗电量大大减小,功能大大增强,应用领域进一步拓宽。人们根据计算机使用的电子器件(如图 1.2 所示),将其发展过程分成以下几个阶段:

(1) 第一代(1946—1957)是电子管计算机。计算机使用机器语言和汇编语言,运行速度慢,存储量小,主要用于数值计算。

（2）第二代（1958—1964）是晶体管计算机。计算机使用 FORTRAN 等高级语言，体积明显缩小，运算速度大大提高，应用范围扩大到数据处理和工业控制。

（3）第三代（1965—1971）是小规模集成电路计算机。存储器进一步发展，体积更小，成本更低。计算机增加了多种外部设备，软件得到了一定的发展，开始使用操作系统，文字与图像处理功能得到加强。

（4）第四代（1972 年以后）是大规模、超大规模集成电路计算机。应用更加广泛，出现了微型计算机。

（5）到了 20 世纪 80 年代，美、日等国家开始研制智能型计算机。这种计算机可以模拟或部分代替人的智能活动，且可以具有人机自然通信的能力。

电子管　　　　　　晶体管　　　　　小规模集成电路　　　　大规模、超大规模集成电路

图 1.2　历代计算机使用的电子器件

1.1.2　微电子技术

信息技术、通信技术、计算机技术的发展都离不开一项基础技术——微电子技术。微电子技术主要是指晶体管等基础元件尺寸在微米（10^{-6} 米）数量级左右的半导体集成电路技术。微电子技术是 20 世纪人类最伟大的发明之一，其最重要的应用领域就是计算机技术领域。微型计算机的各个组成部分都是微电子技术的结晶。集成电路的高速发展，使得计算机的核心——微处理器的发展越来越快。

1971 年 Intel 推出的第一代微处理器 4004，主频只有 108 千赫，70 年代末推出的 16 位微处理器 8086，主频达到 5～10 兆赫，性能比 8 位微处理器 8008 提高 100 倍以上。80 年代中期推出的 80386 芯片，已采用 1 微米工艺，主频达到 33 兆赫。1993 年 Intel 推出的 66 兆赫主频的奔腾（Pentium）芯片采用了超标量技术，性能比 33 兆赫的 486 芯片高 5 倍。1995 年以后，由于采用先进的 RISC（Reduced Instruction Set Computing，精简指令集运算）技术、铜线技术等，芯片速度平均每年递增 50% 以上。到 2000 年，主频 1 千兆赫以上的微处理器芯片已问世。

追根溯源，微电子技术的诞生应归功于晶体管的发明。1947 年发明锗晶体管以后，人们又经过多年努力突破了提炼半导体材料硅单晶的障碍，晶体管的应用才开始普及。商品化的集成电路则是于 1962 年问世。第一代集成电路大部分采用双极型晶体管和晶体管-晶体管逻辑（TTL），结构复杂，集成度低。到了 70 年代则采用金属-氧化物-半导体场效应晶体管，即 MOS 工艺成为集成电路的主流。MOS 集成电路（包括 PMOS、NMOS 和 CMOS 等）制造工艺简单、集成度高、噪声小，目前多数微处理器和存储器都属于这一类集成电路。HKMG 是 Inter、AMD 和台积电都在使用的一项技术，它以 High-K 绝缘层替代传统的 SiO_2 氧化层，并以金属材料替代硅材料栅极，这项技术有助于晶体管开关速度的提升。

数字集成电路多数由门电路组成，因此集成电路的规模可按一片集成电路包含的门电路数目（即集成度）分类。集成电路按集成度可分为六大类：小规模集成电路（SSI）、中规模集成电

(MSI)、大规模集成电路(LSI)、超大规模集成电路(VLSI)、特大规模集成电路(ULSI)和巨大规模集成电路(GLSI),其分类标准如表 1.1 所示。

表 1.1 集成电路的集成度分类

类别	SSI	MSI	LSI	VLSI	ULSI	GLSI
芯片所含门电路数	<10	$10\sim10^2$	$10^2\sim10^4$	$10^4\sim10^6$	$10^6\sim10^8$	$>10^8$
芯片所含器件个数	$<10^2$	$10^2\sim10^3$	$10^3\sim10^5$	$10^5\sim10^7$	$10^7\sim10^9$	$>10^9$

1965 年美国 Intel 公司的创始人之一戈登·摩尔根据 1958 年以来集成电路的发展,预测每 18～24 个月同样硅片面积上的晶体管数目将翻一番。这一预测在后来几十年中基本得到验证,被信息领域广泛引用为"摩尔定律"。"摩尔定律"带动了芯片产业竞争的白热化。2005 年,作为 Intel 公司名誉主席的摩尔在纪念这一定律发表 40 周年之时说:"如果你期望在半导体行业处于领先地位,你无法承担落后于摩尔定律的后果。"

随着精细化技术的发展,器件尺寸已缩小到纳米(10^{-9}米)即毫微米级,这就是近几年蓬勃兴起的纳米技术,也有人预言 21 世纪将出现"纳电子"技术。

目前 22 纳米已成为主流工艺。22 纳米制程工艺的进化十分惊人,在 2012 年 Intel 信息技术峰会(IDF)上,Intel 副总裁施浩德向大家展示了一块直径 300 毫米的标准晶圆,大致数一下可以发现,纵向最多有 37 个内核,横向最多则是 15 个,单个内核的尺寸大概是 8.1×20 毫米,也就是 162 平方毫米,一个针头可以放置一亿多个 22 纳米三栅极晶体管。当今最先进的集成电路技术已经能够将 23 亿个晶体管集中在指甲盖大小的区间里。

在 2012 年的 IDF 上,Intel 高管 Mark Bohr 对他们的 14 纳米工艺进程进行了介绍,Intel 有望在 2013 年晚些时候引入 14 纳米工艺。从 2015 年开始,Intel 将会陆续升级至 10 纳米,之后则是 7 纳米甚至是 5 纳米。

摩尔定律问世至今已经将近半个世纪了。在这半个世纪里,计算机从神秘不可接近的庞然大物变成多数人都不可或缺的工具。人们不禁要问:这种令人难以置信的发展速度会无止境地持续下去吗?芯片上元件的几何尺寸不可能无限制地缩小下去,因为当电流微弱到仅有几十个甚至几个电子流动,晶体管将逼近其物理极限而无法正常工作。摩尔定律的出路何在?3D 晶体管(如图 1.3 所示)让摩尔定律延续。

图 1.3 3D 晶体管

世界上第一个 3D 晶体管"Tri-Gate"由 Intel 于 2011 年 5 月 6 日宣布研制成功。Tri-Gate 使用一个三维硅鳍片取代传统晶体管上的平面栅极,硅鳍片三个面都安排了一个栅极用于辅助电流控制。在 Tri-Gate 中,由于三维硅鳍片都是垂直的,晶体管可以更紧密排列,能够很大程度上提高晶体管密度。Tri-Gate 将晶体管排列由平面转向立体,使单位面积中可以容纳更多的晶体管。图 1.4 形象地展示了 3D 晶体管。

图 1.4　3D 晶体管将影响整个行业(图片来源:www.zol.com.cn)

打一个形象的比喻,二维晶体管如同平房,3D 晶体管则是摩天大楼。在同样的占地面积下,楼房则要比平房能够承载更多的房屋。可以说,在摩尔定律逐渐达到极限的现在,3D 晶体管是使其延续的最佳方法。

移动互联网时代摩尔定律面临速度太慢的尴尬。Intel CEO 表示,PC 时代摩尔定律的周期是 18 个月,移动互联网时代则是 12 个月,甚至更短,摩尔定律需要改变节奏。

总之,作为现代信息技术的核心,微电子技术已经渗透到诸如现代通信、计算机技术、医疗卫生、环境工程、能源、交通、自动化生产等各个方面,成为一种既代表国家现代化水平又与人民生活息息相关的高新技术。

1.1.3　计算机的特点

计算机的主要特点有工作自动化、处理速度快、计算精度高、记忆能力强、逻辑判断能力可靠、通用性强、支持人机交互等。

(1)工作自动化:计算机是由程序控制其操作过程的。只要根据应用的需要,事先编制好程序并输入计算机,计算机就能自动、连续地工作,完成预定的处理任务。计算机中可以存储大量的程序和数据。存储程序是计算机工作的一个重要前提,也是计算机能自动处理的基础。

(2)处理速度快:计算机的运算部件采用的是电子器件,其运算速度远非其他计算工具所能比拟。目前世界上最快的计算机每秒可运算万亿次,普通 PC 每秒也可处理上百万条指令。这不仅极大地提高了工作效率,而且使时限性强的复杂处理可在限定的时间内完成。

(3)计算精度高:由于计算机采用二进制数字进行计算,因此可以通过增加表示数字的设备和运用计算技巧等手段,使数值计算的精度越来越高,可根据需要获得千分之一到几百万分之一,甚至更高的精度。

(4)记忆能力强:计算机的存储器类似于人的大脑,可以记忆大量的数据和计算机程序,随时提供信息查询、处理等服务。在运算过程中不必每次都从外部去取数据,而只需事先将数据输入存储器中,运算时直接从存储器中获得数据,从而大大提高了运算速度。

(5) 逻辑判断能力可靠:具有可靠的逻辑判断能力是计算机的一个重要特点,也是计算机能实现信息处理自动化的重要原因。在程序执行过程中,计算机根据上一步的处理结果,能运用逻辑判断能力自动决定下一步应该执行哪一条指令。计算机的计算能力、逻辑判断能力和记忆能力三者的结合,使得计算机的能力远远超过了任何一种工具而成为人类脑力延伸的有力助手。

(6) 通用性强:计算机能够在各行各业得到广泛的应用,原因之一就是具有很强的通用性。同一台计算机只要安装不同的软件或连接到不同的设备上,就可以完成不同的任务。

(7) 支持人机交互:计算机具有多种输入输出设备,配上适当的软件后,可支持用户进行方便的人机交互。以鼠标为例,当用户手握鼠标,只需将手指轻轻一点,计算机便随之完成某种操作功能,真可谓"得心应手,心想事成"。当这种交互性与声像技术结合形成多媒体用户界面时,更加可以使用户的操作达到自然、方便、丰富多彩。

1.1.4 计算机的发展趋势

随着计算机应用的广泛和深入,又向计算机技术本身提出了更高的要求。当前,计算机的发展表现为四种趋向:巨型化、微型化、网络化和智能化。

(1) 巨型化:天文、军事、仿真等领域需要进行大量的计算,要求计算机有更快的运算速度、更大的存储量,这就需要研制功能更强的巨型计算机。这是尖端科学的需要,也是记忆海量信息以及使计算机具有类似人脑的自主学习和复杂推理功能所必需的。巨型机的发展集中体现了计算机科学技术的发展水平。

(2) 微型化:专用微型机已经大量应用于仪器、仪表和家用电器中,而通用微型机大量进入办公室和家庭,但人们需要体积更小、更轻便、易于携带的微型机,以便出门在外或在旅途中均可使用计算机。应运而生的便携式微型机(笔记本型)、掌上型微型机、平板电脑、智能手机等正在不断涌现,质量更加可靠,性能更加优良,价格更加低廉,整机更加小巧。

谷歌眼镜(Google Project Glass)是由谷歌公司于 2012 年 4 月发布的一款"拓展现实"眼镜(图 1.5),它具有和智能手机一样的功能,可以通过声音控制拍照、视频通话和辨明方向以及上网冲浪、处理文字信息和电子邮件等。

苹果 iWatch 手表(图 1.6)内置了 iOS 系统,支持 FaceTime、Wi-Fi、蓝牙、Airplay 等功能,能配合苹果的多款移动设备使用并能接听电话,它还支持 Retina 触摸屏。

图 1.5 谷歌眼镜

图 1.6 苹果 iWatch 手表

（3）网络化：将地理位置分散的计算机通过专用的电缆或通信线路互相连接，就形成了计算机网络。网络化能够充分利用计算机的宝贵资源并扩大计算机的使用范围，为用户提供方便、及时、可靠、广泛、灵活的信息服务。人们足不出户就可实现获取大量的信息、与世界各地的亲友快捷通信、进行网上贸易等操作。

（4）智能化：智能计算机具有解决问题、逻辑推理、知识处理和知识库管理等功能。人与计算机的联系是通过智能接口，用文字、声音、图像等与计算机进行自然对话。目前已研制出的各种"机器人"已能够部分地代替人的脑力劳动。智能化使计算机突破了"计算"这一初级的含意，从本质上扩充了计算机的能力，使其可以越来越多地代替人类脑力劳动。

计算机科学发展趋势还可以从"高"、"广"、"深"三个维度来考虑。

第一维是向"高"度方向发展。计算机的性能越来越高，速度越来越快，主要表现在计算机的主频越来越高。目前世界上性能最高的通用计算机已采用上万台计算机并行，运行速度达到每秒几十万亿次，甚至几千万亿次。

第二维是向"广"度方向发展，计算机发展的趋势就是无处不在，以至于像"没有计算机一样"。未来，计算机也会像现在的马达一样，存在于家中的各种电器中。现在已经有中小学开始使用 iPad 作为教学工具，所有的课程教材、辅导书、练习题都在里面。所以有人预言未来计算机可能像纸张一样便宜，可以一次性使用，计算机将成为不被人注意的最常用的日用品。

第三维是向"深"度方向发展，即向信息的智能化发展。目前计算机的"思维"方式与人类的思维方式有很大区别，人类还很难以自然的方式如语言、手势、表情与计算机打交道。近几年来计算机识别文字和口语的技术已有较大提高，估计 5～10 年内手写和口语输入将逐步成为主流的输入方式。手势和脸部表情识别也已取得较大进展。

1.1.5　计算机未来的发展方向

近年来，通过进一步的深入研究，人们发现由于电子电路的局限性，理论上电子计算机的发展也有一定的局限性，因此人们正在研制不使用集成电路的计算机，例如仿生的生物计算机、二进制的非线性量子计算机、光子计算机、混合计算机、智能计算机、超导计算机等。

1）仿生的生物计算机

生物计算机的主要原材料是生物工程技术产生的蛋白质分子，以此作为生物芯片，利用有机化合物存储数据。在这种芯片中，信息以波的形式传播，当波沿着蛋白质分子链传播时，会引起蛋白质分子链中单键、双键结构顺序的变化，例如一列波传播到分子链的某一部位，它们就像硅芯片集成电路中的载流子那样传递信息。仿生的生物计算机的运算速度要比当今最新一代计算机快 10 万倍，它具有很强的抗电磁干扰能力，并能彻底消除电路间的干扰，但能量消耗仅相当于普通计算机的十亿分之一，且具有巨大的存储能力。由于蛋白质分子能够自我组合再生新的微型电路，使得生物计算机具有生物体的一些特点，如能发挥生物本身的调节机能，自动修复芯片上发生的故障，还能模仿人脑的机制等。

2）二进制的非线性量子计算机

量子计算机是利用原子所具有的量子特性进行信息处理的一种全新概念的计算机。量子理论认为，非相互作用下，原子在任一时刻都处于两种状态，称之为量子超态。原子会旋转，即同时沿上、下两个方向自旋，这正好与电子计算机中的 0 与 1 完全吻合。如果把一群原子聚在一起，它们不会像电子计算机那样进行线性运算，而是同时进行所有可能的运算，例如量子计算机处理数据时不是分步进行而是同时进行。只要 40 个原子一起计算，就相当于今天一台超级计算机的性能。量子计算机以处于量子状态的原子作为中央处理器和内存,就像一枚信息火箭,在一瞬间搜寻整个互联网,也可以轻易破解当前的任何安全密码。

3)光子计算机

1990 年初,美国贝尔实验室制成世界上第一台光子计算机。光子计算机是一种由光信号进行数字运算、逻辑操作、信息存储和处理的新型计算机。光子计算机的基本组成部件是集成光路,要有激光器、透镜和核镜。由于光子比电子速度快,光子计算机的运行速度可高达每秒一万亿次。光子计算机与电子计算机相比,主要具有以下优点:(1) 超高的运算速度,且对使用环境条件的要求也比电子计算机低得多;(2) 超大规模的信息存储容量;(3) 能量消耗小,散发热量低,是一种节能型产品。科学家们正试验将传统的电子转换器和光子结合起来,制造一种"杂交"的计算机,这种计算机既能更快地处理信息,又能克服巨型电子计算机运行时内部过热的难题。

4)混合计算机

混合计算机(Hybrid Computer)是可以进行数字信息和模拟物理量处理的计算机系统。混合计算机通过数模转换器和模数转换器将数字计算机和模拟计算机连接在一起,构成完整的混合计算机系统。混合计算机一般由数字计算机、模拟计算机和混合接口三部分组成,其中模拟计算机部分承担快速运算的工作,而数字计算机部分则承担高精度运算和数据处理。混合计算机同时具有数字计算机和模拟计算机的特点:运算速度快、计算精度高、逻辑能力强、存储容量大和仿真能力强。随着电子技术的不断发展,混合计算机主要应用于航空航天、导弹系统等实时性的复杂大系统中。

5)智能计算机

智能计算机(Intelligent Computer)迄今未有公认的定义。1937 年 A. 丘奇和图灵分别独立地提出关于人的思维能力与递归函数的能力等价的假说。这一假说后来被一些人工智能学者表述为:如果一个可以提交给图灵机的问题不能被图灵机解决,则这个问题用人类的思维也不能解决。另一些学者如 H. 德雷福斯等哲学家肯定地认为,以图灵机为基础的数字计算机不能模拟人的智能。他们认为数字计算机只能做形式化的信息处理,而人的智能活动不一定能形式化。这一学派原则上不否认用接近于人脑的材料构成智能机的可能性,但这种广义的智能机不同于数字计算机。随着人们对于计算的理解的不断加深与拓宽,可以把能够实现的物理过程都看成计算过程,基因可以看成开关,一个细胞的操作也能用计算加以解释,从这种意义讲,广义的智能计算机与智能机器或智能机的范畴几乎一样。

6)超导计算机

超导计算机是利用超导技术生产的计算机及其部件,其理论开关动作所需时间为千亿分之一秒,电力消耗只是大规模集成电路的百分之一。其运算速度比现在的电子计算机快 100 倍,而电能消耗仅是电子计算机的千分之一。如果目前一台大中型计算机每小时耗电 10 千瓦,那么,同样一台超导计算机只需一节干电池就可以工作了。但是,现在这种组件计算机的电路必须要在低温下工作。若将来发明了常温超导材料,计算机的整个世界将被改变。

1.2 计算机的分类

计算机的分类多种多样,可以按照其内部的逻辑结构划分,也可以按照其性能和用途划分为如下几大类。由于计算机技术发展迅猛,不同类型的计算机之间的界限已非常模糊。

(1) 超级计算机(Super Computer):采用大规模并行处理结构,具有极强的运算处理能力,其速度以每秒的浮点运算次数"FLOPS"作度量单位。目前,超级计算机主要用于战略武器(如核武器和反导弹武器)的设计、空间技术、石油勘探、长期天气预报以及社会模拟等尖端领域。世界上只有少数几个国家能生产超级计算机,包括美国、德国、中国、日本、法国、意大利等。我国的超级计算天津中心的"天河一号"超级计算机在 2012 年全球运算速度排名中名列第 5,超级计算深圳中心的"星云"超级计算机排名第 10。最新排名中,我国的"天河二号"夺得全球最快超级计算机宝座。"天河二号"的持续运算测试达到每秒 3.39 亿亿次浮点运算,其峰值指令周期高达每秒 5.49 亿亿次,令其他计算机望尘莫及。

(2) 大型计算机(Main Frame):要以大型计算机和其他外部设备为主,并且配备众多的终端,组成一个计算机中心,才能充分发挥其作用。主要用于大量数据和关键项目的计算,例如银行金融交易及数据处理、人口普查、企业资源规划等。现代大型计算机并非主要通过每秒运算次数 MIPS 来衡量性能,而是根据可靠性、安全性、向后兼容性和极其高效的 I/O 性能来衡量其性能。大型计算机通常强调大规模的数据输入输出,着重强调数据的吞吐量。大型计算机可以同时运行多个操作系统,因此不像是一台计算机而更像是多台虚拟机,因此一台大型计算机可以替代多台普通的服务器,是虚拟化的先驱。同时大型计算机还拥有强大的容错能力。

(3) 小型计算机(Mini Computer):一般为中小型企事业单位或某一部门所用,例如高等院校的计算机中心都以一台小型机为主机,配以几十台甚至上百台终端机,以满足大量学生学习程序设计课程的需要。当然其运算速度和存储容量都比不上大型计算机。

(4) 个人计算机(Personal Computer):又称为 PC,是第四代计算机时期出现的一个新机种。它虽然问世较晚,却发展迅猛,初学者接触和认识计算机多数是从 PC 开始的。PC 的特点是轻、小、价廉、易用。今天,PC 的应用已遍及各个领域,几乎无处不在,无所不用。

1.3　计算机的应用

计算机的应用领域已渗透到社会的各行各业,正在改变着传统的工作、学习和生活方式,推动着社会的发展。计算机的主要应用领域如下:

(1) 科学计算:指利用计算机来完成科学研究和工程技术中提出的数学问题的计算。在现代科学技术工作中,科学计算问题是大量的和复杂的。利用计算机的高速运算、高精度、大存储容量和连续运算的能力,可以实现人工无法解决的各种科学计算问题。科学计算是计算机最早的应用领域。

(2) 信息处理:指对各种数据进行收集、存储、整理、分类、统计、加工、利用、传播等一系列活动的统称。据统计,80%以上的计算机主要用于数据处理,这类工作量大、面宽,决定了计算机应用的主导方向。目前,信息处理已广泛地应用于办公自动化、企事业单位计算机辅助管理与决策、情报检索、图书管理、电影电视动画设计、会计电算化等各行各业。信息正在形成独立的产业,多媒体技术展现在人们面前的信息不仅是数字和文字,还有声情并茂的声音和图像。

(3) 计算机辅助技术:包括计算机辅助设计(Computer Aided Design,CAD)、计算机辅助制造(Computer Aided Manufacturing,CAM)和计算机辅助教学(Computer Aided Instruction,CAI)等多方面,是近几年来迅速发展的一个计算机应用领域。CAD 广泛应用于船舶、飞机、汽车、建筑、电子和轻工业等领域,可提高设计工作的自动化程度和设计质量;CAM 则是利用计算机系统进行生产设备的管理、控制和操作,能提高产品质量、降低成本、提高生产率和改善劳动条件;CAI使教学手段达到一个新的水平,即利用计算机模拟一般教学设备难以表现的物理或工作过程,可实现交互教育、个别指导和因人施教,引导学生循序渐进地学习,极大地提高了教学效率。

(4)过程控制:也称为实时控制,是使用计算机对连续工作的控制对象实行自动控制。要求计算机能及时搜集检测信号,通过计算处理,发出调节信号对控制对象进行自动调节。过程控制应用中的计算机对输入信息的处理结果的输出总是实时进行的。例如在军事上常使用计算机控制导弹等武器的发射与导航,自动修正导弹在飞行中的航向。过程控制已在机械、冶金、石油、化工、纺织、水电、航天等部门得到广泛的应用。

(5)人工智能:是研究、解释和模拟人类智能、行为及其规律的一门学科。其主要任务是建立智能信息处理理论,进而设计可以展现某些近似于人类智能行为的计算机系统。目前人工智能的研究已取得不少成果,有些已开始走向实用阶段。例如,能模拟高水平医学专家进行疾病诊疗的专家系统,具有一定思维能力的智能机器人等。

(6)网络应用:计算机技术与现代通信技术的结合构成了计算机网络,实现了信息双向交流以及各种软、硬件资源的共享,同时利用多媒体技术扩大了计算机的应用范围。例如,利用计算机辅助教学和网络,开设网络远程教育来代替传统的教学方式。以计算机为核心的信息高速公路的实现将进一步改变人们的生活方式。

(7)多媒体技术:是把数字、文字、声音、图形、图像和动画等多种媒体有机组合起来,利用计算机、通信和广播电视技术,使它们建立起逻辑联系并能对它们进行加工处理(包括对这些媒体的录入、压缩和解压缩、存储、显示和传输等)的技术。目前多媒体计算机技术的应用领域正在不断拓宽,除了知识学习、电子图书、商业及家庭应用外,在远程医疗、视频会议中也得到了极大的推广。

1.4 信息技术的基本概念

1.4.1 什么是信息

我们生活在一个信息时代。企业家通过了解市场信息来确定产品的生产销售策略,教师和学生通过教学大纲来教学和学习,老百姓离开有关衣、食、住、行的信息将一刻也无法生活。信息社会的到来,以计算机和网络技术为核心的现代技术的飞速发展,正深刻地改变着我们的生产、生活和学习方式。那么,什么是信息呢?

信息本身并不是实体,必须通过载体才能体现,但不随载体的物理形式而变化。书籍报刊上的文字、数字、符号、图形等是信息的载体,电视中播放的声音、图像是信息的载体,电话、收音机中传输的语音也是信息的载体。它们所蕴涵的内容都是信息。可以通俗地认为:信息是对人们有用的数据,这些数据将可能影响人们的行为与决策。

信息的载体和信息处理、加工的设备很多,电视机就是一种集声音、图像等各种信息表现形式为一体的信息设备。而使用计算机处理信息,一般是指利用计算机速度快、精度高、存储能力强、具有逻辑判断和自动运行能力的特点,使用计算机和其他辅助方式,把人们在各种实践活动中产生的大量信息按照不同的要求及时地收集、储存、整理、传输和应用。如报刊排版、资源调查、卫星跟踪等,都是用计算机处理信息的具体表现。

1.4.2　信息技术

人类通过感觉器官(眼、耳、鼻、舌、身体)获取信息,使用神经网络传递信息,利用思维器官(大脑)处理信息并再生信息,再使用效应器官(手脚)使用信息。信息技术是指用来扩展人的信息器官功能、协助人们进行信息处理的一类技术。感知与识别技术可以扩展人类的感觉器官功能,提高人们的感知范围、感知精度和灵敏度;通信技术与存储技术则可以扩展神经网络功能,消除人们交流信息的空间和时间障碍;计算处理技术能扩展思维器官功能,增强人们的信息加工处理能力;控制与显示技术可以扩展效应器官功能,增强人们的信息控制能力。

人们使用计算机收集、储存、整理、传输和应用信息的能力将成为现代人的基本素质。当今世界,发展信息技术与信息产业、实现信息化,已经成为各国参与世界范围的政治、经济、军事竞争,进行综合国力较量的焦点。信息能力正成为衡量一个国家综合国力的重要标志。在信息时代,谁占有信息,谁就拥有政治、经济、军事的主动权。

1.5　信息在计算机中的表示

计算机应用的实质是使用计算机进行信息处理。任何信息,包括数字、文字、声音、图像等,都必须转换成为二进制形式的数据后才能由计算机进行表示、处理、存储和传输。数字和文字的表示方法在下文介绍,而关于声音和图像等信息的表示方法将在后面的章节中介绍。

1.5.1　数制及转换

首先来考察一下我们熟悉的十进制计数系统。十进制的英文为 Decimal,为与其他进制数有所区别,可在十进制数字后面加字母"D",如 169.7D。一个数可以用 10 个不同的符号(0,1,2,3,4,5,6,7,8,9)来表示,每个符号处于十进制数中不同位置时,它代表的实际数值是不同的。例如,169.7 代表的实际数值是

$$(169.7)_{10} = 1 \times 10^2 + 6 \times 10^1 + 9 \times 10^0 + 7 \times 10^{-1}$$

一般地,一个十进制数 S 可以表示为

$$S = K_n K_{n-1} \cdots K_1 K_0 . K_{-1} K_{-2} \cdots K_{-m}$$

其所代表的实际数值是

$$S = K_n \times 10^n + K_{n-1} \times 10^{n-1} + \cdots + K_1 \times 10^1 + K_0 \times 10^0 +$$
$$K_{-1} \times 10^{-1} + K_{-2} \times 10^{-2} + \cdots + K_{-m} \times 10^{-m}$$

其中:$K_j (j = n, n-1, \cdots, 1, 0, -1, -2, \cdots, -m)$ 可以是 0,1,2,3,4,5,6,7,8,9 这 10 个数字符号中的任何一个。

十进制中的"10"称为十进制的基数(Radix),10^j 称为 K_j 的权(Weight)。十进制中低位计满 10 之后就要向高位进 1,即日常所说的"逢十进一"。

同理,二进制的基数是"2",使用两个不同的数字符号即 0 和 1,采用"逢二进一"的计数规则。二进制的英文为 Binary,数字后面加"B"即表示二进制数。例如,二进制数 $(1010.1)_2$ 也可以表示为 1010.1B,它代表的实际数值是

$$(1010.1)_2 = 1 \times 2^3 + 0 \times 2^2 + 1 \times 2^1 + 0 \times 2^0 + 1 \times 2^{-1} = (10.5)_{10}$$

一般地，一个二进制数 S 可以表示为

$$S=K_nK_{n-1}\cdots K_1K_0.K_{-1}K_{-2}\cdots K_{-m}$$

其所代表的实际数值是

$$S=K_n\times 2^n+K_{n-1}\times 2^{n-1}+\cdots+K_1\times 2^1+K_0\times 2^0+$$
$$K_{-1}\times 2^{-1}+K_{-2}\times 2^{-2}+\cdots+K_{-m}\times 2^{-m}$$

其中：$K_j(j=n,n-1,\cdots,1,0,-1,-2,\cdots,-m)$ 只可以是 0 或 1 两个不同的数字符号中的任何一个。

在日常生活中人们通常使用十进制计数，这是人们长期生活形成的习惯。那么为什么计算机采用二进制，而不采用人们熟悉的十进制呢？

首先，二进制中只有 0 和 1 两个符号，使用有两个稳定状态的物理器件就能表示二进制数的每一位，而制造有两个稳定状态的物理器件要比制造有多个稳定状态的物理器件容易得多，且易于实现高速处理。

其次，二进制的运算规则非常简单。

第三，二进制的 0 和 1 与逻辑代数的"真"和"假"相吻合，逻辑"真"用 1 表示，逻辑"假"用 0 表示，为计算机实现逻辑运算和程序中的逻辑判断提供了便利。

1.5.2　二进制数的运算

二进制数的运算分为算术运算和逻辑运算两种。最简单的算术运算是加法和减法，其基本运算规则是：

基本的逻辑运算有如下三种：或运算（也称"逻辑加"运算，使用符号" ∨ "表示）、与运算（也称"逻辑乘"运算，使用符号" ∧ "表示）和非运算（也称"取反"运算，使用符号"‾"表示）。它们的基本运算规则是：

或运算

0	0	1	1
∨ 0	∨ 1	∨ 0	∨ 1
0	1	1	1

与运算

$$
\begin{array}{cccc}
0 & 0 & 1 & 1 \\
\wedge\ 0 & \wedge\ 1 & \wedge\ 0 & \wedge\ 1 \\
\hline
0 & 0 & 0 & 1
\end{array}
$$

取反运算最简单，"0"取反后是"1"，"1"取反后是"0"。

需要注意的是，算术运算是会发生进位和借位运算的，而逻辑运算则按位独立进行运算。例如，1010 和 0110 分别进行算术加、算术减、逻辑加和逻辑乘的运算如下：

$$
\begin{array}{cccc}
\begin{array}{r} 1010 \\ +\ 0110 \\ \hline 10000 \end{array} &
\begin{array}{r} 1010 \\ -\ 0110 \\ \hline 0100 \end{array} &
\begin{array}{r} 1010 \\ \vee\ 0110 \\ \hline 1110 \end{array} &
\begin{array}{r} 1010 \\ \wedge\ 0110 \\ \hline 0010 \end{array}
\end{array}
$$

1.5.3　二进制与其他进制之间的转换

1) 八进制与十六进制

从十进制数和二进制数的概念出发，可以进一步推广到更一般的任意进制数。最常用的有八进制数和十六进制数两种。

八进制数使用 0,1,2,3,4,5,6,7 共 8 个符号来表示，逢八进一。八进制的英文为 Octal，数字后面加字母"O"即表示一个八进制数。有时为了区别于数字"0"，改为在数字后面加"Q"，如八进制数 103.6 可以表示为 $(103.6)_8$、103.6O 或 103.6Q。

十六进制数使用 0,1,2,3,4,5,6,7,8,9,A,B,C,D,E,F 共 16 个符号来表示，逢十六进一。十六进制的英文为 Hexadecimal，数字后面加字母"H"即表示一个十六进制数，如十六进制数 8A.4 可以表示为 $(8A.4)_{16}$ 或 8A.4H。表 1.2 是常用的几种进制的相互转换表。

表 1.2　常用的几种进制的相互转换表

十进制	二进制	八进制	十六进制	十进制	二进制	八进制	十六进制
0	0	0	0	8	1000	10	8
1	1	1	1	9	1001	11	9
2	10	2	2	10	1010	12	A
3	11	3	3	11	1011	13	B
4	100	4	4	12	1100	14	C
5	101	5	5	13	1101	15	D
6	110	6	6	14	1110	16	E
7	111	7	7	15	1111	17	F

2) 二进制数转换成十进制数

采用"按权展开求和法"，注意小数点左边第一位的权为 2^0，小数点右边第一位的权为 2^{-1}，例如：

$$(101.01)_2 = (1\times2^2 + 0\times2^1 + 1\times2^0 + 0\times2^{-1} + 1\times2^{-2})_{10} = (5.25)_{10}$$

"按权展开求和法"将给定的二进制数转换成十进制数的方法具有普遍意义。用这种方法可实现将八进制数、十六进制数转换成为十进制数，仅仅是展开式中的权不同而已。例如：

$$(103.6)_8 = (1 \times 8^2 + 0 \times 8^1 + 3 \times 8^0 + 6 \times 8^{-1})_{10} = (67.75)_{10}$$
$$(8A.4)_{16} = (8 \times 16^1 + 10 \times 16^0 + 4 \times 16^{-1})_{10} = (138.25)_{10}$$

3）十进制整数转换成二进制整数

采用"除 2 逆序取余法"，注意一直要除到商为 0 为止。例如，将十进制数 37 转换成二进制数：

即$(37)_{10} = (100101)_2$。

显然，这种方法可以推广，若要将十进制整数转换成八进制整数，就可以用"除 8 逆序取余法"；若要转换成十六进制整数，则使用"除 16 逆序取余法"，此时需要注意余数，如果余数大于 9，则应该把余数转换成对应的字母来表示。

4）十进制纯小数转换成二进制纯小数

采用"乘 2 顺序取整法"，即把待转换的十进制纯小数乘以 2，取其积的整数部分（0 或 1）作为二进制小数的最高位，而将其小数部分再乘以 2，取第 2 次积的整数部分为二进制的次高位，以此类推，直到小数部分为 0 或达到所要求的位数为止。注意，最后的结果不要漏掉 0 和小数点。例如，将$(0.375)_{10}$转换成二进制纯小数：

$0.375 \times 2 = 0.750$	整数部分＝0	高
$0.75 \times 2 = 1.50$	整数部分＝1	↓
$0.5 \times 2 = 1$	整数部分＝1	低

即$(0.375)_{10} = (0.011)_2$。

将$(0.46)_{10}$转换成二进制纯小数：

$0.46 \times 2 = 0.92$	整数部分＝0	高
$0.92 \times 2 = 1.84$	整数部分＝1	↓
$0.84 \times 2 = 1.68$	整数部分＝1	
$0.68 \times 2 = 1.36$	整数部分＝1	↓
$0.36 \times 2 = 0.72$	整数部分＝0	低
……	……	

即$(0.46)_{10} = (0.01110)_2$，是个近似值。

同理，把一个十进制纯小数转换成八进制纯小数可以用"乘 8 顺序取整法"，转换成十六进制数采用"乘 16 顺序取整法"。

5）二进制数转换成八（十六）进制数

以小数点为界，分别向左、向右将每三位（四位）分成一组，若最左边或最右边的一组不足三位（四位），则在最左边或最右边以零补足，然后每一组用一位八（十六）进制数表示即可。例如，将$(1010011.10101)_2$分别转换成八进制数和十六进制数：

$$(1010011.10101)_2=(001\quad010\quad011.101\quad010)_2=(123.52)_8$$
$$(1010011.10101)_2=(0101\quad0011.1010\quad1000)_2=(53.A8)_{16}$$

6）八（十六）进制数转换成二进制数

以小数点为界，分别向左、向右将每一位八（十六）进制数展开成三位（四位）二进制数，最终最左边和最右边的零可以略去。注意，一位八（十六）进制数的"0"也同样要展开成三位（四位）二进制数"000"（"0000"）。例如，将$(306.741)_8$转换成二进制数：

$$(306.741)_8=(011\quad000\quad110.111\quad100\quad001)_2=(11000110.111100001)_2$$

将$(2B.08)_{16}$转换成二进制数：

$$(2B.08)_{16}=(0010\quad1011.0000\quad1000)_2=(101011.00001)_2$$

1.5.4　信息的计量单位

如前所述，计算机中的信息都是采用二进制数表示的。信息的最小单位是"比特"，英文是"bit"，是"binary digit"的缩写。比特也称为"二进制位"或"位"，使用"b"表示，它有且仅有"0"和"1"两个值。

较比特稍大的单位是"字节"，英文是"byte"，使用"B"表示。一个字节包含8个比特，即

$$b_7\quad b_6\quad b_5\quad b_4\quad b_3\quad b_2\quad b_1\quad b_0$$

其中：每个b_i表示一个二进制位，b_7和b_0分别代表最高位和最低位。

计算机运算和处理信息时还经常使用"字（word）"。值得注意的是，字长并不统一，不同的计算机字长有可能不同，有的由2个字节构成，有的由4个、8个甚至更多个字节构成。

计算机在存储信息时存储容量使用字节或字长显然不合适，需使用更大的单位。这些单位都是2的幂次，这样做的目的是有助于存储器的设计。常用的存储容量单位有：

千字节（kilobyte，简写为KB），$1\ KB=2^{10}$字节$=1\ 024\ B$

兆字节（megabyte，简写为MB），$1\ MB=2^{20}$字节$=1\ 024\ KB$

吉字节（gigabyte，简写为GB），$1\ GB=2^{30}$字节$=1\ 024\ MB$

太字节（terabyte，简写为TB），$1\ TB=2^{40}$字节$=1\ 024\ GB$

在数据通信和计算机网络中传输信息时，由于是一位一位地串行传输，传输速率的度量单位是每秒多少比特。常用的速率单位有：

比特/秒（b/s），也称"波特"（bps）

千比特/秒（kb/s），$1\ kb/s=10^3$位/秒$=1\ 000\ b/s$（注意，这里的"k"表示1 000）

兆比特/秒（Mb/s），$1\ Mb/s=10^6$位/秒$=1\ 000\ kb/s$

吉比特/秒（Gb/s），$1\ Gb/s=10^9$位/秒$=1\ 000\ Mb/s$

太比特/秒（Tb/s），$1\ Tb/s=10^{12}$位/秒$=1\ 000\ Gb/s$

1.5.5　数值信息的表示

计算机中的数值信息分为整数和实数两大类，表示方法也有很大的区别。

1）整数

整数不带有小数点，或者说其小数点始终隐含在个位数的后面，故也称之为"定点数（fixed

point integer)"。计算机中的整数又可以分为无符号整数(unsigned integer)和带符号整数(signed integer)两类,它们可以用 8 位、16 位、32 位甚至更多位数来表示。

8 个二进制位表示的无符号整数的取值范围是 $0 \sim 255(2^8-1)$,16 个二进制位表示的无符号整数的取值范围是 $0 \sim 65\,535(2^{16}-1)$,32 个二进制位表示的无符号整数的取值范围是 $0 \sim 2^{32}-1$。

而带符号整数必须使用一个二进制位来作为符号位,通常使用最高位(即最左边的一位)表示,使用"0"表示"+"(正数),使用"1"表示"—"(负数)。例如,使用 8 个二进制位表示整数+56 和 −56 分别如下:

$$(+56)_{10}=(00111000)_2 \qquad\qquad (-56)_{10}=(10111000)_2$$

由此可见,8 个二进制位表示的带符号整数的取值范围是 $-127 \sim +127(-2^7+1 \sim +2^7-1)$,16 个二进制位表示的带符号整数的取值范围是 $-32\,767 \sim +32\,767(-2^{15}+1 \sim +2^{15}-1)$,若使用 n 个二进制位表示带符号整数,则其取值范围是 $-2^{n-1}+1 \sim +2^{n-1}-1$。

上面介绍的表示方法称为"原码"表示法,为统一加减运算规则,方便计算机运算,整数在计算机内部实际上是采用"补码"来表示的。

负整数补码求解的步骤为:先将负整数转换成"原码"的形式,最高位即符号位肯定为"1",然后将除符号以外的每一位取反,得到称为"反码"的表示形式,最后将"反码"的最低位(末位)加"1",即可得到"补码"的表示形式。例如:

$$(-56)_原=1011,1000$$
$$(-56)_反=1100,0111$$
$$(-56)_补=1100,1000$$

由于二进制编码的位数较多,故采用每 4 位用逗号隔开的书写格式。

注意,只有负整数才需要通过上面的步骤计算"补码",而正整数的"反码"和"补码"与"原码"相同。

下面以 8 个二进制位表示一个带符号整数为例,考察两个非常有趣的数字"0"和"−128"。若将"0"分别看作"+0"和"−0",则它们的"原码"和"补码"的表示形式如下:

$$(+0)_原=0000,0000 \qquad\qquad (-0)_原=1000,0000$$
$$(+0)_补=0000,0000 \qquad\qquad (-0)_补=0000,0000$$

可见,当"0"采用"原码"的表示形式时,"0"有 2 个编码,而采用"补码"来表示后,"+0"和"−0"的编码统一成了"0000,0000"。

下面考察数字"−128"。可以求得"−128"的绝对值是"1000,0000",显然使用 8 个二进制位已无法表示。在此,暂"借"1 位即使用 9 个二进制位来表示,最高位仍为符号位,如下:

$$(-128)_原=1,1000,0000$$
$$(-128)_反=1,0111,1111$$
$$(-128)_补=1,1000,0000$$

最后将"借"得的 1 位"归还",可得$(-128)_补=1000,0000$。这种情况称之为"溢出"。引入"补码"后,8 个二进制位表示的带符号整数的取值范围扩大成 $-128 \sim +127(-2^7 \sim +2^7-1)$,16 个二进制位表示的带符号整数的取值范围扩大成 $-32\,768 \sim +32\,767(-2^{15} \sim +2^{15}-1)$,$n$ 个二进制位表示的带符号整数的取值范围是 $-2^{n-1} \sim +2^{n-1}-1$。n 位二进制补码可表示整数的

个数要比 n 位原码多一个(即补码"1000…00"被用来表示整数-2^{n-1})。

2) 实数

实数通常带有小数点,整数和纯小数都是实数的特例。由于实数的小数点的位置不确定,故也称之为"浮点数(floating point number)"。

任意一个十进制实数都可以看成一个 10 的幂次和一个十进制纯小数之积。例如:

$$309.46 = 10^3 \times (0.309\ 46)$$
$$-0.001\ 784 = 10^{-2} \times (-0.178\ 4)$$

同理,任意一个二进制实数也可以看成一个 2 的幂次和一个二进制纯小数之积。注意,2 的幂次也同样是用二进制表示的。例如:

$$11010.101 = 2^{101} \times (0.110101\ 01)$$
$$-0.000\ 101\ 1 = 2^{-11} \times (-0.101\ 1)$$

由此可以看出,任意一个二进制实数在计算机内部都可以表达成指数(称为"阶码")和纯小数(称为"尾数")两部分。

由于阶码可采用原码、补码等不同的编码,尾数的格式及小数点的位置的规定也各不相同,故早期不同计算机对浮点数的表示方法互不兼容。为此,美国电气与电子工程师协会(IEEE)制定了相关的工业标准,现已被绝大多数处理器所采用。

1.5.6　字符信息的表示

由于人类的文字中存在着大量重复字符,而计算机擅长处理数字,为了减少需要保存的信息量,可以使用一个数字编码来表示每个字符。通过对每个字符规定一个唯一的数字编码,然后为该编码建立对应的输出图形,那么在文件中仅需保存字符的编码就相当于保存了文字。在需要显示时,先取得编码,通过编码表查到字符对应的图形,然后将图形显示出来,人就可以看到文字了。

1) 西文的表示方法

西文包括拉丁字母、数字、标点符号和一些特殊符号,统称为"字符(Character)"。所有字符的集合称作"字符集"。字符集中每一个字符对应一个编码,构成编码表。

显然编码表是用二进制表示的,人们理解起来很困难。为保证人和计算机之间能进行正确的信息交换,人们编制了统一的信息交换代码。目前使用最广泛的(但并不是唯一的)西文字符集代码表是美国人制定的 ASCII 码表,其全称是"美国信息交换标准代码(American Standard Code for Information Interchange)"。

表 1.3 即为 ASCII 码表,表头中的"高"字代表一个字节的高 4 位($b_7 \sim b_4$),"低"字代表该字节的低 4 位($b_3 \sim b_0$)。从表中可以看出,一个字节的编码对应一个字符,最高位在计算机内部一般为"0",故 ASCII 码是 7 位的编码,共可表示 128 个字符。

表中的前 2 列字符和最后一个字符(DEL)称为"控制字符",在传输、打印或显示输出时起控制作用;剩下的 95 个字符是可打印(显示)的字符,并可在键盘上找到对应的按键。

表 1.3　ASCII 码表

低＼高	0000	0001	0010	0011	0100	0101	0110	0111
0000	NUL	DLE	SP	0	@	P	`	p
0001	SOH	DC1	!	1	A	Q	a	q
0010	STX	DC2	"	2	B	R	b	r
0011	ETX	DC3	#	3	C	S	c	s
0100	EOT	DC4	$	4	D	T	d	t
0101	ENQ	NAK	%	5	E	U	e	u
0110	ACK	SYN	&	6	F	V	f	v
0111	BEL	ETB	'	7	G	W	g	w
1000	BS	CAN	(	8	H	X	h	x
1001	HT	EM	)	9	I	Y	i	y
1010	LF	SUB	*	:	J	Z	j	z
1011	VT	ESC	+	;	K	[	k	{
1100	FF	FS	,	<	L	\	l	|
1101	CR	GS	—	=	M	]	m	}
1110	SO	RS	.	>	N	^	n	~
1111	SI	US	/	?	O	_	o	DEL

显然美国人顺利解决了字符的问题,可是欧洲各国还没有,例如法语中就有许多英语中没有的字符,因此 ASCII 码不能帮助欧洲人解决编码问题。于是人们借鉴 ASCII 码的设计思想,创造了使用 8 位二进制数表示字符的扩充字符集,这样就可以使用 256 种数字代号来表示更多的字符。在扩展的字符集中,从 0 到 127 的代码与 ASCII 码保持兼容,从 128 到 255 的代码用于其他的字符和符号。由于不同语言有各自不同的字符,于是人们为此制定了大量不同的编码表,其中国际标准化组织的 ISO 8859 标准得到了广泛的使用。

2) 汉字的表示方法

西文是线性文字,字符数量少。汉字是表意文字,属于大字符集,数量巨大,这给汉字在计算机内的表示、传输、处理、输入和输出带来了一系列的问题。

(1) 汉字输入码

汉字输入码是用来完成汉字输入的汉字编码,也称为汉字的外码。汉字输入码要求有如下特点:易学、易记、效率高、重码少、容量大等。但到目前为止,还没有一种在各方面表现出色的编码。

一般汉字输入码可分为以下四类:①字音编码,是基于汉语拼音的编码,如智能 ABC、全拼、微软拼音等,简单易学,适合非专业人员,但它的重码多,需要增加选择操作;②字形编码,是根据汉字的字形分解归类的编码,如五笔字型和表形码,这类编码重码少,输入速度快,但规则比较难,不易上手;③形音编码,吸取了字音和字形编码的优点,规则相对简单,重码相对少,但学习仍不易,这类编码有自然码等;④数字编码,使用一串数字来表示汉字,如区位码、电报码等,它们难以记忆,很少被使用。

另外,汉字除了可以使用键盘输入外,还可以使用扫描仪和相应的软件进行扫描输入识别,或使用书写板进行手写汉字联机识别,甚至还可以使用麦克风通过口述的方式输入汉字。

(2) 汉字机内码

虽然汉字使用不同的输入码或其他方法输入计算机,但同一个汉字在计算机内部的编码仍然是一样的。

1980 年原国家标准总局颁布了第一个国家标准汉字编码——《信息交换用汉字编码字符集·基本集》(GB 2312)。在此标准中共收录了 7 445 个汉字和符号，为每个字符规定了标准代码，以便在不同计算机系统之间进行汉字信息交换。

GB 2312 由三部分组成。第一部分是字母、数字和各种符号共 682 个，统称为图形符号；第二部分是一级常用汉字，共 3 755 个，按照汉语拼音排序；第三部分是二级常用汉字，共 3 008 个，按偏旁部首排序。

GB 2312 的所有字符共分为 94 个区(即 01～94 行)，行号称为"区号"；每个区再分为 94 个位(即 01～94 列)，列号称为"位号"。某汉字所在的区号和位号共同组合成该汉字的区位编码，称为"区位码"。

以汉字"大"为例，"大"的区号是 20，位号是 83，区位码为 20 83，用二进制表示为：00010100 01010011。注意观察一下，"00010100"是不是也可能表示 ASCII 码表中的"DC4"，"01010011"也可能表示 ASCII 码表中的"S"？计算机如何理解这是两个 ASCII 码值还是一个汉字呢？

在计算机内部，汉字的区号和位号分别用 1 个字节表示，为了与 ASCII 码有所区别，这两个字节的最高位均规定为 1。这种双字节最高位均为 1 的编码称为汉字"机内码"，简称"内码"。

机内码与国标码、区位码有以下换算关系：

高位区位码	低位区位码		高位国标码	低位国标码
+32	+32		+128	+128
高位国标码	低位国标码		高位机内码	低位机内码

以"大"字为例，区位码为 20 83，区号和位号分别加 32 得到 52 115，将 52 和 115 分别转换成二进制，得到国标码"00110100 01110011"，再将两个字节的最高位置为"1"后得到机内码"10110100 11110011"，最后转换成十六进制，得到"大"字的机内码为 B4F3H。

由于 GB 2312 规定的字符编码实际上与 ISO 8859 是冲突的，所以在中文环境下查阅某些西文文章，使用某些西文软件时，有时就会出现乱码，这实际上就是因为西文中使用了与汉字编码冲突的字符，被系统生硬地翻译成中文造成的。

6 763 个汉字显然不能表示全部的汉字，但由于当时的计算机的处理和存储能力都有限，所以在制定标准时只包含了常用汉字，因此时常会遇到生僻字或繁体字无法输入到计算机中的问题。

为了解决这些问题，在 1995 年我国发布了 GBK，全称为"汉字内码扩展规范"。GBK 向下与 GB 2312 完全兼容，向上支持 ISO 10646 国际标准(即 UCS)，在前者向后者过渡的过程中起到了承上启下的作用。GBK 编码采用双字节表示，在 GBK 1.0 中共收录了 21 886 个符号，汉字有 21 003 个。

GB 18030 是最新的汉字编码字符集国家标准，于 2000 年发布并在 2001 年开始执行，它向下兼容 GBK、GB 2312 标准和 CJK(Chinese Japanese Korean，它包含了来自中国、日本、韩国的文字编码)编码，解决了汉语、日语、韩语和中国少数民族文字组成的大字符集计算机编码问题，满足了中国、日本和韩国等东亚地区信息交换多文种、大字量、多用途、统一编码格式的要求。

由于历史原因，中国台湾、香港等地区还在使用繁体中文，他们制定了一套表示繁体中文的字符编码，称为"BIG5 汉字编码标准"(简称"大五码")，采用双字节表示，但不兼容简体中文。BIG5 使用了与 GB 2312 大致相同的编码范围来表示繁体汉字。同样的编码在祖国大陆和台湾地区的编码中实际上表示的是不同的字符。当大陆的计算机遇到 BIG5 编码的文字时，就会将其转换成默认的 GB 2312 编码，形成乱码。

由于历史和文化的原因，日文和韩文中也包含许多汉字，像汉字一样拥有大量的字符，他们的字符编码也同样与中文编码有冲突。《中文之星》《南极星》等软件就是用于在这些编码中进行识别和转换的专用软件。

20 世纪 80 年代后期互联网的出现彻底打破了人们的生活。在一切都数字化的今天，文件中的数字到底代表什么字？问题的根源在于有太多的编码表。如果全球都使用一张统一的编码表，那么每个编码就会有一个确定的含义，就不会再有乱码的问题。

于是 80 年代成立的 Unicode 协会制定了一个能够覆盖几乎任何语言的编码表，全称是"通用多八位编码字符集（Universal Multiple-Octet Coded Character Set，UCS）"。UCS 编码空间大，但效率低。其简化方案是使用两个字节表示编码，称为"UCS—2"。

3）字符的显示（打印）

通过计算机处理后的字符如果需要在屏幕上显示或打印出来，则需要把机内码转换成人们可以阅读的字形格式。字形码又称输出码或字模，就是将字符的字形经过数字化后形成的一串二进制数，用于显示和打印字符。字形码的集合称为"字库"。由于输出的需要，人们设计了不同字体的字形，相应也有不同的字库。例如英文的常见字库有"Times New Roman"、"Arial"等，汉字的常见字库有"宋体"、"楷体"、"隶书"等。一些特殊行业如广告设计、平面设计等还会使用一些特殊的字库。要显示或打印输出一个字符时，计算机根据该字符的机内码找出其在字库中的位置，再取出其字模信息作为字形在屏幕上显示或在打印机上打印输出。

点阵字形码是一种最常见的字形码，它用一位二进制码对应屏幕上的一个像素点，字形笔画所经过处的亮点用 1 表示，没有笔画的暗点用 0 表示。点阵的实例很多，例如运动场、车站码头等地的大屏幕显示屏，就是由许多行和列的灯泡组成的点阵，当某些灯亮时，就可以组成文字或图案。西文字符的点阵通常由 7 行 5 列的二进制位组成，记为 7×5 点阵，如图 1.7 所示。针式打印机的机头也是由按行、列排列的针组成的点阵，计算机控制二进制位为 1 的针打出去，二进制位为 0 的针不打，于是文字和图形就打印在纸张上了。

图 1.7　7×5 点阵　　　　　　图 1.8　64×64 点阵

汉字的输出原理与西文的输出原理是相同的。不同的是汉字笔画较多，要能很好地表示一个汉字,起码需要 16×16 点阵才行。如果要求字形逼真美观,点阵的点数还要增加,如采用 24×24、32×32、48×48、64×64 等,如图 1.8 所示,因此汉字的存储空间比西文要大很多,需要用大量的存储空间来存放字模。

注意,汉字在计算机内部都采用机内码表示,只需 2 个字节即可表示 1 个汉字。而当汉字被输出时,若使用 16×16 点阵的表示方法,则需要 $16 \text{ bit} \times 16 = 256 \text{ bit} = 32 \text{ Byte}$,即 32 个字节来存放 1 个汉字的字形码。

除了点阵字库,汉字还可以使用轮廓字库来描述。轮廓字库使用数学方程来描述字形,字形大小变化时不易失真,精度高,但技术较为复杂,例如 Windows 操作系统中的"TrueType"字体。

习 题 一

一、选择题

1. 下列一组数据中的最大数是_____。

A. 227Q　　　　　　B. 1FFH　　　　　　C. 1010001　　　　　　D. 789D

2. 下列关于数字技术与微电子技术的叙述中,错误的是_____。

A. 数字技术的处理对象是比特,只有两种取值,即数字 0 和数字 1

B. 数据通信和计算机网络中传输二进制信息时,传输速率的单位通常为 B/S、KB/S、MB/S 等

C. 微电子技术是实现电子电路和电子系统超小型化及微型化的技术,它以集成电路为核心

D. Intel 公司的创始人之一摩尔曾预测,单块集成电路的集成度平均每 $18 \sim 24$ 个月翻一番

3. 目前,个人计算机使用的电子元器件主要是_____。

A. 大规模或超大规模集成电路　　　　　B. 中小规模集成电路

C. 晶体管　　　　　　　　　　　　　　D. 光电路

4. 十进制数 75 用二进制数表示是_____。

A. 1100001　　　　B. 1101001　　　　C. 0011001　　　　D. 1001011

5. 一个非零无符号二进制整数后加两个零形成一个新的数,新数的值是原数值的_____。

A. 四倍　　　　　　B. 两倍　　　　　　C. 四分之一　　　　　　D. 二分之一

6. 与十进制数 291 等值的十六进制数为_____。

A. 123　　　　　　B. 213　　　　　　C. 231　　　　　　D. 132

7. 下列字符中,其 ASCII 码值最小的是_____。

A. F　　　　　　　B. J　　　　　　　C. b　　　　　　　D. T

8. 下列 4 条叙述中,有错误的一条是_____。

A. 通过自动(如扫描)或人工(如击键、语音)方法将汉字信息(图形、编码或语音)转换为计算机内部表示汉字的机内码并存储起来的过程称为汉字输入

B. 将计算机内存储的汉字内码恢复成汉字并在计算机外部设备上显示或通过某种介质保存下来的过程称为汉字输出

C. 将汉字信息处理软件固化,构成一块插件板,这种插件板称为汉卡

D. 汉字国标码就是汉字拼音码

9. 某汉字的区位码是 3448,它的机内码是_____。

A. C4D2H　　　　　B. A1B2H　　　　　C. B3D2H　　　　　D. C2D0H

10. 下列关于计算机的叙述中,不正确的一条是_____。

A. 世界上第一台计算机诞生于美国,主要元件是晶体管

B. 我国自主生产的巨型机代表是"银河"

C. 笔记本电脑也是一种微型计算机

D. 计算机的字长一般都是 8 的整数倍

11. 下列有关我国汉字编码标准的叙述中,错误的是_____。

A. GB 18030 汉字编码标准与 GBK、GB 2312 标准兼容

B. GBK 汉字编码标准不仅与 GB 2312 标准兼容,还收录了包括繁体字在内的大量汉字

C. GB 18030 汉字编码标准中收录的汉字在 GB 2312 标准中一定能找到

D. GB 2312 标准中所有汉字的机内码都用两个字节来表示

12. 按 16×16 点阵存放 GB 2312 中二级汉字(共 3 008 个)的汉字字库,大约需占存储空间_____。

A. 516 KB　　　　　B. 256 KB　　　　　C. 128 KB　　　　　D. 94 KB

13. 在下列有关数的进制系统的叙述中,不正确的是_____。

A. 所有信息在计算机中的表示均采用二进制编码

B. 以任何一种进制表示的数均可精确地用其他进制来表示

C. 二进制数的逻辑运算有三种基本类型,分别为"与"、"或"和"非"

D. Windows XP 操作系统提供的"计算器"软件可以实现几种进制数之间的转换

14. 在计算机中,整数一般不采用"原码"表示,而是采用"补码"方式表示。若某带符号整数的 8 位补码表示为 1000 0001,则该整数为_____。

A. 129　　　　　B. -1　　　　　C. -127　　　　　D. 127

15. 若 A＝1100,B＝1010,A 与 B 运算的结果是 1000,则其运算一定是_____。

A. 算术加　　　　　B. 算术减　　　　　C. 逻辑与　　　　　D. 逻辑或

二、计算题

1. 设字长为 8 位,分别写出＋43,－7,127 的原码、反码和补码以及－128 的补码。

2. (1) 已知某汉字的机内码是 D6D0H,它的区位码是多少?

(2) 如果国标码是 3A43H,其机内码呢?

（3）如果机内码是 BDCCH，其区位码呢？

3. 已知一串字符串的机内码：CBFBCAC731B8F6D1A7C9FA2E，请问其中有几个汉字几个西文字符？

4. 如果要存放 10 个 24×24 点阵的汉字字模，至少需要多少字节的存储空间？

三、简答题

1. 叙述计算机发展的历史，说明各发展阶段的划分依据是什么，各个阶段的主要特点是什么。

2. 什么是"摩尔定律"？

3. 计算机为什么要采用二进制？

4. 二进制数与八进制、十进制和十六进制数之间如何进行相互转换？

2 计算机硬件系统

随着计算机技术的发展和应用领域的扩大,我们发现计算机已经成为了一种普通得不能再普通的工具了,如同我们离不开的自行车、汽车一样。可计算机这种工具为什么会这么神奇? 它的内部到底由什么组成? 众多电子元器件在计算机系统中到底是起什么样的作用? 它们如何协调与配合? 其实要想解答这些问题,必须了解计算机的硬件系统。计算机用户可以通过硬件向计算机系统发出命令、输入数据并得到计算机的响应,从而完成相应的任务。本章将对计算机硬件系统的组成、计算机的工作原理、目前硬件系统的发展进行详细介绍,带着这些问题阅读本章的内容,你将对计算机的硬件系统有一个深刻的认识。

2.1 计算机硬件系统的组成

自从 1946 年诞生了世界上公认的第一台电子数字计算机以来,计算机科学经历了半个多世纪的飞速发展。伴随着计算机应用领域的迅速扩大和深入、超大规模集成电路技术的发展,计算机的系统结构不断地得到改进,其性能成倍地提高。

存储程序原理是美籍匈牙利裔数学家冯·诺依曼(von Neumann)提出的,它奠定了现代计算机的基本体系结构。虽然计算机技术取得了无与伦比的进步,但目前我们日常所使用的计算机均属于冯·诺依曼型计算机,也叫做存储程序式计算机。

存储程序式计算机由五大基本部分组成,它们是运算器、控制器、存储器、输入设备和输出设备,但人们习惯上把运算器和控制器看成一个整体,称之为中央处理器(Central Processing Unit,CPU)。有时人们还将中央处理器、内存储器及相关的总线称为主机,相对地将外存储器、输入和输出设备称为外部设备,简称外设。图 2.1 为计算机硬件系统的示意图,由结构示意图可以看出,计算机硬件系统采用总线结构,各个部件之间通过总线相连构成一个统一的整体。

图 2.1 计算机硬件系统结构示意图

从外观上看,一台计算机通常由主机箱、显示器、键盘和鼠标组成,有时还配有打印机、扫描仪等其他外部设备,如图 2.2 所示。可真正重要的部件其实在主机箱内部,机箱内有 CPU、内存储器、外存储器(软盘存储器、硬盘存储器、光盘存储器)、主板、输入/输出接口(显卡、声卡等)和总线扩展槽等部件。下面我们将详细介绍计算机的各个硬件部件。

图 2.2　计算机的外观配置

2.1.1　中央处理器

中央处理器是计算机的核心，它是计算机完成取指令、解释指令和执行指令的重要部件，主要完成各种算术及逻辑运算，并控制计算机各部件协调地工作。

在微型计算机系统中，CPU 被集成在一片超大规模集成电路芯片上，称为微处理器。不同型号的计算机，其性能的差别首先在于其微处理器的性能，而微处理器的性能又与它自身的内部结构、硬件配置有关。目前市场上的 CPU 大多由 Intel、AMD、IBM 和威盛等公司生产，其中 Intel 公司约占 80% 的市场份额，AMD 公司约占 19% 的市场份额，图 2.3 所示的是 Intel 的处理器。Intel 的 CPU 从早期的 X86 系列发展到"奔腾（Pentium）"系列，现在已逐渐过渡到流行的"酷睿（Core）"系列，而 AMD 的 CPU 则从"闪龙"、"速龙"发展到"羿龙"系列。实际上，不论是 Intel 还是 AMD 公司，其系列产品已从早期的单核逐渐过渡到多核处理器。对于采用多核的计算机，它的一个处理器上集成了更多个运算核心，所以性能和功能都有大幅度的提高和改进。

图 2.3　Intel 处理器
（图片来源：http://info.av.hc360.com）

1）CPU 基本结构

CPU 内部从总体上讲主要包括三大部分，即寄存器组、运算器和控制器，它们通过 CPU 内部总线连接在一起，如图 2.4 所示。

（1）寄存器组

寄存器组包括通用寄存器组和专用寄存器组，按其字面意思可理解为是用来暂时存放数据的部件。这里的"数据"是广义的，它可以是参加运算的操作数或运算的结果，存放这类数据的寄存器称为通用寄存器;另外一类数据表征着计算机当前的工作状态,比如下面要执行哪一条指令,执行的结果具有哪些特征(如有无进位)等,存放这类数据的寄存器称为专用寄存器。

图 2.4 CPU 基本结构

(2) 运算器

运算器是计算机中执行各种算术和逻辑运算操作的部件,也称为算术逻辑单元(Arithmetic Logic Unit, ALU)。运算器的基本操作包括加、减、乘、除四则运算,与、或、非、异或等逻辑操作,以及移位、比较和传送等操作。计算机运行时,运算器的操作和操作种类由控制器决定。为了加快运算速度,许多 CPU 中还设置了多个单元,有的用于执行整数运算和逻辑运算,有的用于浮点运算。

(3) 控制器

控制器是统一指挥和控制计算机各个部件按时序协调操作的中心部件,主要用于完成指令的分析、指令及操作数的传送、产生和控制协调整个 CPU 工作所需要的时序逻辑等。控制器主要由程序计数器(Program Counter, PC)、指令寄存器(Instruction Register, IR)、指令译码器(Instruction Decode, ID)等部件组成。程序计数器用来存放将要执行的指令在主存储器中的存储地址,当一条指令执行结束后,PC 的值一般会自动加 1,指向下一条将要执行的指令。指令寄存器用来暂时存放从主存储器中取出的指令。指令译码器用来对指令进行译码,产生的译码信号识别了该指令要进行的操作,以便产生相应的控制信号。

2) CPU 性能指标

CPU 性能的高低直接决定了一个计算机系统的性能,而 CPU 的主要技术参数可以反映出 CPU 的基本性能。CPU 的主要技术参数如下:

(1) 字长

字长指的是 CPU 能够同时处理的二进制数据的位数。如果一个 CPU 的字长为 8 位,它每执行一条指令可以处理 8 位二进制数据,如果要处理更多位数的数据,就需要执行多条指令。显然,字长越长,CPU 的功能就越强,工作速度也越快,但其内部结构也就越复杂。早期的计算机产品是 8 位机和 16 位机,目前流行的主要是 64 位机。

(2) 主频

主频即 CPU 工作的时钟频率,它决定着 CPU 内部数据传输与操作速度的快慢。目前 CPU 的主频已达到 GHz 的数量级。CPU 的工作是周期性的,它不断地执行取指令、执行指令等操作。这些操作需要精确定时,按照精确的节拍工作,因此 CPU 需要一个时钟电路产生标准节拍,一旦机器加电,时钟便连续不断地发出节拍,就像乐队的指挥一样指挥 CPU 有节奏地工作,这个节拍的频率就是主频。一般说来,主频越高,CPU 的工作速度越快。由于各种 CPU 的内部结构不尽相同,所以并不能完全用主频来概括 CPU 的性能。至于外频,它是指系统总线的工作频率,而倍频则是指 CPU 外频与主频相差的倍数。主频、外频和倍频三者之间的关系是:主频＝外频×倍频。

（3）CPU 总线宽度

CPU 总线的工作频率和数据线宽度决定着 CPU 与内存之间传输数据的快慢,数据线宽度越宽,一次性传输的信息量就越大,CPU 访问内存的时间就越短。

（4）高速缓存

高速缓存的结构和大小对 CPU 速度的影响非常大,CPU 内的缓存一般和处理器同频运作,其工作速度远远大于内存和硬盘。实际工作时,CPU 往往需要重复读取同样的数据块,如果增大缓存的容量,即可以大幅度提升 CPU 内部读取数据的命中率,而不需到内存或硬盘上寻找,以此提高系统的性能。但从 CPU 芯片的面积和成本因素来考虑,缓存的容量一般都很小。

（5）CPU 扩展指令集

CPU 依靠指令来计算和控制系统。早期的 CPU 只包含一些功能比较弱的基本指令,例如对浮点数的计算需要执行由更多基本指令组成的程序。随着制造技术的进步,后来的 CPU 在基本指令集里提供了很多复杂运算的指令,指令的种类增加了,CPU 的处理能力也就相应增强了。

3）微处理器的发展

众所周知,Intel 和 AMD 公司一直是 CPU 市场的领跑者,他们早期研发的产品都是单核的。为了提高 CPU 的性能,两大公司都致力于提高 CPU 的主频,当提高主频之路遇到重重阻碍时,Intel 和 AMD 意识到单靠提升时钟频率是不可能设计出新一代 CPU 的,最具实际意义的方式是增加 CPU 处理核心的数量。

（1）多核处理器

多核处理器开创于 2005 年春季,其标志是 Intel 发布了 Pentium D,而 AMD 紧随其后发布了 Athlon 芯片。和之前的 Pentium 4 相比,Pentium D 处理器采用的是双核心。所谓双核心就是在一块 CPU 基板上集成两个处理器核心,并通过并行总线将各处理器核心连接起来。随着市场需求和技术水平的提高,处理器的主流产品又由双核逐渐过渡到多核。

多核化趋势正在改变计算机时代的面貌,跟传统的单核 CPU 相比,多核 CPU 带来了更强的并行处理能力、更强的计算密度和更低的时钟频率,并大大减少了散热和功耗。目前在芯片厂商的产品线中,双核、四核甚至八核 CPU 都已经占据了主要地位。例如 Intel 公司结束了使用长达 12 年之久的 Pentium 处理器,推出了 Core 2 Duo 和 Core 2 Quad 品牌以及最新的 Core i3,Core i5 和 Core i7,目前最新的 Core i7 采用的是 64 位四核心 CPU。

（2）ARM 处理器

相对于 AMD 与 Intel,ARM 显然还是一个相对陌生的名词,而多数人也会好奇,ARM 架构生产的应用处理器到底跟 Intel、AMD 有什么不同呢?

既可以认为 ARM(Advanced RISC Machines)是一个公司的名称,也可以认为是对一类微处理器的通称。ARM 处理器采用的是 RISC(Reduced Instruction Set Computer,精简指令集计算机)架构,而 Intel 所主导的处理器采用的是 CISC(Complex Instruction Set Computer,复杂指令集计算机)架构。在 CISC 指令集的各种指令中,大约有 20％的指令会被反复使用,占整个程序代码的 80％,而余下的 80％的指令却不经常使用。RISC 结构优先选取使用频率最高的简单指令,避免复杂指令;将指令长度固定,并减少指令格式和寻址方式的种类。

目前 ARM 处理器主要适用于智能手机和平板电脑(图 2.5 所示的是三星公司发布的 ARM 处理器),而 Intel 和 AMD 的处理器主要适用于个人计算机。ARM 处理器的功耗低,它的散热量几乎是 PC 处理器的 1/100 到 1/25。

目前微软推出的 Windows 8 操作系统既包含了适用于 PC 的 X86 版,也包含了适用于平板电脑的 ARM 版。Windows 8 ARM 版是指可以运行在 ARM 架构平台上的 Windows 8 系统,不能运行目前已有的任何 X86 程序,包括 Windows 7 操作系统上的程序,只能运行特别为之开发的 Metro 应用。Windows 8 X86 版是指运行在 PC 上的版本,不仅能运行已有的 Windows 程序,还能运行 Metro 程序。

图 2.5　三星公司发布的 ARM 处理器
(图片来源:http://hi. baidu. com/www100)

2.1.2　存储器

存储器是计算机的重要组成部分,其主要功能是存储程序和各种数据信息。根据存储器在计算机中的位置的不同,可分为主存储器(Memory,也称为"内存储器",简称"内存")和辅助存储器(Auxiliary Storage,也称"外存储器",简称"外存")两大类。相对于外存来说,内存的存取速度较快,CPU 能够直接访问,但容量小、价格高。目前内存由半导体存储器所组成,外存常由磁性材料做成,如磁盘存储器(硬磁盘与软磁盘)及光盘存储器等。

1) 内存储器

在计算机内部,直接与 CPU 交换信息的存储器称为内存,用来存放计算机运行期间所需的信息,如指令、数据等。内存在一个计算机系统中起着非常重要的作用,它的工作速度和存储容量对系统的整体性能、系统所能解决的问题的规模和效率都有很大的影响。

(1) 内存的分类

按照存取方式,内存可以分为随机存储器 (Random Access Memory, RAM)和只读存储器(Read Only Memory, ROM)两大类。

①随机存储器

RAM 具有两个显著的特点:一是可读可写的特性,读出时并不损坏原来存储的内容,只有写入时才修改原来所存储的内容;二是具有易失性,必须持续供电才能保持其数据,一旦供电中断,数据随即丢失,所以 RAM 适用于临时存储数据。

RAM 可以分为动态(Dynamic RAM, DRAM)和静态(Static RAM, SRAM)两大类。DRAM 的特点是集成度高,必须定期刷新才能保存数据,所以速度较慢,通常用 DRAM 做主存;SRAM 的特点是存取速度快,制造成本高,主要用于高速缓冲存储器。

②只读存储器

ROM 的特点是信息只能读出不能写入,计算机断电后,ROM 中原有内容保持不变,重新加电后仍可读出,所以 ROM 适用于存放一些固定的程序和数据。按照 ROM 的内容能否改写,ROM 可以分为以下四类:

- Mask ROM:由厂家在制造过程中将信息写入芯片,以后不能改变。
- PROM:根据用户需要,使用特殊装置将信息写入,写入后不能更改。
- EPROM:通过特殊装置将信息写入,但写之前需用紫外线照射,将所有存储单元擦除至初始状态后才可重新写入。
- Flash ROM:一种长寿命的非易失性的存储器,数据删除不是以单个的字节为单位而是以固定的区块为单位,区块大小一般为 256 KB 到 20 MB。闪存通常用来保存设置信息,如计算机中的 BIOS、数码相机等。

随着微电子技术的不断发展,CPU 的主频不断提高,主存由于容量大、寻址系统繁多、读写电路复杂等原因,造成了其工作速度大大低于 CPU 的速度,直接影响了计算机的性能。为了解决这一矛盾,人们在 CPU 和主存之间增设了一级容量不大但速度很快的高速缓冲存储器(Cache),简称高速缓存,利用 Cache 存放常用的程序和数据。当 CPU 访问程序和数据时,首先从高速缓存中查找,如果所需程序和数据不在 Cache 中,则到主存中读取数据。因此 Cache 的容量越大,CPU 在 Cache 中找到所需数据或指令的概率就越大。

现代计算机一般都配有三级缓存。一级缓存叫主缓存或内部缓存,直接设计在 CPU 芯片内部,容量小。早期的二级缓存和三级缓存并没有集成在 CPU 中,而是在主板上或与 CPU 集成在同一块电路板上,因此被称为外部缓存。但随着工艺的提高,二级和三级缓存已逐渐被集成在 CPU 的内核中,所以在性能上与一级缓存没有太大的差别。当 CPU 需要指令或数据时,实际检索顺序是先缓存后内存。

(2) 内存的性能指标

内存分成一个个存储单元,每个存储单元存放一定位数的二进制数据。为了对内存进行有效的管理,需要对每个存储单元进行编号。内存单元采用顺序的线性方式组织,所有单元排成一队,排在最前面的单元编号为 0,即其地址为 0,其余单元的地址顺序排列。由于地址的唯一性,CPU 可以通过地址对内存单元进行访问。一个存储单元中存放的信息为该存储单元的内容,例如图 2.6 表示了存储器里存放信息的情况,可以看出,2 号单元中的内容为 10110110。

图 2.6 存储单元的地址和内容

衡量内存的常用指标有存取速度和存储容量。内存的存取速度是指读或写一次内存所需要的时间,通常以 ns 来衡量,一般为 1～10 ns。只有内存与 CPU 速度、主板速度相匹配,才能发挥计算机的最大效率。内存的存储容量是指内存中有多少个存储单元,其容量实际是指主板插槽上内存条的容量。理论上来说,内存的容量是多多益善,但受到主板支持最大容量的限制,目前主流产品的容量在 1~8 GB。

现阶段,内存的主要生产厂商有三星、金士顿、海盗船和威刚等。在选购内存条时,除了需要考虑品牌、容量外,还需注意内存的类型,目前计算机中的内存条大多数是 DDR2 和 DDR3 型的,而早期的 DDR 已逐渐被淘汰。图 2.7 为 PC 中使用的金士顿 DDR3 型内存条。

图 2.7　金士顿 DDR3 型内存条

（图片来源：http://www.wbsz.com/html/21356.html）

2）外存储器

通常,计算机中内存的容量总是有限的,不能满足存放数据的需要,而外存储器作为计算机中不可缺少的外部设备,是内存的延伸,其主要作用是长期存放计算机工作所需的程序、文档和数据等。外存既可作输入设备又可作输出设备,它的特点是存储容量大、可靠性高、价格低,但 CPU 不能直接访问外存。当 CPU 需要执行某部分程序和数据时,要将其由外存调入内存以供 CPU 访问。

常见的外存有软盘、硬盘、光盘和移动存储器等。也许你会觉得现在几乎没有人使用软盘,有些计算机上甚至没有软驱,根本没有必要再介绍软盘了。但提到软盘,可能会勾起很多人小时候学习计算机的回忆,另外它的结构和硬盘有些相似,所以我们这里仍然从软盘开始介绍。

（1）软盘存储器

软盘存储器由软盘盘片、软盘驱动器和软盘适配器三部分组成。软盘盘片是存储介质,软盘驱动器是读写装置,软盘适配器是软盘驱动器与主机连接的接口。目前计算机所配置的通用软盘驱动器大多数是 3.5 英寸的薄型软盘驱动器,适用 1.44 MB 软盘(如图 2.8 所示)。

快门
(可移动)

用户标签

写保护口

图 2.8　3.5 英寸软盘

①软盘的存储原理

3.5英寸软盘盘片是软盘的核心,是记录数据的载体,表面涂着一层由铁氧化物构成的磁性材料。盘片在软盘驱动器中旋转并通过磁头来读写盘片的信息。写盘的过程是以电脉冲将磁头下方磁道上那一点磁化,而读盘的过程则将磁头下方磁道上那一点的磁化信息转化为电信号,并通过电信号的强弱来判断为"0"还是"1"。

软盘上的写保护口主要用于保护软盘中的信息。一旦设置了写保护,就意味着只能从该软盘中读信息,而不能再往软盘上写信息。

②软盘的格式化

新软盘只有经过格式化后才可以使用。格式化是为存储数据做准备,在此过程中,软盘被划分成若干个磁道,磁道又被划分为若干个扇区,如图2.9所示。

③软盘的主要技术指标

- 面数:只用一面存储信息的软盘称为单面软盘,而双面存储信息的软盘称为双面软盘。

- 磁道:是由外向内的一组同心圆。磁道从外向内编号,通常软盘的磁道数为80,磁道从0开始编号。

- 扇区:每个磁道被划分成若干区域,每个区域称为一个扇区。扇区是软盘的基本存储单位,每个扇区的存储容量为512 B。

- 容量:指软盘所能存储数据的字节数,可由如下公式计算得出:

软盘的容量=记录面数×磁道数×扇区数×每扇区的字节数

例如,3.5英寸软盘的容量为:2×80×18×512 B/(1 024×1 000)=1.44 MB。

（2）硬盘存储器

硬盘是最重要的外存储器,用于存放系统软件、大型文件、数据库等大量程序与数据,它的特点是存储容量大、可靠性高、存取速度快。

①硬盘的结构和存储原理

硬盘一般由一组同样尺寸的磁盘片环绕共同的核心组成,这些磁盘片是涂有磁性材料的铝合金盘片,质地较硬,质量较好。每个磁面各有一个磁头,磁头在驱动马达的带动下在磁盘上做径向移动,寻找定位点,完成写入或读出数据的工作。硬盘驱动器通常采用温彻斯特技术,将硬盘驱动电机和读写磁头等组装并封装在一起,称为"温彻斯特驱动器"。硬盘结构如图2.10所示。

图2.9　软盘的磁道和扇区　　　　图2.10　硬盘结构示意图

从图2.10可以看出,硬盘是由一组盘片组成,所有盘片的同一磁道共同组成了一个圆柱面,称为"柱面"。由此可知,硬盘容量＝每扇区字节数×扇区数×磁道数×记录面数×盘片数。

②硬盘的格式化

硬盘格式化的目的与软盘格式化相同,但操作较为复杂。硬盘格式化一般分为硬盘的低级格式化和硬盘的高级格式化。

- 硬盘的低级格式化

低级格式化是对硬盘进行初始化,目的是对硬盘重新划分磁道和扇区。低级格式化是在高级格式化之前进行的,它只能够在 DOS 环境下来完成,而且只能针对整块硬盘而不能针对单独的某一个分区。一般在以下这两种情况下需要对硬盘进行低级格式化:一种是硬盘出厂前,硬盘厂商会对硬盘进行一次低级格式化;另一种是当硬盘出现某种类型的坏磁道时,使用低级格式化能起到一定的缓解或者屏蔽作用。

- 硬盘的高级格式化

高级格式化主要是对硬盘的各个分区进行磁道的格式化,即在逻辑上划分磁道。高级格式化有两个作用:一是装入操作系统,使硬盘兼有系统启动盘的作用;二是对指定的硬盘分区进行初始化,建立文件分配表以便系统按指定的格式存储文件。

③硬盘的技术指标

- 容量

作为计算机系统的数据存储器,容量是硬盘最主要的参数。硬盘的容量一般以千兆字节(GB)为单位,1 GB＝1 024 MB。但硬盘厂商在标称硬盘容量时通常取 1 G＝1 000 MB,因此我们在 BIOS 中或在格式化硬盘时看到的容量会比厂家的标称值要小。目前硬盘中一般有 1～5 个存储盘片,其所有盘片容量之和为硬盘的存储容量。

- 转速

转速是指硬盘盘片每分钟转动的圈数,单位为 rpm。目前市场上主流硬盘的转速一般都已达到了 7 200 rpm 的转速,而更高的则达到了 10 000 rpm。

- 平均寻道时间

硬盘的平均寻道时间是指硬盘的磁头移动到盘面指定磁道所需的时间,该时间越小,硬盘的工作速度则越快。目前硬盘的平均寻道时间通常在 8 ms 到 12 ms 之间。

- 平均等待时间

硬盘的平均等待时间是指磁头已处于要访问的磁道,等待所要访问的扇区旋转至磁头下方的时间。平均等待时间为盘片旋转一周所需的时间的一半,一般应在 4 ms 以下。

- 数据传输率

硬盘的数据传输率是指硬盘读写数据的速度,单位为兆比特每秒(Mb/s)或兆字节每秒(MB/s)。硬盘的数据传输率又包括了内部数据传输率和外部数据传输率。内部传输率反映了硬盘在盘片上读写数据的速度,主要依赖于硬盘的旋转速度。外部传输率反映了系统总线与硬盘缓冲区之间的数据传输率,它与硬盘接口类型和硬盘缓存的大小有关。

- 缓存

与主板上的高速缓存一样,硬盘缓存的目的是为了解决系统读写速度不匹配的问题,以提高硬盘的读写速度。目前,大多数 IDE 硬盘的缓存在 8 M 左右。

技术指标无疑是衡量硬盘性能的主要参数,可对非专业用户来说,在选购硬盘时经常会考虑品牌因素,目前市场上的流行品牌有希捷、西部数据(图 2.11)、东芝等。除了品牌外,还可根据其颜色来进行选择。以西部数据的硬盘为例,它分为绿盘、蓝盘和黑盘。绿盘转速为

5 400 rpm,性能较差,型号一般以 DS、CS 结尾;蓝盘转速为 7 200 rpm,综合性能好,型号一般是以 KS 结尾;黑盘功能强大,价格高,型号一般以 LS 结尾。

图 2.11　西部数据的硬盘

（3）光盘存储器

光盘是利用光学和电学原理进行读/写信息的存储介质,它是由反光材料制成的,通过在其表面上制造出一些变化来存储信息。当光盘转动时,上面的激光束照射已存储信息的反射表面,根据产生反射光的强弱变化识别出存储的信息,从而达到读出光盘上信息的目的。

目前光盘存储器已广泛地应用于计算机系统中,因为它具有如下优点:第一,存储容量大,例如一张 DVD 格式的光盘其容量可达 10 GB,因此这类光盘特别适于多媒体的应用;第二,可靠性高,例如不可重写的光盘上的信息几乎不可能丢失,特别适用于档案资料管理;第三,存取速度高,目前蓝光光盘的数据传输率为 36 Mbps。

常用的光盘存储器可分为下列几种类型:

①CD 光盘

CD 是英文"Compact Disc"的缩写,意思是高密度盘,即光盘。光盘是从 20 世纪 70 年代末胶木唱片发展而来的,经过不断完善和发展,种类不断增加,并获得广泛的应用。到目前为止,光盘制品有十多个规格品种,每个品种又都有对应的标准格式。CD 光盘的存储容量一般为 650~700 MB,它主要包含 CD-ROM、CD-R 和 CD-RW 三种格式。

CD-ROM(Compact Disk Read Only Memory)是一种只读型光盘。它由生产厂家预先写入数据和程序,使用时用户只能读出,不能修改或写入新内容。CD-ROM 光驱的速度一般都在 50 倍速以上(单倍速是指每秒钟光驱的读取速率为 150 KB)。与硬盘表面一组同心圆组成的磁道不同,CD-ROM 光盘有一条从内向外的、由凹坑和平坦表面互相交替组成的连续的螺旋线轨道,也就是说,数据和程序是以凹坑的形式保存在盘上的。

当要读出光盘中的信息时,激光头射出的激光束透过表面的透明基片直接聚集在盘片反射层上,被反射回来的激光会被光感应器检测到。当激光通过凹坑时,反射光强度减弱,代表读出数据"1";当激光通过平坦表面时,则光强度不发生变化,代表读出数据"0"。光盘驱动器的信号接收系统负责把这种光强度的变化转换成电信号再传送到系统总线,从而实现数据的读取。

CD-R(CD-Recorder)又称"只写一次型光盘",这种光盘存储器的盘片可由用户写入信息,但只能写入一次,写入后的信息将永久地保存在光盘上,可以多次读出,但不能重写或修改。

CD-RW(CD-Rewritable)光盘存储器类似于磁盘,可以重复读写,其写入和读出信息的原理与使用的介质材料有关。例如,用磁光材料记录信息的原理是:利用激光束的热作用改变介质上局部磁场的方向来记录信息,再利用磁光效应来读出信息。

②DVD 光盘

最早出现的 DVD(Digital Video Disk,数字视频光盘)是一种只读型光盘,必须由专门的影碟机播放。随着技术的不断发展,数字通用光盘(Digital Versatile Disk)取代了原先的数字视频光盘,其中每张光盘可存储的容量都可以达到 4.7 GB 以上。

DVD 的基本类型有 DVD-ROM、DVD-Video、DVD-Audio、DVD-R、DVD-RW、DVD-RAM 等。

③蓝光光盘

目前单面标准的 DVD 可保存 4.7 GB 的信息,这大约可以存储两小时长、带一些附加功能的标准清晰度电影。但随着电视机和影视制作开始采用高清晰标准,消费者也将需要拥有更多存储容量的播放系统。蓝光是下一代数字视频光盘,它可以记录、存储和播放高清晰视频和数字音频以及计算机数据。蓝光的优势是可以存储海量的信息,图 2.12 所示为容量为 25 GB 的蓝光光盘。

图 2.12　三菱的蓝光光盘

一张单层蓝光光盘的尺寸与 DVD 大致相同,但是可保存 27 GB 的数据——可以存储两小时以上的高清晰视频或大约 13 小时的标准视频。一张双层蓝光光盘最多可存储 50 GB 的数据,足以保存约 4.5 小时的高清晰视频或 20 多个小时的标准视频。

蓝光光盘的主要优势有以下几个方面:可以录制高清晰电视(高清电视)节目,无任何质量损失;即时搜索光盘;可以在观看光盘上一个节目的同时录制另一个节目;可以创建播放列表;可对光盘上录制的节目进行编辑或重新排序。

和 CD、DVD 类似,蓝光光盘也设计了几种不同的格式:BD-ROM(只读),适合预先录制的内容;BD-R(可录制),适合 PC 数据存储;BD-RW(可擦写),适合 PC 数据存储;BD-RE(可擦写),适合录制高清电视节目。

(4) 可移动存储器

由于软盘存储容量较小,也较易损坏,目前逐渐被一种可移动的存储器所取代,这就是 U 盘和移动硬盘,如图 2.13 所示。

图 2.13　可移动存储器

①闪存盘(U 盘)

U 盘采用一种可读写、非易失的半导体存储器——闪存作为存储介质,通过通用串行总线接口(USB)与主机相连,可以像使用软、硬盘一样在该盘上读写、传送文件。目前 U 盘的容量一般在 1～32 GB。U 盘之所以被广泛使用是因为它具有许多优点:

- 体积小、重量轻,便于携带。
- 采用 USB 接口,无需外接电源,支持即插即用和热插拔。在 Windows Me 以上的操作系统中,不用安装驱动程序就可以使用。
- 存取速度至少比软盘快 15 倍,数据至少可保存 10 年,擦写次数可达 10 万次以上。
- 抗震防潮性能好,还具有耐高低温等特点。

②移动硬盘

虽然 U 盘具有性能高、体积小等优点,但对需要较大数据存储量的情况,其容量就不能满足要求了,因而需要使用另一种可移动存储器——移动硬盘。与 U 盘相比,移动硬盘的特点是容量更大(40～250 GB),传输速度更快。移动硬盘大多采用 USB、IEEE 1394 接口,能提供较高的数据传输速率。目前 USB 2.0 接口的传输速率是 60 MB/s,IEEE 1394 接口的传输速率高达 50～100 MB/s。

综上所述,在计算机中存储信息的设备有内存、硬盘、软盘、光盘、U 盘等,每种存储设备都有其特点。为了充分发挥各种存储设备的长处,将其有机地组织起来,这就构成了具有层次结构的存储系统,如图 2.14 所示。

图 2.14　存储系统的层次结构

2.1.3　输入/输出设备

输入/输出设备是用户与计算机之间进行信息交流的主要设备。输入设备的功能是把用一定形式表示的程序和数据送入计算机,输出设备的功能是将计算机运算的结果转化为用户或其他设备能够接受和识别的信息形式。计算机的输入/输出设备种类繁多,不同设备可以满足人们使用计算机时的各种不同需要。下面介绍几种最常用的输入/输出设备。

1) 输入设备

输入设备(Input Device)用于把原始数据和处理数据的程序输入到计算机中。现在的计算机能够接收各种各样的数据,既可以是数值型的数据,也可以是各种非数值型的数据,如图形、图像、声音等都可以通过不同类型的输入设备输入到计算机中。计算机的输入设备按功能可分为下列四类:

- 字符输入设备:键盘、光笔;
- 图形输入设备:鼠标、操纵杆、条形码阅读器;
- 图像输入设备:数码相机、扫描仪;
- 语音输入设备:语言模数转换识别系统。

下面主要介绍目前几种常用的输入设备,并简要说明它们的功能。

(1) 键盘

键盘是微型计算机的主要输入设备,是计算机常用的输入数字、字符的输入设备,通过它可以输入程序、数据、操作命令,也可以对计算机进行控制。

键盘由一组按键排成的开关阵列组成,按下一个键就产生一个相应的扫描码,不同位置的按键对应不同的扫描码。键盘上的按键可以划分成四个区域,具体排列如图 2.15 所示。

图 2.15　微型计算机键盘排列示意图

①功能键区:包含 12 个功能键 F1~F12,这些功能键在不同的软件系统中有不同的定义。

②主键盘区:包含字母键、数字键、运算符号键、特殊符号键、特殊功能键等。

③副键盘区(数字小键盘区):包含 10 个数字键和 4 个运算符号键,另外还有回车键和一些控制键。所有数字键均有上、下两种功能,可通过数字锁定键(Num Lock)选择。

④控制键区:包含插入、删除、光标控制键、翻屏键等。

PC 上的键盘接口有三种:一种是比较老式的直径 13 mm 的 PC 键盘接口;一种是直径 8 mm 的 PS/2 键盘接口,现在这两种已基本淘汰;第三种是 USB 接口,USB 接口的键盘已逐渐流行。

(2) 鼠标

鼠标是用于图形界面操作系统的快速输入设备,其功能主要用于移动显示器上的光标并通过菜单或按钮向主机发出各种操作命令,但不能输入字符和数据。

鼠标通常有两个按键,各个键的功能可以由软件来任意规定,一般左键用得较多。鼠标的操作包括两种：一种是平面上的移动，另一种就是按键的按下和释放。当鼠标在平面上移动时，通过机械或光学的方法把鼠标移动的距离和方向转换成脉冲信号传送给计算机，计算机鼠标驱动程序将脉冲个数转换成鼠标的水平方向和垂直方向的位移量，从而控制显示屏上光标箭头随鼠标的移动而移动。

①鼠标的分类

鼠标可按照接口类型分为五类：PS/2 接口的鼠标、串行接口的鼠标、USB 接口的鼠标、红外接口的鼠标和无线接口的鼠标。PS/2 鼠标用的是 6 针的小圆接口；串口鼠标用的是 9 针的 D 型接口；USB 鼠标使用 USB 接口，具有即插即用特性；红外接口鼠标利用红外线与计算机进行数据传输；无线接口鼠标则通过无线电信号与计算机进行数据传输。后两种鼠标都没有连接线，故称为"遥控鼠标"，使用起来较为灵活，但红外接口鼠标使用时要正对着计算机，角度不能太大。

鼠标还可按其工作原理分为机械式、光机式和光电式三类。较早的鼠标是机械式的，但由于其准确性和灵敏度差，很快就被淘汰了。光机式鼠标结合使用了机械及光电原理，精确度比机械式鼠标高，但需要在平整表面上操作。目前最流行的是光电鼠标，在鼠标底部用一个图形识别芯片时刻监视鼠标与桌面的相对移动，根据移动情况发出位移信号，这种鼠标传送速率快，灵敏度和准确度高。

笔记本电脑的鼠标包括内置式和外置式两种。外置式鼠标与普通台式机鼠标相同。内置式鼠标按其工作原理分为指点杆式、触摸屏式和轨迹球式。

②鼠标的主要技术参数

鼠标最重要的参数是分辨率，它以 DPI(Dots Per Inch，点/英寸)为单位，表示鼠标移动 1 英寸所通过的像素点数。一般鼠标的分辨率为 150～200 DPI，高的可达 300～400 DPI。若屏幕分辨率为 640×480 时，鼠标只要移动 1 英寸即对应屏幕上 300～400 像素的位置，基本遍历屏幕的 2/3，因此鼠标的分辨率越高，鼠标移动距离就越短。

（3）数码相机

数码相机是一种利用电子传感器把光学影像转换成电子数据的照相机，是一种重要的图像输入设备。传统相机使用胶卷作为记录信息的载体，而数码相机的"胶卷"则是成像感光器件。感光器件是数码相机的核心，也是最关键的技术。目前数码相机的核心感光器件有两种：一种是广泛使用的 CCD(Charge Coupled Device，电荷耦合器件)；另一种是 CMOS(Complementary Metal-Oxide Semiconductor，互补金属氧化物半导体)。

CCD 由一种高感光度的半导体材料制成，能把光线转变成电荷，然后通过模数转换器芯片将电信号转换成数字信号，数字信号经过压缩处理经 USB 接口传到计算机上就形成所采集的图像。CMOS 主要是利用硅和锗做成的半导体。CCD 在影像品质等各方面均优于 CMOS，但 CMOS 具有低成本、低耗电以及高整合度的特性。以前市场上绝大多数的中高端数码相机都使用 CCD 作为感光器，而 CMOS 感光器则作为低端产品应用于数字摄像头。现在市场上大多数数码相机都采用 CMOS 感光器。

CCD 中有很多相同的感光元件，每个感光元件称为一个"像素"，因此数码相机的像素和 CCD 的大小有密切的关系。现在市面上的消费级数码相机主要有 2/3 英寸、1/1.8 英寸、1/2.7 英寸、1/3.2 英寸四种。CCD 尺寸越大，感光面积越大，成像效果越好，但价格也越高。

衡量数码相机性能的重要参数是分辨率和存储容量。

• 分辨率：单位为 DPI，其数值大小将直接影响最终图像的质量。常见的分辨率有 640×480、1 024×768、1 600×1 200、2 048×1 536，其中前者为水平分辨率，后者为垂直分辨率，长宽比一般为 4：3，两者相乘即为图像的像素。图像的分辨率越高，那么图像的尺寸和体积都将越大。

- 存储容量：数码相机采用存储卡(闪存)作为存储设备，即使断电也不会丢失信息。在图像分辨率和质量要求相同的情况下，存储容量越大，可存储的照片则越多。

对于数码相机中图像分辨率的选择要根据自己的需要，不能一味地追求质量或者单纯考虑存储卡容量，一切要从自身的需求出发。例如，印刷出版的图像的分辨率一般在 500 万(2 560×1 920)像素以上，而供计算机显示的图像的分辨率在 1 024×768 左右。

（4）扫描仪

扫描仪就是将照片、书籍上的文字或图片获取下来，以图片文件的形式保存在计算机里的一种设备，照片、文本页面、图纸、美术图画、照片底片等都可作为扫描对象。

①扫描仪的分类

根据扫描仪的工作原理，我们把扫描仪分为两种：滚筒式扫描仪和平板式扫描仪。滚筒式扫描仪输出的图像普遍具有色彩还原逼真、放大效果好的特点，但占地面积大、价格昂贵(是平板扫描仪的 5～50 倍)，是用于专业领域的扫描仪，处理的对象多为大幅面图纸、高档印刷用照片等。而随着科技的不断进步，目前高、中档平板扫描仪已具有滚筒式扫描仪的大多数优点，从而可以满足大多数的应用需求。平板扫描仪如图 2.16 所示。

图 2.16 平板扫描仪

②扫描仪的性能指标

- 分辨率：分辨率是扫描仪最主要的技术指标，它表示扫描仪对图像细节的表现能力，决定了扫描仪记录图像的细致度。通常用每英寸长度上扫描图像所含像素点的个数来表示扫描仪的分辨率。目前大多数扫描仪的分辨率在 300～2 400 DPI 之间。DPI 数值相对越大，扫描的分辨率越高，扫描图像的品质越高，但这并不意味着分辨率越高越好。当分辨率大于某一特定值时，只会使图像文件增大而不易处理，并不能对图像质量产生显著的改善。

- 灰度级：灰度级表示图像的亮度层次范围。级数越多，扫描仪图像亮度范围越大、层次越丰富。目前多数扫描仪的灰度为 256 级。

- 色彩数：色彩数表示彩色扫描仪所能产生颜色的范围，通常用描述每个像素点颜色的比特位(bit)表示，越多的比特位数可以表现越丰富的颜色。例如常说的真彩色图像指的是每个像素点由 3 个 8 比特位的红、绿、蓝彩色通道所组成，即 24 位二进制数表示，红、绿、蓝通道结合可以产生 2^{24} 种颜色的组合。

- 扫描幅面：表示扫描图稿尺寸的大小，常见的幅面有 A4、A3、A0 等。

- 扫描速度：扫描速度与分辨率、内存容量、图像大小等因素有关，通常用指定的分辨率和图像尺寸下的扫描时间来表示。

● 与主机的接口：目前市场上的扫描仪有 SCSI 接口、USB 接口和 IEEE 1394 接口，其中 USB 接口的扫描仪使用非常广泛。

（5）触控屏幕

触控屏幕作为一种最新的计算机输入设备，是目前最简单、方便、自然的一种人机交互方式。它赋予了多媒体以崭新的面貌，是极富吸引力的全新多媒体交互设备。其实我们对触控技术并不陌生，银行的取款机以及医院、图书馆等场所都有采用这种触控技术的计算机，而目前支持触摸屏的手机、MP3、数码相机也很多。

触控技术用手指代替了键盘、鼠标，既显示出了最大的人性化，又在特定的场合减少了鼠标、键盘的占用空间。触控技术主要包含单点触控和多点触控两种。传统的触控屏幕大多数是单点触控，也可以说是电阻式触控的，一次只能判断一个触控点，若同时有两个以上的点被触碰，则不能做出正确反应。目前市场上以 iPhone、iPad 为代表的智能手机和平板电脑是支持多点触控的，它们可以同时响应操作者在屏幕上的多点操作。多点触控的任务可以分解为两个方面的工作：一是同时采集多点信号，二是对每路信号的意义进行判断，也就是所谓的手势识别。

目前我们已经接受了手机和平板电脑触控操作，但在使用 PC 时还得使用鼠标和键盘，因为触摸屏的成本相对比较高，而且需要操作系统的支持。自从微软推出了 Windows 8 操作系统后，这一局面将有所改观。Windows 8 采用全新的 Metro 风格界面，支持屏幕触控，可大多数用户没有更好的设备来体验 Windows 8 的魅力。目前有些厂商开始推出了比较完美的触控解决方案，如 Windows 8 触控笔，通过触控笔能够达到手指操作的水平，使得触控操作比较完美。相比传统的单点触控，多点触控有更强大的可操作性与扩展性，将逐渐成为未来的主流。

（6）光笔

键盘是一种重要的文字输入设备，因此用户需要熟悉汉字输入法才能快速地进行中文的输入。但随着现代电子技术的发展，人们已经研制出了手写输入方法，其代表产品就是光笔。光笔的原理是用一支与笔相似的定位笔（光笔）在一块与计算机相连的书写板上写字（如图 2.17 所示），根据压敏或电磁感应将笔在运动中的坐标位置不断送入计算机，使得计算机中的识别软件通过采集到的笔的轨迹来识别所写的字，然后再把得到的标准代码作为结果存储起来。因此手写输入的核心技术是识别软件，软件的识别率越高，就越能快而准确地得到所写的汉字。

图 2.17　光笔

2）输出设备

输出设备（Output Device）是用户与计算机交互的一种部件，用于数据的输出。它把各种信息以数字、字符、图像、声音等形式表示出来。常见的输出设备有显示器、打印机、绘图仪和语音输出系统等。

下面简要介绍常用的输出设备（显示器、打印机和绘图仪）的基本工作原理及性能指标。

（1）显示器

显示器是计算机系统中最基本的输出设备，它是用户操作计算机时传递各种信息的窗口。显示器能以数字、字符、图形、图像等形式显示各种设备的状态和运行结果，从而建立起计算机和用户之间的联系。最常用的显示器有两种类型：阴极射线管（Cathode Ray Tube，CRT）显示器和液晶显示器（Liquid Crystal Display，LCD）。阴极射线管显示器具有分辨率高、可靠性高、速度快、成本低等优点，曾经是图形显示器中应用最广泛的一种。但随着科学技术的发展，目前的液晶显示器可以达到较高的分辨率，在色彩的丰富程度和细腻程度上都可以与 CRT 显示器媲美，而且液晶显示器重量轻、体积小、功耗低，辐射小，是一种日益流行的显示设备。

①显示器的硬件工作原理

CRT 显示器屏幕上的光点是由阴极电子枪发射的电子束打击荧光粉薄膜而产生的。彩色 CRT 显示器的显像管的屏幕内侧是由红、绿、蓝三色磷光体构成的小三角形（像素）发光薄膜。由于接收的电子束强弱不同，像素的三原色发光强弱就不同，就可以产生一个不同亮度和颜色的像素。当电子束从左向右、从上而下地逐行扫描荧光屏，每扫描一遍就显示一屏，称为刷新一次，只要两次刷新的时间间隔少于 0.01 s，那么人眼在屏幕上看到的就是一个稳定的画面。

LCD 的原理与 CRT 大不相同，它是利用液晶的物理特性，在通电时导通，使液晶排列变得有秩序，使光线通过；不通电时，排列则变得混乱，阻止光线通过。

②显示器的主要技术参数

• 屏幕尺寸：屏幕尺寸是指矩形屏幕的对角线长度，以英寸为单位。现在使用较多的是 17、19、22 英寸等。传统显示屏的宽度与高度之比为 4∶3，而宽屏液晶显示器的屏幕比例还没有统一的标准，常见的有 16∶9 和 16∶10 两种。值得注意的是，在相同屏幕尺寸下，无论是 16∶9 还是 16∶10 的宽屏液晶显示器，其实际屏幕面积都要比普通的 4∶3 液晶显示器要小。

• 点距：点距是不同像素的两个颜色相同的磷光体间的距离。点距越小，显示出来的图像越细腻，分辨率越高。目前多数显示器的点距为 0.28 mm。

• 像素：像素是指屏幕上能被独立控制其颜色和亮度的最小区域，是显示画面的最小组成单位。一个屏幕像素点数的多少与屏幕尺寸和点距有关。例如，14 英寸显示器的横向长度是 240 mm、点距为 0.31 mm，则横向像素点数是 774 个。

• 分辨率：分辨率是指整屏可以显示的像素个数，通常写成水平分辨率×垂直分辨率的形式，例如 320×200、640×480、800×600、1 024×768。分辨率越高，屏幕上显示的图像像素数越多，那么显示的图像就越清晰。显示分辨率通常和显示器、显卡有密切的关系。

• 刷新频率：刷新频率是指每秒屏幕画面更新的次数。刷新频率越高，画面闪烁越小。一般在 1 024×768 的分辨率下要达到 75 Hz 的刷新频率，这样人眼不易察觉刷新频率带来的闪烁感。

③显卡

显卡是显示器与主机通信的桥梁，是显示器控制电路的接口。显卡负责把需要显示的图像数据转换成视频控制信号，从而控制显示器显示该图像。因此，显示器和显卡的参数必须相当，只有二者匹配合理，才能达到最理想的显示效果。

显卡通过接口与主板相连，该接口决定着显卡与系统之间数据传输的最大带宽，也就是瞬间所能传输的最大数据量，因而不同的接口能为显卡带来不同的性能。显卡发展至今共出现ISA、PCI、AGP等几种接口，所能提供的数据带宽依次增加。而采用新一代的 PCI-E 接口的显卡也在 2004 年正式推出，从而使显卡的数据带宽得到进一步的增大，解决了显卡与系统数据传输的瓶颈问题。目前一些性能较好的显卡还具有图形加速功能，它拥有自己的图形函数加速器和显示存储器（Video Random Access Memory, VRAM)，其主要功能是对图形显示速度进行加速。

显卡分为集成显卡和独立显卡，在品牌机中采用集成显卡和独立显卡的产品约各占一半，在低端的产品中更多的是采用集成显卡，在中、高端市场则较多采用独立显卡。独立显卡是指显卡成独立的板卡存在，需要插在主板的 AGP 接口上，它具备单独的显存，不占用系统内存，而且技术上领先于集成显卡，能够提供更好的显示效果和运行性能。集成显卡是将显示芯片集成在主板芯片组中，在价格方面更具优势，但不具备显存，需要占用系统内存。其实集成显卡基本能满足普通的家庭、娱乐、办公等方面的应用需求，但如需进行 3D 图形设计或图形方面的专业应用，那么独立显卡将是最好的选择。

（2）打印机

打印机是仅次于显示器的一种重要输出设备，用户经常利用它将计算机中的文档、数据信息打印出来。

①打印机的分类

打印机的种类繁多，分类方法也很多。按照打印机的工作原理，可以分为击打式打印机和非击打式打印机。击打式打印机是利用打印针撞击色带和打印纸打出点阵，组成字符或图形。非击打式打印机是使用各种物理或化学的方法印刷字符，如激光扫描、喷墨、热敏效应等。目前市场上有常用的针式打印机、激光打印机和喷墨打印机，另外还有用于高级印刷的热升华打印机、新型的 3D 打印机等。

· 针式打印机

针式打印机属于击打式打印机，激光打印机和喷墨打印机属于非击打式打印机。目前市场上流行的针式打印机一般有 24 根针头，通过调整打印头与纸张的间距，可以适应打印纸的厚度，而且可以改变打印针的力度以调节打印的清晰度。针式打印机具有价格便宜、耐用、穿透能力强、能够多层套打等优点，广泛用于银行、税务等部门的票据和报表类打印。但针式打印机的打印质量不高，而且噪音较大，所以很少用在普通家庭及办公应用中。

· 激光打印机

激光打印机的原理类似于静电复印机，是将微粒炭粉固化在纸上而形成字符和图形，打印质量好，速度很快，噪音小，但必须使用专用的纸张。激光打印机的分辨率很高，有的可以达到600 dpi 以上，打印效果精美细致，但其价格相对较高，所以常用于办公应用中。目前激光打印机逐渐趋于智能化，它没有电源开关，平时自动处于关机状态，当有打印任务时自动激活。它有自己的内存和处理器，能单独处理打印任务，大大减轻了计算机的负担。激光打印机也有宽行、窄行及彩色、黑白之分，但宽行和彩色机型都很昂贵，所以用于打 A4 单页纸的窄行黑白机型是目前比较普遍使用的。

· 喷墨打印机

喷墨打印机是靠喷出的细小墨滴来形成字符或图形的，它噪音小，价格便宜，能够输出彩色图像。但喷墨打印机也有它的不足之处,就是对纸张质量要求较高,而且消耗的墨水多,墨水的成本也较高,因此喷墨打印机对一般用户而言有"买得起,用不起"的感觉。

- 3D打印机

3D打印最早出现在上世纪80年代,大多用于大型制造业,如美国波音公司生产的飞机有10%的零部件都是"打印"出来的。近年来,3D打印成为一种潮流,并开始广泛应用于工业设计、建筑、汽车、航空航天和医疗产业等。图2.18所示的是一台宽幅的3D打印机。

图2.18 3D打印机(图片来源:www.cbismb.com)

使用3D打印机,你可以打印出房子、汽车、人体骨骼、拖鞋、玩具、食品等。为什么3D打印机会这么神奇呢? 和传统打印机不同的是,3D打印机使用的是金属、陶瓷、塑料、砂等不同的打印原材料。首先使用3D软件设计出所需的模型或原型,当打印机与电脑连接后,通过电脑控制可以把原材料一层层叠加起来,最终把计算机上设计的模型变成实物。3D打印机的功能虽然十分强大,但目前价格昂贵、可制作原材料相对较少、制作成本高,这些问题使得3D打印仍处于早期的发展阶段,但其未来发展前景值得期待。

②打印机的性能指标

了解打印机的性能指标对于正确选择和使用打印机是很重要的。打印机的主要性能指标有以下几个方面:

- 分辨率:分辨率用dpi表示,即每英寸打印点数。分辨率越高,图像清晰度就越好。针式打印机分辨率较低,一般为180~360 DPI,激光打印机为300~2 880 DPI,喷墨打印机一般为300~1 440 DPI。

- 打印速度:针式打印机的打印速度用每秒打印字符数(Characters Per Second,CPS)表示,一般为100~200CPS;而激光打印机和喷墨打印机的打印速度以每分钟打印页数(Pages Per Minute,PPM)表示,一般在几PPM到几十PPM。

- 打印幅面:打印幅面就是打印机所能打印的纸张的大小。对于针式打印机而言,规格有两种:80列和132列,即每行可打印80个或132个字符。对激光打印机和喷墨打印机而言,幅面一般为A3、A4和B4。

- 打印缓冲存储器:打印缓冲存储器是为了满足高速打印和打印大型文件的需要。缓冲存储器的大小将影响打印速度,针式打印机的缓冲存储器一般为16 KB,而喷墨打印机和激光打印机打印时需要整页装入,因此其缓冲存储器较大,一般为4~16 MB。

- 接口类型:打印机接口类型主要有并行接口、串行接口和USB接口三种。并行口一次可以传输一个字节,串行口一次只能传输一个二进制位,而目前流行的USB接口依靠其支持热插拔和输出速度快的特性,在多种打印机接口类型中应用得最为广泛。

（3）绘图仪

绘图仪是一种输出设备，它能按照用户要求将计算机的输出信息以图形的形式精确地输出，主要用于绘制各种管理图表、统计图、大地测量图、建筑设计图、电路布线图、机械图和计算机辅助设计图等，图 2.19 所示的是 HP 品牌的绘图仪。绘图仪一般由驱动电机、插补器、控制电路、绘图台、笔架、机械传动等部分组成。绘图仪除了必要的硬件设备之外，还必须配备丰富的绘图软件，只有软件与硬件结合起来，才能实现自动绘图。

图 2.19　HP 绘图仪

（图片来源：cn. made-in-china. com）

①绘图仪的分类

绘图仪的种类很多，分类方法也很多。从工作原理上来划分，绘图仪可以分为笔式、喷墨式、热敏式、静电式等；而从结构上划分，又可以分为平台式和滚筒式两种。绘图仪在计算机辅助设计(CAD)与计算机辅助制造(CAM)中应用得非常广泛，它能将图形准确地绘制在图纸上，供工程技术人员参考。目前的绘图仪已智能化，它自身带有微处理器，具有直线和字符演算处理等功能。

②绘图仪的性能指标

• 打印速度：打印速度是指单位时间内能够完成的打印面积，一般用 m^2/hr（平方米/小时）来表示。目前主流的绘图仪的打印速度基本上在 $10\sim20$ m^2/hr 之间。与绘图仪的打印速度最直接相关的因素是喷头上喷嘴的数量，一般来说，同一品牌的绘图仪，喷头上喷嘴的数量越多，打印的速度越快，同时打印质量也相对较高。

• 分辨率：分辨率是绘图仪最基本的一个技术指标，一般用 DPI 表示，即每英寸可以表现出多少个点，它直接关系到产品输出的文字和图像质量的高低。分辨率一般用垂直分辨率×水平分辨率表示，如 $720\times1\,440$ DPI。分辨率越高，数值越大，就意味着产品输出的质量越高。

• 幅面尺寸：幅面尺寸有许多种，如滚筒式绘图仪的绘图纸有两种规格：一种是宽 270 mm，长 36 m；另一种是宽 750 mm，长 50 m。平台式绘图仪的绘图纸幅面尺寸则受机器平台幅面的限制。

• 接口类型：如 USB 接口、SCSI 接口和 IEEE 1394 接口。

2.1.4　主板

主板，又叫"系统板"或"母板"，它安装在机箱内，是计算机系统中最大的一块电路板。主板几乎集中了系统的主要核心部件，通常安装了 CPU 插槽、内存储器插槽、控制芯片组、总线扩展槽、外设接口、CMOS 和 BIOS 控制芯片等。目前市场上有华硕、技嘉、微星和七彩虹等品牌的主板,图 2.20 为华硕主板的结构示意图。

图 2.20　华硕主板的结构示意图

主板有两个主要功能:一是为 CPU、内存和各种功能卡提供插槽;二是为各种常用外围设备(硬盘、鼠标、键盘等)提供通用接口。计算机系统通过主板将 CPU 等各种部件有机地结合起来形成一套完整的系统,因此主板的性能在相当程度上决定了计算机的整体运行速度和稳定性。

1) 芯片组

芯片组(Chipset)是主板的核心组成部分,如果说中央处理器(CPU)是整个计算机系统的心脏,那么芯片组将是整个系统的躯干。就目前流行的主板结构来说,芯片组一般由两个超大规模集成电路芯片组成,按照它们在主板中的不同位置,通常把这两个芯片分别称作"南桥芯片(South Bridge)"和"北桥芯片(North Bridge)"。其中 CPU 的类型、主板的系统总线频率、内存类型、容量和性能、显卡插槽规格等是由北桥芯片决定的,而扩展槽的种类与数量、扩展接口的类型和数量等是由南桥芯片决定的。随着技术的发展,不少芯片还加入了 3D 加速显示(集成显示芯片)等功能,因而芯片组也决定着计算机系统的显示和音频播放等性能。

由于目前市场上 CPU 的型号与种类繁多、功能特点不一,如果芯片组不能与 CPU 良好地协同工作,将严重地影响计算机的整体性能,甚至不能正常工作。另外,芯片组被固化在主板上,不能像 CPU、内存等进行简单的升级换代,因此在选购计算机时一定要注意 CPU 与芯片组性能的匹配。

2) 基本输入/输出系统和 CMOS

基本输入/输出系统(Basic Input Output System,BIOS)是一组固化在计算机内主板 ROM 芯片上的程序,主要负责对基本 I/O 系统进行控制和管理。使用 BIOS 设置程序还可以排除系统故障或诊断系统问题。BIOS 设置程序包含以下几个模块:

(1) 加电自检程序:计算机接通电源后,系统将有一个对内部各个设备进行检查的过程,这是由加电自检(Power On Self Test,POST)程序来完成的。完整的 POST 将包含对 CPU、内存、ROM、主板、存储器、串口、并口、显卡、硬盘等进行测试。自检中若发现问题,系统将给出提示信息或鸣笛警告。

(2) 系统自举程序:在完成加电自检后,BIOS 将按照系统 CMOS 设置中的启动顺序搜寻软硬盘驱动器、CD-ROM 等有效的启动驱动器,读入操作系统引导程序,然后将系统控制权交给引导程序,由引导程序完成系统的启动。

(3) CMOS 程序:计算机中的 CPU、软硬盘驱动器、显示器、键盘等部件的配置信息是放在一块可读写的 CMOS RAM 芯片中的。关机后,系统通过一块后备电池向 CMOS 供电以保存其中的信息。另外用户还可以利用 CMOS 来设置系统的日期、时间或口令等。用户在系统自举之前,一般按下 Del 键(或 F2 或 F8 键,各种 BIOS 规定不同)就可以进入 CMOS 设置状态。

(4) 基本外围设备的驱动程序:硬盘、软盘、光驱、键盘等常用外围设备的控制程序。

3) 插槽和外设接口

除了芯片组、BIOS 和 CMOS 之外,主板上还有一系列的插槽和接口。

(1) CPU 插槽

CPU 插槽用于连接 CPU 芯片。由于 CPU 集成了越来越多的功能,引脚数量不断增加,插槽尺寸也越来越大。

(2) 内存插槽

主板上一般有若干个内存条插槽,插入相应的内存条就可构成一定容量的内存储器,实现内存的扩充,但内存的容量并不可以无限扩充,它会受到芯片组的制约。

(3) 总线扩展槽

主板上有一系列的扩展槽,常见的有 AGP、PCI、PCI-E 等插槽,用来连接各种功能的插卡。用户可以根据自己的需要在扩展槽上插入各种用途的插卡,如显卡、声卡、网卡等,以扩展计算机的各种功能。这些插槽所传送的信号实际上是系统总线信号的延伸,任何插卡插入扩展槽后就可以通过总线与 CPU 连接,在操作系统的支持下实现即插即用,这种开放的体系结构为用户连接各种功能设备提供了方便。

(4) I/O 接口

主板上配置了很多外围设备的接口,例如有串行和并行接口插座,有连接硬盘的电缆插座(IDE、SCSI 等)以及鼠标/键盘接口等。

2.1.5　总线与接口

在计算机系统中,CPU、存储器、各种输入设备之间需要通过总线把各部分组织起来,组成一个能彼此传输信息和对信息进行加工处理的整体。由于主机与 I/O 设备之间的相对独立性,它们之间一般不能直接连接,所以需要通过起"转换器"作用的接口才能实现连接。

1) 总线

计算机中的各个部件,包括 CPU、内存储器、外存储器和 I/O 设备的接口,它们之间是通过一条公共信息通路连接起来的,这条信息通路称为"总线"。总线可以将信息从一个或多个源部件传送到一个或多个目的部件,如图 2.21 所示。

(1) 总线的分类

①数据总线、地址总线和控制总线

根据总线上传送信息的不同,可将总线分为三类:数据总线(Data Bus,DB)、地址总线(Address Bus,AB)和控制总线(Control Bus,CB)。

数据总线用于 CPU 与主存储器、CPU 与 I/O 接口之间传送信息,它是双向的传输总线。数据总线的宽度决定每次总线同时传输信息的位数,是决定计算机性能的主要指标。

地址总线主要用来指出数据总线上源数据或目的数据在主存储单元或 I/O 端口的地址,它是单向传输总线。地址总线的位数决定了 CPU 可直接寻址的内存空间大小,比如 16 位微型机的地址总线为 20 位,其可寻址空间为 $2^{20}=1$ MB。一般来说,若地址总线为 n 位,则可寻址空间为 2^n 字节。

图 2.21 微型计算机总线结构示意图

控制总线用来传送控制信号和时序信号。控制信号中,有的是微处理器送往存储器和 I/O 接口电路的,也有的是其他部件反馈给 CPU 的,因此控制总线的传送方向由具体控制信号而定。

②内部总线、系统总线和外部总线

根据总线的位置和功能的不同,总线可以分为内部总线、系统总线和外部总线。内部总线是 CPU 与外围芯片(包括内存)之间连接的总线,用于芯片一级的互连;系统总线是各接口卡与主板之间连接的总线,用于接口卡一级的互连;外部总线是主机和外部设备之间的连线,用于设备一级的互连。在这三类总线中,系统总线是最重要的,所以我们通常所说的总线就是指系统总线。

对于微型计算机来说,目前常见的系统总线有 ISA 总线、PCI 总线、AGP 总线、PCI-E 总线。ISA 总线在 80286~80486 时代应用非常广泛,以至于现在奔腾机中还保留其总线插槽,主要是一些老式的接口卡插槽,如 10 Mb/s 的 ISA 网卡、ISA 声卡等。PCI 总线是 Intel 推出的 32/64 位标准总线,32 位 PCI 总线的数据传输速率为 133 MB/s,能满足声卡、网卡、视频卡等绝大多数输入/输出设备的需求,逐步取代了 ISA。AGP 总线是为提高视频带宽而设计的总线规范,专用于连接主板上的控制芯片和 AGP 显示适配卡(简称"显卡"),数据传输速率可达 2.1 GB/s,目前大多数主板均有提供。但随着显卡芯片的更新速度加快,高端显卡对总线的要求越来越高,出现了替代 PCI 总线的 PCI-E 总线。PCI-E 总线的数据传输速率可达 10 GB/s,目前性能较好的主板上都配置了 PCI-E 总线插槽。图 2.22 为多总线结构的计算机示意图。

(2)总线的性能指标

①总线位宽:总线位宽指总线能同时传送的数据位数,即数据总线的位数,用位(bit)表示,如总线宽度为 8 位、16 位、32 位和 64 位。

②总线工作频率:总线工作频率也称为总线的时钟频率,以 MHz 为单位。例如 PCI 总线有 33.3 MHz、66.6 MHz 两种总线频率。

③总线带宽:总线带宽是指单位时间内总线上可传送的最大数据量,单位为 MB/s,它与总线位宽和总线工作频率有关,即总线带宽(MB/s)=(总线工作频率×总线位宽×每个总线周期的传输次数)/8。由此可见,总线位宽越大,总线频率越高,则总线传输速率越快。例如 PCI 总线工作频率为 33.3 MHz,总线位宽 32 位,则总线带宽为 32 b/8×33.3 MHz=133.2 MB/s。

图2.22　多总线结构示意图

2）I/O接口

I/O接口是一组电子电路,它是CPU和I/O设备之间交换信息的媒介和桥梁,负责实现CPU通过系统总线把I/O电路和外围设备联系在一起。按照电路和设备的复杂程度,I/O接口的硬件主要分为两大类:一类是I/O接口芯片,这些芯片大都是集成电路,如鼠标、键盘等设备的控制器都集成在主板上的芯片内;另一类是I/O接口控制卡,这是由若干个集成电路按一定的逻辑组成一个部件,插在主板的扩充槽内,如显卡、声卡、网卡等。但是为了降低PC的成本,缩小机器的体积,目前已有不少机器的声卡、显卡已经集成到主板上。

（1）I/O接口的功能

由于计算机的外围设备品种繁多,特性各异,每种设备都有各自的接口。不同种类外设的接口的组成和任务各不相同,但它们能实现的功能大致是相同的,各种接口都必须具有下列基本功能:

①实现数据缓冲,在外设接口中设置若干个数据缓冲寄存器,在主机与外设交换数据时,先将数据暂存在该缓冲器中,然后输出到外部设备或输入到主机。

②"记录"外设工作状态,并"通知"主机,为主机管理外设提供必要信息,外设的工作状态一般可分为"空闲"、"忙"和"结束"三种。

③能够接收主机发来的各种控制信号,独立地控制I/O设备的操作。

④实现主机与外设之间的通信控制,包括同步控制、中断控制等。

（2）常用的I/O接口标准

在PC中有多种不同的I/O接口,它们在接口的信号线定义、传输速率、传输方向、拓扑结构、电气和机械性能等方面都有自己的特性。PC中常见的接口标准有IDE接口、USB接口、显示器输出接口等,图2.23显示的是机箱背面的I/O接口。

①IDE接口和SATA接口

IDE接口主要用于连接硬盘、光驱和软驱,采用并行双向传送方式,体积小,数据传输快。SATA接口采用串行方式传输数据,是一种不同于并行IDE的新型硬盘接口类型。SATA 1.0的数据传输速率可达150 MB/s,比IDE的最高数据传输速率(133 MB/s)还要高。目前市场上大多数的硬盘都采用SATA 3.0接口,其数据传输速率可达750 MB/s,但实际传输速率大约为

600 MB/s。

电源接口

PS/2 接口
USB 接口
串口

音频接口

网卡接口

并口

显示器接口

图 2.23　PC 机箱背面的 I/O 接口

②COM 接口(串口)和 LPT 接口(并口)

目前大多数主板都提供了两个 COM 接口,分别为 COM1 和 COM2,作用是连接串行鼠标和外置 Modem 等设备。LPT 接口一般用来连接打印机或扫描仪,它采用 25 脚的 DB-25 接头。

③PS/2 接口

PS/2 接口的功能比较单一,仅能用于连接键盘和鼠标。一般情况下,鼠标的接口为绿色,键盘的接口为紫色。PS/2 接口的数据传输速率比 COM 接口稍快一些。

④显示器输出接口

显示器输出接口是计算机与显示器之间的桥梁,它负责向显示器输出相应的图像信号。目前主流产品有 VGA 和 DVI 两种接口标准。VGA 是输出模拟信号的接口,而 DVI 接口可兼容模拟和数字信号,它的传输速度快,画面清晰,因此 DVI 接口的普及将是数字时代的必然发展趋势。

⑤USB 接口

通用串行总线(Universal Serial Bus,USB)不是一种新的总线标准,而是应用在 PC 领域的新型接口技术。最早的 USB 1.0 是 1996 年出现的,速度只有 1.5 Mbps;两年后升级为 USB 1.1,速度提升到 12 Mbps,不过目前只有部分旧设备才使用这种接口;2000 年 4 月推出了 USB 2.0,向下兼容 USB 1.1,速度达到了 480 Mbps,可支持数字摄像设备、扫描仪、打印机及移动存储设备,这是目前计算机与外设广泛采用的标准。随着计算机技术的发展,USB 2.0 的速度已经不能满足应用需求,USB 3.0 也就应运而生了,其速度高达 625 MB/s,Windows Vista 和 Windows 7 可支持该接口。

目前 USB 接口已经在 PC 的多种外设上得到应用,包括鼠标、键盘、打印机、扫描仪、数码相机、数码摄像机等。USB 之所以能得到广泛支持和快速普及,是因为它具备以下特点:

- 使用方便:USB 接口允许外设热插拔,即插即用。
- 数据传输速度快 :USB 3.0 接口的最高传输率目前可达 5.0 Gbps。
- 连接灵活 :USB 接口支持多个不同设备的串列连接,一个 USB 口理论上可以连接 127 个 USB 设备。连接的方式也十分灵活,既可以使用串行连接,也可以使用中枢转接头(Hub)实现多个设备的连接。
- 独立供电:USB 接口提供了内置电源,能向低压设备提供+5V 的电源,能从主板上获得 500 mA 的电流。

⑥IEEE 1394 接口

继 USB 1.0 接口之后，IEEE 1394 接口技术步入了市场领域。IEEE 1394 是一种高效的串行接口标准，中文译为"火线接口"，数据传输速率通常为 400 Mbps～3.2 Gbps。同 USB 接口一样，IEEE 1394 接口也支持即插即用和热插拔，也可为外设提供电源，但一个 IEEE 1394 接口最多能连接 63 个不同设备。

目前 IEEE 1394 接口可以应用于较高带宽的设备，如打印机、扫描仪、数码相机、数码摄像机、视频会议系统及数字电视等，由此可见，IEEE 1394 的应用不仅仅局限于 PC 领域，还将扩展到通信和信息家电领域。

⑦eSATA 接口

eSATA 接口是号称"USB 移动硬盘终结者"的新一代接口。SATA 接口通常是在计算机机箱内连接硬盘的，而 eSATA 的出现将使得用户可以在计算机外部连接 SATA 硬盘。虽然 USB 接口和 IEEE 1394 接口也能实现这一功能，但是 eSATA 接口拥有极大的传输速率优势。eSATA 接口最高可提供 3 Gbps 的数据传输速度，远远高于 USB 2.0 接口和 IEEE 1394 接口，并且依然保持方便的热插拔功能，用户不需要关机便能随时接上或移除 SATA 设备，十分方便。

⑧红外线接口

红外线接口用来取代点对点的线缆连接，可以连接无线键盘、无线鼠标等设备，可以使手机和计算机间实现无线传输数据，还可以在具备红外接口的设备间进行信息交流。

2.2　计算机的工作原理

当用户用计算机完成某一计算或解决某一特定任务时，必须事先编写程序。程序告诉计算机需要完成哪些任务，按什么步骤去做，并提供所要处理的数据。简单地说，计算机工作的过程就是执行程序和处理数据的过程。在计算机内部，程序是由一系列指令组成的，指令是构成程序的基本单位。

2.2.1　指令和指令系统

指令是指向计算机发出的能被计算机理解的命令，它能使计算机执行一个最基本的操作。指令全部由"0"和"1"组成。

指令一般都由操作码和操作数地址两部分组成。操作码指出指令完成哪一种操作，如加、减、乘、除或传送等。操作数地址则指出参加操作的数据在主存中的存放位置。一条指令只能完成一个简单的动作，一个复杂的操作需要由许多简单的操作组合而成。

一台计算机能够识别的所有指令的集合称为计算机的指令系统。计算机的指令系统完备与否决定了该计算机的处理数据的能力。通常，不同的计算机系统具有自己特有的指令系统，其指令在格式上也会有一些区别。

1) 指令的执行过程

计算机完成某一任务的过程就是执行指令的过程。在程序运行之前，首先将程序和原始数据输送到计算机内存储器中，然后按照指令的顺序依次执行指令。计算机执行一条指令的过程可以粗略地分为几个基本的步骤：

(1) 取指令：从内存储器中取出要执行的指令送到 CPU 内部的指令寄存器中。

(2) 分析指令：把保存在指令寄存器中的指令送到指令译码器，译出该指令对应的操作以及参加操作的操作数的地址。

(3) 取操作数：根据操作数的地址取出操作数。

(4) 执行指令：运算器按照操作码的要求对操作数完成规定的运算，并把运算结果保存到指定的寄存器或内存单元。

(5) 修改程序计数器：对程序计数器进行修改，决定下一条指令的地址。

总之，计算机的基本工作过程可以概括为取指令、分析指令、取操作数、执行指令等，然后再取下一条指令，如此周而复始，直到遇到停机指令或外来事件的干预为止，其过程如图 2.24 所示。

图 2.24 指令执行过程

2）指令类型

一台计算机的指令系统可以由上百条指令组成，这些指令按其功能可以分成六类：

(1) 算术运算类：执行加、减、乘、除等算术运算的指令。

(2) 逻辑运算类：执行或、与、非、移位、比较等逻辑运算的指令。

(3) 数据传送类：执行取数、存数、传送等操作的指令，是指令系统中最基本的一类指令。

(4) 程序控制类：执行无条件转移、条件转移、调用程序、返回等操作的指令。

(5) 输入/输出类：执行输入、输出等实现内存和外部设备之间传输信息操作的指令。

(6) 其他类：执行停机、空操作、等待等操作的指令。

3）指令的兼容性

某一类计算机中的程序能否在其他类计算机上运行就是计算机指令的"兼容性"问题。一般来说，不同公司生产的 CPU 产品不能相互兼容。比如，Intel 公司的 PC 采用 Pentium 系列处理器，而苹果公司的计算机采用 Power 架构的处理器，两者的指令系统大相径庭，因此无法相互兼容。但 Intel 公司和 AMD 公司生产的 CPU 产品指令系统几乎一致，可以相互兼容。

对于同一公司的不同系列产品，如 Intel 公司的产品经历了 8088→80286→80386→80486→Pentium→PentiumII→PentiumIII→PentiumIV→PentiumD→Pentium 至尊版→Core 阶段的发展，从整体上来看，它们具有相同的基本结构和基本指令集，但由于各种机型推出的时间不同，在结构和性能上也有所差异，因此做到所有软件都完全兼容是不可能的。一般来说，对于同一公司的产品，通常采用"向下兼容"的原则，即新类型处理器包含旧类型处理器的全部指令，从而保证在旧类型处理器上开发的系统能够在新类型处理器中被正确运行。

2.2.2 计算机的工作原理

计算机硬件种类繁多，在规模、处理能力、价格、复杂程度和设计技术等方面都有很大的差别，但到目前为止各种计算机的原理都是相同的。冯·诺依曼于 1946 年提出了"存储程序控制计算机"的设想，确定了计算机的基本结构和工作方式。

1）计算机的基本结构

冯·诺依曼型计算机的体系结构应包括运算器、控制器、存储器、输入设备和输出设备五大基本功能部件,各个部件通过总线相连,其基本结构如图 2.25 所示。运算器用于完成各种运算,存储器用于保存数据和程序,输入设备用于从外部读入数据,输出设备用于将计算结果显示或打印出来,控制器用于控制各部件协调地进行工作。

图 2.25　计算机基本结构

2) 采用二进制形式表示数据和程序

对于冯·诺依曼体系结构的计算机,数据和程序都是以二进制形式存储在存储器中的。早期的计算机为了符合人们使用十进制的习惯,往往设计复杂。冯·诺依曼提出任何数据都可以用二进制表示,这大大简化了计算机的结构,提高了运算速度。

3) 采用存储程序控制方式

存储程序是冯·诺依曼思想的核心内容。存储程序控制原理是指人们把要解决的各种问题先编制成程序,然后通过输入设备送入计算机的存储器中。程序及其处理的数据在存储器中都使用二进制表示。计算机工作时,从存储器中取出每条指令,加以分析和识别,然后按照每条指令规定的功能执行相应的操作。计算机执行完一段程序后,将获得的处理结果保存到存储器中或者通过输出设备输出。

60 多年来,尽管计算机以惊人的速度发展,但就结构原理来说,目前绝大多数计算机仍建立在“存储程序”概念的基础上。当然,冯·诺依曼结构的计算机也存在一些缺点,它在并行处理、知识处理方面的性能较低。目前已出现了一些突破冯·诺依曼机结构的计算机,统称非冯·诺依曼结构的计算机,如数据驱动的数据流计算机、需求驱动的归约计算机和模式匹配驱动的智能计算机等。

习 题 二

一、选择题

1. 下列关于计算机硬件组成的描述中,错误的是_____。

A. 计算机硬件包括主机与外设

B. 主机通常指的就是 CPU

C. 外设通常指的是外部存储设备和输入/输出设备

D. 计算机中的处理器具备执行指令和进行运算的功能

2. Pentium 4 处理器中的 Cache 是用 SRAM 组成的,其主要作用是_____。

A. 发挥 CPU 的高速性能　　　　　　　B. 扩大主存储器的容量

C. 提高数据存取的安全性　　　　　　　D. 提高 CPU 与外部设备交换数据的速度

3. PC 开机后,系统首先执行 BIOS 中的 POST 程序,其目的是_____。

A. 读出引导程序,装入操作系统

B. 测试 PC 各部件的工作状态是否正常

C. 从 BIOS 中装入基本外围设备的驱动程序

D. 启动 CMOS 设置程序,对系统的硬件配置信息进行修改

4. 目前硬盘与光盘相比,具有_____的特点。

A. 存储容量小,工作速度快　　　　　　B. 存储容量大,工作速度慢

C. 存储容量小,工作速度慢　　　　　　D. 存储容量大,工作速度快

5. 计算机系统中总线最重要的性能是它的带宽,若总线的位宽为 16 位,总线的工作频率为 133 MHz,每个总线周期传输一次数据,则其带宽为_____。

A. 266 MB/s　　　　B. 2 128 MB/s　　　　C. 133 MB/s　　　　D. 16 MB/s

6. 下面是有关 DRAM 和 SRAM 存储器芯片的叙述:①SRAM 比 DRAM 存储电路简单;②SRAM 比 DRAM 成本高;③SRAM 比 DRAM 速度快;④SRAM 需要刷新,DRAM 不需要刷新。其中正确的是_____。

A. ①和②　　　　B. ②和③　　　　C. ③和④　　　　D. ①和④

7. CD-ROM 存储器使用_____来读出盘上的信息。

A. 激光　　　　B. 磁头　　　　C. 红外线　　　　D. 微波

8. 为了方便地更换与扩充 I/O 设备,计算机系统中的 I/O 设备一般都通过 I/O 接口与各自的控制器连接,下列的_____不属于 I/O 接口。

A. 并行接口　　　　B. 串行接口　　　　C. USB 接口　　　　D. 电源插口

9. 在下列各种设备中,数据存取速度由快到慢的顺序为_____。

A. RAM、Cache、硬盘、软盘　　　　　　B. Cache、硬盘、RAM、软盘

C. Cache、RAM、硬盘、软盘　　　　　　D. RAM、硬盘、软盘、Cache

10. 机器指令是一种命令语言,它用来规定 CPU 执行什么操作以及操作对象所在的位置。机器指令大多是由_____两部分组成的。

A. 运算符和寄存器号　　　　　　　　　B. ASCII 码和汉字码

C. 程序和数据　　　　　　　　　　　　D. 操作码和操作数地址

二、填空题

1. CPU 除了运算器和控制器外,还包括一组用来临时存放参加运算的数据和中间结果的_____。

2. CPU 中运算器是用来对数据进行各种算术运算和_____运算。

3. 安装或维护操作系统时,计算机有时需要由光盘或软盘启动,在此之前的一个准备工作是改变系统启动时访问外存储器的顺序,这时应在_____设置程序中进行设置。

4. 数字摄像头与计算机的接口,一般采用_____接口或 IEEE 1394 接口。

5. 鼠标、打印机和扫描仪都有一个重要的性能指标,即分辨率,其含义是每英寸的像素数目,简写成 3 个英文字母为:_____。

6. 一条计算机指令中规定其执行功能的部分称为_____。

7. PC 的 I/O 接口可分为多种类型,若按数据传输方式的不同可以分为_____和并行两种类型的接口。

8. 硬盘格式化分为低级格式化和_____格式化两种。

三、计算题

假设一个硬盘有 4 个盘片,每一个盘片有 2 个记录面,每个记录面有 16 383 个磁道,每个磁道有 64 个扇区,每个扇区的容量为 512 B,则该磁盘的存储容量为多少 GB? 请写出计算步骤。

四、简答题

1. 冯·诺依曼体系结构计算机的工作原理是什么?

2. 计算机硬件由哪几部分组成? 各部分的功能是什么?

3. 主板上主要包含哪些部件? 它们分别具有哪些功能?

4. 简述硬盘的主要性能指标。

5. 写出你所使用的计算机硬件的基本配置。

3 计算机软件

计算机软件是计算机的灵魂，是用户与硬件的接口。一个完整的计算机系统由计算机硬件和计算机软件两部分组成。软件的功能可以用硬件加以实现，硬件的功能也可以用软件来加以模拟。没有软件的硬件机器称为"裸机"。只有安装了丰富的软件，计算机才可以实现各种各样的功能，满足人们的各种需求，如文字处理、图像处理、电子数据处理、浏览新闻、在线聊天、网络购物、欣赏影视、听歌、创作动画等。软件使得计算机摇身一变，成了无所不能的多面手。如果没有适应不同需求的计算机软件，计算机就不可能被广泛地应用于人类社会的生产、生活、科研、教育、商业、管理等几乎所有领域，计算机就会变成一具没有灵魂的躯壳。

目前，计算机软件行业已成为信息产业的主要组成部分和新的经济增长点。计算机软件行业是仅次于互联网、电子商务行业的求职热门行业。软件工程师、网络系统工程师等人才需求量非常大。

3.1 计算机软件的定义

计算机软件（Computer Software）是能指示计算机完成特定任务的以电子格式存储的程序、数据和相关文档的集合。

程序是对计算任务的处理对象和处理规则的描述，是可执行的并且可以产生用户所需要的结果，程序是软件的核心。

数据是使程序能够正常运行所需的数据及数据之间的关系。

文档是为了便于了解程序所需的阐释性资料，包括面向开发方的文档和面向用户的文档。面向开发方的文档提供软件开发过程的质量保证，如系统可行性论证报告、软件计划说明书、需求规格说明书、数据库设计说明书、测试计划、测试分析报告等。面向用户的文档告诉用户如何使用、维护和修改程序，如用户手册、操作手册及程序维护手册等。

程序必须装入机器内部才能工作，而文档一般是给人看的，不一定要装入机器。

3.2 软件的特性

软件与硬件不同，它具有如下一些特性：

（1）不可见性

软件的开发包含了人们大量的智慧和许多创造性的劳动，这些都是无形的，而最终所表现出来的形态就是计算机的程序和相关的各种文档。有了程序，有了文档，人们还无法看到其性能，对它所能完成的功能也无法了解。只有当该软件在计算机上执行了，人们才能检验其是否达到了预期的功能。即使是软件在计算机中执行时，人们对它还是看不见、摸不着的。

（2）依赖性

软件的开发和运行常常受到计算机系统的限制，对计算机系统有着不同程度的依赖。软件不能完全摆脱硬件而单独运行。有些软件依赖性大，常常为某个型号的计算机所专用，有些软件则依赖于某个操作系统。

（3）复杂性

随着计算机的普及，用户对软件的要求也越来越高，不仅要求软件在功能上要能满足其应用需求，而且还要求响应速度快、操作方便、可靠性高、安全性好，易于安装、维护、升级和卸载等，所有这些要求都使得软件的规模越来越大，结构越来越复杂，开发成本越来越高，开发周期越来越长。例如，1992 年，微软发布的第一个成功的 Windows 系统 Windows 3.1，其代码规模是 250 万行，而 Windows 95 上升到 1 500 万行，Windows 98 有 1 800 万行，Windows XP 则为 3 500 万行，Windows Vista 的代码行数更是达到了惊人的 5 000 万行。Windows 7 的开发从 2006 年开始启动，2009 年 10 月 22 日正式发布，历时 3 年。

（4）无磨损性

在软件的运行和使用期间，不会出现类似硬件的机械磨损和老化问题，功能和性能也不会发生改变。

（5）易复制性

软件可以非常容易且毫无失真地进行复制。

（6）不断演变性

软件的版本不断更新，不断升级，功能不断完善。

（7）脆弱性

软件可能会受到黑客攻击、木马及病毒等恶意程序的攻击。

3.3　软件的分类

计算机软件的分类方式有很多种，可以从应用的角度进行分类，也可以按软件权益进行分类。

3.3.1　从应用角度分类

从应用角度分类，我们将软件划分为系统软件和应用软件两大类，这是最常见的软件分类方法。

（1）系统软件

系统软件泛指那些为整个计算机系统所配置的、不依赖于特定应用的通用软件。常见的系统软件有操作系统、基本输入/输出系统（BIOS）、系统实用程序（磁盘清理程序和备份程序）、系统扩充程序、网络系统软件、软件开发工具、软件评测工具、界面工具、转换工具、软件管理工具、语言处理程序（C 语言编译器）、数据库管理系统（DBMS）、网络支持软件等。

（2）应用软件

应用软件是指那些用于解决各种具体应用问题的专门软件，如文字处理软件、电子表格处理软件、图形图像处理软件、动画制作软件、视频剪辑软件、网页制作软件、网络通信软件、网络浏览软件、电子商务软件、管理信息系统、游戏软件等。

按照应用软件的开发方式和适用范围的不同，应用软件又分为通用应用软件和定制应用软件。通用应用软件是指可以在不同行业和部门中广泛应用的软件。定制应用软件是针对某个领域用户的具体需求而专门开发的软件，通常只能在一个单位或一个部门中应用，如某个大学的教学管理系统、医院门诊的挂号系统、机房的学生上机管理系统等。

3.3.2　按软件权益分类

按照软件权益分类，软件可分为商品软件、共享软件（Shared Software）、自由软件（Free

Software)和免费软件(Freeware)。

　　商品软件需要用户付费才能得到其使用权。它除了受到版权保护,通常还受到软件许可证(license)的保护。所谓软件许可证,是一种法律合同,它确定了用户对软件的使用方式,扩大了版权法给予用户的权利。例如,版权法规定将一个软件复制到其他机器使用是非法的,但是软件许可证允许用户购买一份软件可以同时安装在本单位若干台计算机上使用,或者允许所安装的一份软件同时被若干个用户使用。

　　共享软件也称为试用软件(Demoware),具有版权,可以免费试用一段时间,也允许用户拷贝和散发(但不可修改),试用期满后需交费才能继续使用。

　　自由软件是开放源代码的软件,允许用户自由地共享、拷贝、传播,甚至允许用户修改软件的源代码,但是对软件源代码的任何修改都必须向所有用户公开,还必须允许此后的用户享有进一步拷贝和修改的自由。自由软件的创始人是理查德·斯塔尔曼(Richard Stallman)(图3.1),他于1984年启动开发了Linux系统的自由软件工程(名为GNU),创建了自由软件基金会(FSF),拟定了通用公共许可证(GPL),倡导自由软件的非版权原则。自由软件有利于软件共享和技术创新,它的出现成就了TCP/IP协议、Apache服务器软件和Linux操作系统等一大批软件精品。

图3.1　自由软件创始人 Richard Stallman
(图片来源:http://image.baidu.com)

　　免费软件是无需付费即可获得的软件,如PDF阅读器、Flash播放器等,但是通常有一些限制,如使用者没有研究、修改和分发软件的自由。该软件的源代码不一定会公开,也有可能会限制重制及再发行的自由,所以免费软件的侧重点是不需要花钱,但不是自由的软件。

　　自由软件有很多是免费软件,但免费软件不全是自由软件。

3.4　软件的版权问题

3.4.1　软件的版权保护

　　计算机软件是一项智力劳动的成果,它同一切人类文化科技成果一样,在继承、借鉴他人成果的基础上不断进行改进、创新和发展。

为了保护计算机软件著作权人的权益,确保脑力劳动受到奖励并鼓励发明创造,我国根据《中华人民共和国著作权法》制定了《计算机软件保护条例》。条例中规定,中国公民、法人或者其他组织对其所开发的软件,不论是否发表,依照本条例享有著作权。软件著作权人享有如下各项权利:

(1) 发表权,即决定软件是否公之于众的权利;

(2) 署名权,即表明开发者身份,在软件上署名的权利;

(3) 修改权,即对软件进行增补、删节,或者改变指令、语句顺序的权利;

(4) 复制权,即将软件制作一份或者多份的权利;

(5) 发行权,即以出售或者赠予方式向公众提供软件的原件或者复制件的权利;

(6) 出租权,即有偿许可他人临时使用软件的权利,但是软件不是出租的主要标的的除外;

(7) 信息网络传播权,即以有线或者无线方式向公众提供软件,使公众可以在其个人选定的时间和地点获得软件的权利;

(8) 翻译权,即将原软件从一种自然语言文字转换成另一种自然语言文字的权利;

(9) 应当由软件著作权人享有的其他权利。

软件著作权人可以许可他人行使其软件著作权,并有权获得报酬。软件著作权人可以全部或者部分转让其软件著作权,并有权获得报酬。

未经软件著作权人许可,有下列侵权行为的,应当根据情况,承担停止侵害、消除影响、赔礼道歉、赔偿损失等民事责任;同时损害社会公共利益的,由著作权行政管理部门责令停止侵权行为,没收违法所得,没收、销毁侵权复制品,可以并处罚款;情节严重的,著作权行政管理部门也可以没收主要用于制作侵权复制品的材料、工具、设备等;触犯刑律的,依照刑法关于侵犯著作权罪、销售侵权复制品罪的规定,依法追究刑事责任:

(1) 复制或者部分复制著作权人的软件的;

(2) 向公众发行、出租、通过信息网络传播著作权人的软件的;

(3) 故意避开或者破坏著作权人为保护其软件著作权而采取的技术措施的;

(4) 故意删除或者改变软件权利管理电子信息的;

(5) 转让或者许可他人行使著作权人的软件著作权的。

3.4.2 盗版软件的危害

盗版是指在未经版权所有人同意或授权的情况下,对其拥有著作权的作品、出版物等进行复制、再分发的行为。

盗版软件,即未经过授权或超出授权使用软件的功能,主要的形式是使用非法获得的注册码激活软件,或使用只适用于一台或少量电脑的注册码激活超出授权允许范围的多台电脑中的软件,或使用被修改破解后的破解版本。

软件的盗版现象由来已久,如今它已成为文化市场上的一颗毒瘤,并且有越来越猛之势,已经对正版软件产生了严重冲击。2011 年商业软件联盟针对全球软件盗版率调查的结果显示,2011 年全球软件盗版率维持在 42%,盗版软件市场价值从 2010 年的 588 亿美元增长至 634 亿美元,创下历史新高,突显软件盗版情况的猖獗。

微软是受盗版影响最大的软件巨头之一。正因此,微软公司多年来一直在打击盗版。从 1995 年开始首次在 Windows 系列软件中引入序列号,到 2001 年在 Windows XP 中推出 Windows产品激活机制,2008 年 10 月 20 日起又不惜通过"黑屏"来逼迫用户使用正版软件,即如果用户使用的是盗版的 Windows XP 软件,则桌面背景会每隔 60 分钟自动变成黑色,如图 3.2所示。2013 年随着 Window 8 的上市,微软决定进一步加大打击盗版的力度,将会对销售和安装了盗版 Windows 系统的品牌个人电脑经销商采取法律行动。然而,尽管微软打击盗版的力度一次比一次大,但每次总是"上有反盗政策,下有破解对策",打击盗版的收效微乎其微。这也是让微软总裁非常犯难的一件事。而且,随着网络的蔓延,盗版软件的疯狂发展态势将愈演愈烈。尽管每年正版软件厂商以及国家有关部门都会开展一些声势浩大的打击盗版软件的行动,但是盗版软件仍然像野草一样,"野火烧不尽,春风吹又生"。总之,打击盗版之路任重而修远,在短时间内很难有大的改观。

图 3.2 厂商打击盗版最经典的案例

(图片来源:http://article.pchome.net/content-965551.html)

其实,盗版软件不仅对正版软件行业造成巨大的冲击,对用户造成的危害也不容忽视,主要有以下几个方面:

1) 盗版软件没有售后服务,无法升级

盗版者和贩卖者是不懂软件设计和应用的,根本无法向用户提供售后技术支持和软件升级,当用户在使用盗版软件过程中发现某些功能模块有缺陷和错误或者需要对软件进行升级时,永远得不到解决。如果由此而造成损失,用户也只能被动忍受,自吞苦果。

2) 盗版软件质量低劣,是电脑病毒的主要传播者

盗版软件大多质量低劣,不能保证正常使用。据调查,45.9%的盗版 Windows 系统含有木马病毒和恶意流氓软件;78.0%的盗版 Windows 系统开机启动项被修改,使流氓软件和病毒在开机时自动运行;84.3%的盗版 Windows 系统默认超级管理员密码为空并且自动打开远程桌面连接;89.9%的盗版 Windows 系统的防火墙设置被更改;95.6%的盗版 Windows 系统的 IE 主页和收藏夹被修改;100%的盗版 Windows 系统的文件系统被修改。8.9%的盗版 Office 产品中包含木马病毒和恶意流氓软件;28.4%的盗版 Office 软件安装后不能激活;44.6%的盗版 Office 与正版 Office 套装组件有差异;91.1%的盗版 Office 无法通过正版验证;100%的盗版 Office 产品安装文件被修改。

此外,盗版软件大多以捆绑大量第三方软件来盈利,甚至捆绑恶意软件或病毒来窃取用户的个人资料,是电脑病毒的重要来源和传播者。互联网数据中心的一项调查表明,25%的提供盗版软件的网站在用户下载时装置了恶意代码。微软报告称,46%的盗版 Windows 7 系统中含有木马及病毒。我国公安部 2010 年 2 月发布报告称,使用盗版软件的病毒感染率高达 70.5%。根据全球市场调研机构 IDC 调查,目前市面预装软件的计算机中,有 78%的个人计算机处于高危状态,因使用盗版软件而感染恶意程序,成为黑客的攻击目标。

研究显示,2013 年消费者和企业因使用未经授权的软件而中毒的风险均高达三分之一,而

为查找、修复和解决恶意软件造成的影响,消费者将花费 15 亿小时和 220 亿美元的高昂代价,全球企业将耗费 1 140 亿美元来处理这些消极影响。

　　3) 企业用户使用盗版软件危害巨大

　　对于企业用户而言,使用盗版软件将危害其信息系统的安全和业务的运行。盗版软件容易遭受病毒攻击,造成核心数据丢失等后果,给企业业务发展造成严重危害。由于盗版软件粗制滥造,无法保证产品质量,势必导致很多优秀的软件无法发挥其正常的功能,更有一些盗版软件经常会出现这样或那样的错误,给企业的业务带来许多问题和隐患。软件是高科技产品,往往需要与这相配合的服务才能保证用户获得一流的体验和价值。一个完整、安全和有效的软件是需要经常升级和扩展的,而使用盗版软件的话由于无法得到供应商的服务,使得企业用户不能得到升级保证和技术支持服务,从而影响整个系统的稳定。

　　同时,使用盗版软件也会给企业带来法律风险。使用盗版软件是侵犯知识产权的行为,是被国家法律明令禁止的。企业如果使用非法复制的软件,则将使自己面临法律的制裁,给企业带来巨大损失。使用盗版软件还会损害企业形象,造成难以挽回的负面影响。

3.5　系统软件

　　系统软件处于计算机硬件与用户之间,是用于控制和协调计算机及外部设备,支持应用软件开发和运行的系统。系统软件的主要功能是调度、监控和维护计算机系统,负责管理计算机系统中各种独立的硬件,使得它们可以协调工作。系统软件使得计算机用户和其他软件得以将计算机当作一个整体而不需要顾及底层每个硬件是如何工作的。

　　系统软件主要包括操作系统、程序设计语言编译系统、数据库管理系统和各种实用工具软件等。

　　操作系统直接作用在裸机上,提供计算机资源管理等基础性服务,是所有软件运行的基础和平台,是最为重要的系统软件。PC 常用的操作系统有 Windows、Unix、Linux 等。通过图 3.3 可以看出系统软件在计算机系统中的地位。

图 3.3　系统软件在计算机系统中的地位

　　数据库管理系统主要用于管理各种数据库对象,它们具有强大的数据组织和管理、数据查询和处理、用户管理、安全检查等功能,被广泛应用于商业管理、银行证券管理、电子商务管理、网站管理、高校企事业单位以及政府部门信息管理等领域。常用的数据库管理系统软件有 Access、SQL Server、Oracle、DB 2、Sybase、MySQL 等。网站建设中通常都会提供网站后台管理系统,用于实现网页实时更新,使得网站内容更灵活,维护更方便。数据库在信息管理系统和网站建设中起着举足轻重的作用。

　　实用工具软件主要是用于改善系统运行环境和运行速度的工具。Windows 自带的系统工具有磁盘清理、磁盘碎片整理、系统还原等。此外,常用的系统管理软件有:一键 Ghost、魔幻分区软件 Partition Magic、Windows 优化大师、QQ 电脑管家（如图 3.4 所示）、超级兔子、360 电脑管家等。QQ 电脑管家具有垃圾清理、病毒查杀、病毒拦截、开机加速、电脑诊断等实用功能，可以保持计算机健康，优化计算机性能。

图 3.4　QQ 电脑管家

3.5.1　操作系统简介

操作系统（Operating System,OS）是计算机软件中最重要且最基本的系统软件，是计算机系统的控制和管理中心，负责控制计算机运行的所有程序并管理整个计算机的资源，是计算机裸机与应用程序及用户之间的桥梁。对内，操作系统管理计算机系统的各种资源，扩充硬件的功能；对外，操作系统提供良好的人机界面，方便用户使用计算机。它在整个计算机系统中具有承上启下的地位。没有操作系统，用户也就无法使用其他软件或程序。

操作系统可以实现计算机的处理器管理、存储器管理、文件管理、设备管理四大功能。此外，为了方便用户使用，操作系统还要向用户提供友好的用户操作界面。

1）操作系统的启动

一台计算机如果安装了操作系统，操作系统将驻留在硬盘上。当加电启动计算机时，CPU首先执行 ROM BIOS 中的自检程序，测试计算机中各部件的工作状态是否正常。若无异常，CPU 将继续执行 BIOS 中的自举程序，从硬盘中读出引导程序并装入内存（RAM），而后将控制权交给引导程序，由引导程序继续装入操作系统。操作系统成功装入后，整个计算机就处于操作系统的控制之下了。

2）处理器管理

处理器管理的主要任务是对处理器的使用进行分配，并对其运行进行控制和管理。为了提高 CPU 的利用率，操作系统一般都支持若干个程序同时运行，称为多任务处理（multitasking）。所谓的任务（task），是指装入内存并启动执行的一个应用程序。下面我们以 Windows 操作系统为例,介绍操作系统对于处理器的管理。

操作系统成功启动之后,这时除了和操作系统相关的一些程序在运行外,用户还可以根据自己的需要启动多个应用程序,如 IE 浏览器、Word、PowerPoint、QQ 等,这些程序可以互不干扰地独立工作。按下"Ctrl+Alt+Del"组合键可以打开"Windows 任务管理器"窗口(如图 3.5 所示)。通过该窗口的"应用程序"选项卡我们可以看到当前正在运行的应用程序有哪些,通过"进程"选项卡还可以看到系统中的各个进程对 CPU 和内存的占用情况。

图 3.5 使用 Windows 任务管理器查看 Windows 系统中
当前任务运行情况

处理器管理本质上是对进程进行管理。所谓"进程",就是要么全做要么都不做的一段程序,这段程序是原子的,不可再分的。Windows 是一个多任务的操作系统,当应用程序对 CPU 有请求时,系统就为它创建一个或几个进程,并为这些进程分配 CPU 资源。处理器的管理就是对这些进程的同步、进程之间的通信、进程调度进行管理。

如果我们把 CPU 的时间进行划分(比如 1/20 秒),每段时间就称为时间片。当我们启动多个任务,为了保证多个任务"同时"执行,操作系统中的调度程序一般根据时间片轮转的原则为这些任务分配处理器,即每个任务轮流得到一个时间片,当一个时间片用完后,不论这个任务多么重要,调度程序都要把时间片分配给下一个任务,依次循环下去,直至任务完成。这种调度任务的方式被称为抢占式任务调度。由于 CPU 的处理速度极快,所以给用户的感觉是 CPU 是同时执行所有任务的,其实从微观的角度来看,CPU 是轮流执行这些任务的。

由于不同任务的重要程度不同,请求的迫切程度也不同,要通过一定调度算法来确定任务的优先级,从而决定任务得到处理器的先后次序。调度算法有很多种,比如先来先服务(FCFS),也就是按时间顺序排队,先到的任务先得到服务;再如短作业优先(SJF),可以照顾到在所有作业中占很大比例的短作业,使它们能够比长作业优先执行。调度算法很多也很灵活,这里就不一一列出了。

3）存储器管理

虽然计算机的内存容量不断增加，但由于经济等限制条件，内存资源是有限的。存储器管理主要是为多任务系统提供良好的环境，方便用户使用存储器，提高存储器的利用率，并能从逻辑上扩充内存。存储器管理可以实现内存分配、内存保护、地址映射、内存扩充等功能。

内存分配的主要任务是为每个程序分配内存空间，从而提高存储器的利用率，允许正在运行的程序申请附加的内存空间，以适应程序和数据动态增长的需要。

内存保护的主要任务是确保用户的每个程序都在自己的内存空间中运行，互不干扰。

一个程序经编译、链接后形成可执行程序，这些程序的起始地址都是从 0 开始，程序中其他地址都是相对起始地址计算的，这些地址所形成的地址范围称为"地址空间"，其中的地址称为"逻辑地址"。而内存中的一系列存储单元所限定的地址范围称为"内存空间"，其中的地址称为"物理地址"。地址映射的功能实现了由地址空间的逻辑地址到内存空间的物理地址的映射。

现在的操作系统一般都采用虚拟内存技术进行存储器管理。虚拟内存技术从逻辑上对物理内存进行扩充，使用户感觉到的内存容量比实际内存容量大得多。也就是说，使系统能运行比实际内存容量大得多的应用程序，或者能让更多的用户并发运行。在虚拟存储机制中，用户程序的地址空间被划分成若干大小相等的区域，一般是 4 KB，称为"页面"。启动一个任务时，只将当前要执行的一部分程序和数据页面装入内存，其余页面放在硬盘提供的虚拟内存中。在执行的过程中，如果要执行的页面尚未调入内存，则被认为缺页，此时调用请求页面功能将它们调入内存，从而使任务能继续执行下去。如果此时内存已满，则根据相应的页面置换算法将内存中暂时不用的页面调到磁盘上，腾出足够的内存空间后，将所要访问的页面调入内存，使之能够执行下去。页面的调入和调出完全由存储器管理自动完成。这样，给用户的感觉就是系统所具有的内存容量比实际的内存容量大得多。

4）文件管理

文件是具有文件名的一组相关信息的集合。现代计算机系统中，程序和数据都以文件形式存储在外存储器中，供所有或指定的用户使用，用户必须以文件为单位对外存中的信息进行访问和操作。为此，操作系统中必须有文件管理机构。文件管理的主要任务是对用户文件和系统文件进行管理，包括文件存储管理、目录管理、文件的读/写管理、文件的共享与保护等。

每个文件都有自己的名字，称为"文件名"，用户利用文件名来访问文件。在 Windows 中，文件名可以长达 255 个字符，但不能包含下列符号之一："\"、"/"、" ："、"?"、""""、" <"、" >"、" * "、"|"。文件中除了文件名和数据之外还有一些文件的说明信息。在文件的图标上单击鼠标右键，在快捷菜单中选择"属性"，打开"属性"窗口，就可以看到文件类型、文件长度、文件物理位置（存储在硬盘上的位置）、文件的存取控制、文件的时间（创建、最近修改、最近访问等）、文件的创建者、文件的摘要等。文件的说明信息和文件的具体内容是分开存放的，前者保存在该文件的目录中，后者全部保存在磁盘的数据区中。

为了有序存放文件，操作系统把文件组织在若干文件目录中。通过目录管理，为每个文件建立目录项，并对众多的目录项进行有效的组织，方便文件按名存取。Windows 系统中文件目录也称为"文件夹"，采用多级层次结构（也叫"树状结构"）。每个磁盘或磁盘分区作为一个根目录，包含若干文件夹，每个文件夹中可以包含文件和下一级文件夹，也可以是空的，依此类推形成了多级文件夹结构。文件夹也有自己的说明信息，除了文件名以外，还包括存放位置、大小、创建时间、文件夹属性（存档、只读、隐藏等）。还可以设置文件夹的共享属性，以便网络上的其他用户可以共享访问该文件夹中的内容。

5）设备管理

在计算机系统中，除了主机外，还有若干外设用于实现信息的输入、输出和存储。设备管理的主要任务是完成 I/O 请求，为用户分配 I/O 设备，实现了缓冲管理、设备分配和设备处理等功能。

缓冲管理的基本任务是管理好各种类型的缓冲区，以缓和 CPU 和 I/O 设备速度不匹配的矛盾。很多系统会使用通过增加缓冲区容量的办法来改善文件系统的功能。

设备分配的任务是根据用户的请求为之分配所需的 I/O 设备，同时标记设备的分配情况。系统根据设备的描述标记，可知当前设备是否可用、是否忙碌，以供分配时参考。

设备处理程序又称为“设备驱动程序”。当系统中出现 I/O 请求时，设备处理程序首先检查 I/O 请求的合法性，了解设备的状态是否空闲，然后向设备控制器发出 I/O 命令，启动 I/O 设备完成指定的 I/O 操作。

3.5.2　常用操作系统

从计算机的体系结构来看，操作系统是对计算机系统的软件、硬件和数据资源进行统一控制、调度和管理的软件系统，它与硬件系统密切相关。其主要作用及目的就是提高系统资源的利用率，提供友好的用户界面，创造良好的工作环境，从而使用户能够灵活、方便地使用计算机。

下面介绍几种比较常见的操作系统。

1）MS-DOS

DOS 是“Disk Operating System”的简称，意思是磁盘操作系统。常见的 DOS 分为两种，分别是 IBM 公司的 PC-DOS 和微软公司的 MS-DOS，它们的功能、命令格式基本相同，比较常用的是 MS-DOS。

MS-DOS 系统是 1981 年由微软公司为 IBM 个人计算机开发的，在 1985 年到 1995 年间，DOS 占据操作系统的统治地位。它是一个字符式操作系统，需要通过键盘输入 DOS 字符命令来工作，只有执行完一个命令后才能输入另一条命令，所以它又是一个单任务操作系统，Windows XP 下的 DOS 环境如图 3.6 所示。

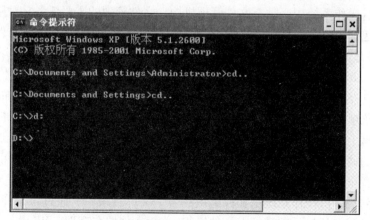

图 3.6　Windows XP 下的 DOS 环境

2）Windows

微软公司开发的 Windows 是目前世界上用户最多并且兼容性最强的操作系统。它是一个为个人计算机和服务器用户设计的操作系统。

Microsoft Windows 1.0 操作系统是微软公司在个人计算机上开发图形界面的操作系统的

首次尝试,其中借用了不少最早的图形界面操作系统 OS/2 的 GUI(Graphical User Interface,图形用户界面)概念。微软早期开发的 Windows 其实都只是基于 DOS 系统之上的一个图形应用程序,并通过 DOS 来进行文件操作。Microsoft Windows 1.0 于 1985 年 11 月 20 日发布,最初售价为 100 美元。当时被人们所青睐的 GUI 计算机平台是 GEM 及 DESQview/X,Windows 1.0 没有受到用户的青睐,评价也不是很好。直到 Windows 95 的发布,Windows 才彻底摆脱了 DOS,成为真正独立的操作系统。Windows 默认的平台是由任务栏和桌面图标组成的。任务栏显示了正在运行的程序、"开始"菜单、时间、快速启动栏、输入法以及右下角的托盘图标等,而桌面图标是进入程序的途径。默认的系统图标有"我的电脑"、"我的文档"、"回收站",另外还会显示系统自带的"Internet Explorer"浏览器图标。运行 Windows 程序的主要操作都是由鼠标和键盘控制。鼠标左键单击默认是选定对象,鼠标左键双击是运行命令,鼠标右键单击是弹出菜单。Windows 系统是"有声有色"的操作系统,除了有颜色以外,还可以播放音频和视频。

从最初运行在 DOS 下的 Windows 3.x,到现在风靡全球的 Windows 9x、Windows 2000、Windows XP(如图 3.7 所示)、Windows 7(如图 3.8 所示)和最新的 Windows 8(如图 3.9 所示),Windows 之所以如此流行,是因为它功能上的强大以及易用性,比如界面图形化、支持多任务处理、网络支持良好、出色的多媒体功能、硬件支持良好、众多的应用程序等。

图 3.7 Windows XP 操作系统

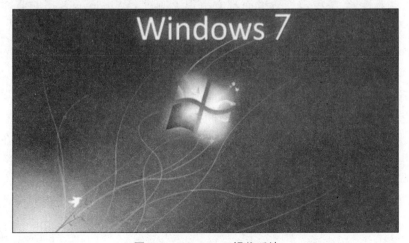

图 3.8 Windows 7 操作系统

图 3.9　Windows 8 操作系统

2009 年 10 月 22 日,微软于美国正式发布 Windows 7。Windows 7 可供家庭及商业工作环境、笔记本电脑、平板电脑、多媒体中心等使用。Windows 7 启动时的画面做了许多方便用户的设计,如快速最大化、窗口半屏显示、跳转列表、系统故障快速修复等。Windows 7 大幅缩减了 Windows 的启动时间,据实测,在 2008 年的中低端配置下运行,系统加载时间一般不超过 20秒,这与 Windows Vista 的 40 余秒相比,是一个很大的进步。Windows 7 让搜索和使用信息更加简单,Windows 7 的 Aero 效果更华丽,有碰撞效果、水滴效果等,还有丰富的桌面小工具,这些都比 Vista 增色不少。

2012 年 10 月 26 日,微软公司正式推出 Windows 8 操作系统,微软自称触摸革命即将开始。与以往的操作系统相比,Windows 8 的操作画面与操作方式都发生了很大的变化。Windows 8 提供了更佳的屏幕触控支持(同时也适用于鼠标、键盘操作),采用了全新的 Metro 风格用户界面,只需轻轻一点,即可开启应用,一键即可在 Metro 界面和桌面之间进行切换,各种应用程序、快捷方式等都能以动态方块的样式呈现在屏幕上。与 Windows 7 相比,Windows 8 在性能、安全性、隐私性、系统稳定性等方面都有了很大改进。Windows 8 还能兼容 Windows 7应用程序,所有能在 Windows 7 上运行的应用程序都可以在 Windows 8 上运行。

3) Unix

Unix 是一种分时计算机操作系统(如图 3.10 所示),1969 在 AT&T Bell 实验室诞生。Unix 是 Internet 诞生的平台,是众多系统管理员和网络管理员的首选操作系统。实际上在网络化的世界里,每一位计算机用户都在直接或间接地与 Unix 打交道。

Unix 系统自 1969 年踏入计算机世界以来已有 40 多年的历史了。虽然目前在市场上面临强有力的竞争,但它仍然是笔记本电脑、PC、服务器、中小型机、工作站、大型机和巨型机上通用的操作系统。而且以其为基础形成的开放系统标准(如 POSIX)也是迄今为止唯一的操作系统标准。因此,Unix 不仅仅是一种操作系统的专用名称,而且是当前开放系统的代名词。

图 3.10 Unix 操作系统

4）Linux

Linux 是一种自由和开放源代码的类 Unix 操作系统（如图 3.11 所示），它是 1991 年芬兰赫尔辛基大学名叫 Linus Torvalds 的计算机业余爱好者设计的，具有 Unix 操作系统的全部功能。

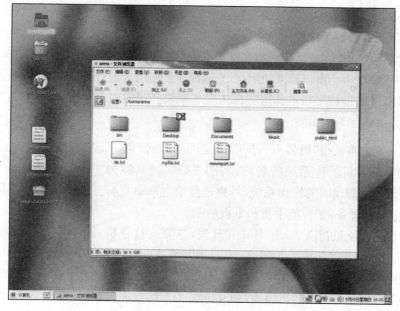

图 3.11 Linux 操作系统

1992 年 9 月 Linux 0.01 版发布。现在 Linux 存在着许多不同的版本，但它们都使用了 Linux 内核。Linux 可安装在各种计算机硬件设备中，比如手机、平板电脑、路由器、视频游戏控制台、台式计算机、大型机和超级计算机。

Linux 之所以受到广大计算机爱好者的喜爱，主要原因有两个：一是它属于自由软件，用户不用支付任何费用就可以获得它及其源代码，并且可以根据自己的需要对它进行必要的修改，无偿使用，无约束地继续传播；二是它具有 Unix 的全部功能，任何使用 Unix 操作系统或想要学习 Unix 操作系统的人都可以从 Linux 中获益。

　5）Mac OS

　　Mac OS 是由苹果公司自行开发的苹果机专用系统,是基于 Unix 内核的图形化操作系统,一般情况下在普通 PC 上无法安装和运行。苹果计算机现在的操作系统已经到了 OS 10,代号为 MAC OS X(X 为 10 的罗马数字写法),如图 3.12 所示,最新版本为 10.8.2。

图 3.12　MAC OS X Lion 操作系统

　　Mac OS X 是全球领先的操作系统。它基于坚如磐石的 Unix,设计得简约精致,安全易用,功能强大。MAC OS X 操作系统界面非常独特,突出了形象的图标和人机对话。全屏模式是新版操作系统中最为重要的功能。一切应用程序均可在全屏模式下运行,没有任何浮动窗口,极大简化了计算机的使用,减少多个窗口带来的困扰,与触摸手势相结合的任务控制方式为全触摸计算铺平了道路。MAC OS 的许多特点和服务都体现了苹果公司的理念,处处体现着简洁的宗旨。

　6）Android

　　Android 一词的本义指"机器人",同时也是 Google 公司于 2007 年 11 月 5 日宣布的基于 Linux 平台的开源手机操作系统的名称,我国多数人将其称为"安卓"。Android 是一种基于 Linux 的自由及开放源代码的操作系统,号称是首个为移动终端打造的真正开放和完整的移动软件,主要用于便携设备,如智能手机和平板电脑。

　　Android 操作系统最初由 Andy Rubin 开发,主要支持手机,2005 年被 Google 收购后,逐渐扩展到平板电脑及其他领域。2008 年 10 月第一部 Android 智能手机发布。Android 手机系统的一大优势在于其开放性和免费的服务。Android 是一个对第三方软件完全开放的平台,开发者在为其开发程序时拥有更大的自由度,和 iPhone 的封闭性完全相反,所以 Android 获得了更好的厂商支持,例如 HTC、三星、摩托罗拉、LG、中国移动等,同时 Android 也得到了大量开发者的支持。2011 年第一季度,Android 在全球的市场份额首次超过塞班系统,跃居全球第一。2012 年 11 月数据显示,Android 占据全球智能手机操作系统市场 76% 的份额,中国市场占有率为 90%。

　　Google 公司一直以来喜欢用甜品的名称为 Android 操作系统命名。Android 1.5 操作系统被命名为 CupCake(杯型蛋糕),Android 1.6 操作系统名为 Donut(甜甜圈),Android 2.0/2.01/2.1 则被命名为 Éclair(奶油夹心面包),Android 2.2 操作系统名为 Froyo(冻酸奶),Android 2.3 操作系统名叫 Gingerbread(一种称作姜饼的小饼干),Android 3.0 操作系统名为

HoneyComb(蜂巢)。2011 年 10 月 19 日发布的 Android 4.0 操作系统被命名为 Ice Cream Sandwich(即冰激凌三明治),如图 3.13 所示。

图 3.13　Android 4.0 操作系统 Ice Cream Sandwich
(图片来源:http://pad.it168.com/a2011/1101/1266/000001266923.shtml)

　　Android 4.0 进行了许多更新,包括具有全新的用户界面,采用虚拟按键,增大了屏幕显示面积;添加了截图功能;自带照片应用,可以加滤镜、相框,进行 360 度全景拍摄,照片还能根据地点来排序;新增流量管理工具、人脸识别功能;系统优化,速度更快;具有更直观的程序文件夹等。

　　Android 4.0 将只提供一个版本,同时支持智能手机、平板电脑、电视等设备,至此 Android 系统设备将迎来统一。

图 3.14　Android 4.0 操作系统全新主界面

3.6　应用软件

应用软件是指那些用于解决各种具体应用问题的专门软件。通常应用软件被分为通用应用软件和定制应用软件。通用应用软件是可在许多行业和部门中广泛应用的软件。定制应用软件是面向具体问题的通常只适合在一个单位中使用的软件,如高校教务管理信息系统、财务管理系统、医院住院病人管理系统、超市进销存管理系统等。

下面就让我们来了解一下现在比较流行的通用应用软件。

1) 文字处理软件

文字处理软件主要用于实现文字编辑排版、图文混排等功能,应用面最广的是美国微软公司开发的 Word 和我国金山软件有限公司开发的 WPS 文字处理软件。对于微软公司的 Word,相信大家已经相当熟悉,并且一直都在使用。但是对于 WPS 大家可能就比较陌生了。

WPS 文字处理软件最初诞生于 1989 年,出自一个叫裘伯君(图 3.15)的 24 岁年轻人之手。在 DOS 时代,WPS 是一个家喻户晓的文字处理软件,其市场占有率一度超过 90%。关于 WPS 的诞生和发展,有着一段感人肺腑的故事。

图 3.15　裘伯君
(图片来源:http://image.baidu.com)

为了创作一个能够代替当时非常流行的国外文字处理软件 Word Star,裘伯君从 1988 年 5 月到 1989 年 9 月期间,把自己关在一个房间里,只要醒着,就不停地写。什么时候困了,就睡一会儿,饿了就吃方便面。在这样的一年零四个月中,裘伯君生了三次病,每次住院一个月到两个月,裘伯君干脆把电脑搬到病房里继续写。开发之苦不是病魔缠身,而是孤独。"有了难题,不知道问谁,解决了难题,也没人分享喜悦。"裘伯君在这孤独中,写下了十几万行代码的 WPS。当时在上大学的雷军(现任金山软件公司董事长、小米科技 CEO)一看到 WPS 就震惊了:"我不相信中国还会有这么好的软件,当时觉得这个软件一定是在香港做的。"WPS 没有做广告,也没有去评奖,仅仅凭着口碑就火了起来。WPS 开始挣钱了,每年 3 万多套,每套批发价 2 200 多元。

但是一路高唱凯歌的 WPS 在 1993 年遇到了微软公司 Word 的挑战。支撑裘伯君做下去的原因是，他坚信"Word 能够做到的事情，我也能做到"。让裘伯君没想到的是，WPS 97 的开发时间会拖这么长，"Windows 有很多新东西，我们还没有熟悉过来，微软又升级了。很多技术资料，也很难找到。微软掌握着 Windows，而我们什么都要靠自己从头做起，这导致了 WPS 97 的难产"。1996 年，苦闷的裘伯君找到了一个发泄情感的地方——BBS，他每天给站友写 300 多封信，"互相之间打气很重要，我为手下打气，也为自己打气"。此时此刻，裘伯君对 WPS 的一往情深起了关键作用，正是在这种感情的驱使下，裘伯君把自己住的别墅卖了，使 WPS 97 的开发维持了下去。正是这种感情驱使裘伯君带领开发组四年如一日，每天工作 12 个小时，每年工作 365 天，从来都没有停过。"Word 可以由 200 多人做，我们只有不到 10 个人，没有办法，只有比别人多付出好几倍的劳动和汗水。"WPS 97 推出仅两个多月，就销出了 13 000 套，这样好的势头连裘伯君也始料未及。网友这样评价 WPS 97："WPS 97 确实有很多富有民族特色的地方。另外，WPS 97 小巧简单，Word 那么庞大，对非计算机专业人员来说太难了。我不反对你用 Word，但也请你试一下 WPS 97。"

在中国，程序比裘伯君写得好的应该说有的是，但我们还是愿意把裘伯君看作中国第一程序员。因为作为一个程序员谁也没有裘伯君影响大。在很多人眼里，裘伯君是民族软件的一种象征。

WPS 文字处理软件最新版本是 WPS 文字 2012，它具有丰富的在线模板和在线素材库，具有在线云存储功能。各种炫丽的按钮、图标、结构图、流程图、人物、背景等专业素材将使我们的思维和点子变成漂亮的专业图文格式并应用于文档，WPS 还可以很方便地为自己的文档打上水印（如图 3.16 所示）。用 WPS 给文章加注拼音也是一件轻而易举的事，只要选中要加拼音的文字，再单击"拼音指南"即可（如图 3.17 所示）。

图 3.16 WPS 文字 2012 中丰富的在线素材和文档水印功能

图 3.17　在 WPS 文字 2012 中给汉字加拼音

　　与微软的 Word 相比，WPS 具有如下优点：(1) 由中国人自主研发，更符合中国人的使用习惯；(2) 永久免费；(3) 客户端体积很小；(4) 全面兼容微软 Word。

　　如今在 Word 独当一面的情况下，金山公司在我国政府采购中多次击败微软公司，我国很多政府机关部门、企业都装有 WPS Office 办公软件。此外，WPS 还推出了 Linux 版、Android 版，是跨平台的办公软件。总之，WPS 是一款优秀的国产软件。很多人都是从用它开始接触文字处理软件的，对它有着深厚的感情，对裘伯君更是充满着像对待民族英雄般的敬意，他在困境面前永不妥协的精神值得我们学习。

　　2) 数据处理软件

　　数据处理软件主要用于实现数据计算、统计、汇总、制作数据图表等。当前流行的可视化数据分析和处理软件有微软的 Excel、金山的 WPS 表格、MATLAB、Mathmatica、Maple、Origin 等。

　　3) 图形图像软件

　　图形图像软件主要用于实现图像绘制、编辑处理、图像美化、几何图形绘制等，如 Windows 自带的画图，专业的平面设计软件 Photoshop、CorelDRAW、AutoCAD，简单易用的照片处理软件光影魔术手、美图秀秀、Turbo Photo、Ulead Photo Express（我形我速）等。

　　4) 媒体播放软件

　　媒体播放软件主要用来播放各种数字音频和视频文件，如 Windows Media Player、Real Player、Adobe Flash Player、Winamp、暴风影音、百度影音、酷狗音乐、QQ 音乐、千千静听、多米音乐播放器、酷我音乐盒等。

　　5) 网络通信软件

　　网络通信软件可以进行网络聊天、发送电子邮件、传递文件、上传文件、下载文件等，如

QQ、飞信、MSN 等。

6）演示软件

演示软件可以用于制作演示幻灯片，如多媒体课件、各种演示文稿等，常用的有微软的 PowerPoint 和金山的 WPS 演示等。

7）动画制作软件

二维动画制作软件有 Adobe Flash、友立公司的 Ulead GIF Animator（可以快速制作出可爱的 GIF 小动画），三维动画制作软件有 3DS MAX 和 SolidWorks。在基于 Windows 平台的三维 CAD 软件中，SolidWorks 是最著名的品牌，是市场快速增长的领导者。

8）视频编辑软件

数字视频编辑软件主要用于实现数字视频的素材整理、转场切换和特效、配音、添加字幕等功能。视频编辑软件可以很轻松地完成大多数你想象得出来的视频处理工作，你可以重新安排场景顺序、添加字幕、在不同镜头间设置切换效果、用滤镜添加特殊效果、重新配音等。编辑视频是一件既有趣又创意十足的事情。常用的视频编辑软件有微软公司的 Windows Movie Maker、友立公司的会声会影（Ulead Video Studio）、Adobe 公司的 Adobe Premiere、品尼高公司的 Pinnacle Studio 和 Pinnacle Edition。

9）下载软件

下载软件是一种可以更快地从网上下载文件数据的软件。下载软件采用了"多点连接（分段下载）"技术和"断点续传"技术，能够充分利用网络上的多余带宽，随时接续上次中止部位继续下载，有效避免了重复劳动，大大节省了联网下载时间。常用的下载软件有迅雷、网际快车（Flashget）、电驴、QQ 旋风、网络蚂蚁、脱兔等。

3.7　常用软件简介

3.7.1　网页制作软件 Dreamweaver

Dreamweaver 翻译成中文的意思是"梦想编织者"，它是由 Macromedia 公司（现在被 Adobe 公司收购）开发的一种基于可视化界面的、带有强大代码编写功能的网页设计与开发软件。Dreamweaver 具有可视化、支持多平台和跨浏览器的特性，集网页设计、网站开发和站点管理功能于一身，是目前网站设计、开发、制作的首选工具。Dreamweaver 与 Fireworks 和 Flash 被人们称作"网页三剑客"。

Dreamweaver 的出现使网页的创作变得非常轻松。随着 Dreamweaver 8 的发布，Dreamweaver 在该领域的地位更加坚固。

关于 Dreamweaver CS6 的详细介绍和使用方法请参见《计算机应用技能》一书的第 5 章。

3.7.2　图像处理软件 Photoshop

Photoshop 是 Adobe 公司旗下最为出名的图像处理软件之一。它的应用领域很广泛，在图像、图形、文字、视频、出版各方面都有涉及。Photoshop 的缩写是 PS，对于广大 Photoshop 爱好者而言，PS 亦用来形容通过 Photoshop 等图像处理软件处理过的图片，即非原始、非未处理的图片。

　　Photoshop 应用最为广泛的领域是平面设计,无论是我们正在阅读的图书封面,还是大街上看到的广告、海报,基本上都需要用 Photoshop 软件对图像进行处理。在制作网页时,Photoshop 是必不可少的网页图像处理软件。Photoshop 具有良好的绘画与调色功能,许多插画设计制作者往往使用铅笔绘制草稿,然后用该软件填色来绘制插画。利用 Photoshop 可以使文字发生各种各样的变化,并利用这些艺术化处理后的文字为图像增加效果。图 3.18 展示了利用 Photoshop 绘制的孔雀。

图 3.18　利用 Photoshop 绘制的孔雀

　　Photoshop 具有强大的图像修饰功能。利用这些功能,可以快速修复一张破损的老照片,也可以修复人脸上的斑点等缺陷。广告摄影的最终成品往往要经过 Photoshop 的修改才能得到满意的效果。在制作建筑效果图包括许多三维场景时,人物与配景包括场景的颜色常常需要利用该软件增加并调整。近些年来非常流行的像素画也多为设计师使用 Photoshop 创作的作品。

　　影像创意是 Photoshop 的特长,通过 Photoshop 的处理可以将多种不同的对象组合在一起,使图像发生巨大的变化。当前越来越多的婚纱影楼开始使用数码相机,这也使得婚纱照片设计的处理成为一个新兴的行业。视觉创意与设计是设计艺术的一个分支,为广大设计爱好者提供了广阔的设计空间,因此越来越多的设计爱好者开始学习 Photoshop,并进行具有个人特色与风格的视觉创意。

　　关于 Photoshop CS5 的使用方法请参见《计算机应用技能》一书的第 6 章。

3.7.3　二维动画制作软件 Flash

　　Flash 是由 Macromedia 公司(现在被 Adobe 公司收购)推出的交互式矢量图和 Web 动画的标准。Flash 是一个非常优秀的矢量动画制作软件,它制作的动画具有短小精悍的特点,所以被广泛应用于网页动画设计中。目前 Flash 已成为网页动画设计领域最流行的软件之一。

Flash 包含丰富的视频、音频、图形、图像和动画,设计人员和开发人员可使用它来创建演示文稿、应用程序和其他允许用户交互的内容。通常,使用 Flash 创作的各个内容单元称为应用程序,即使它们可能只是很简单的动画。也可以通过添加图片、音频、视频和特殊效果,构建包含丰富媒体的 Flash 应用程序。图 3.19 和 3.20 展示了利用 Flash 制作的动画。

图 3.19　利用 Flash 制作的蜜蜂采蜜动画

图 3.20　利用 Flash 制作的狐假虎威动画

截止 2013 年 1 月 24 日,Flash 的最新版本是 Adobe Flash Professional CS6(2012 年发布)。Adobe Flash Professional CS6 为创建数字动画、交互式 Web 站点、桌面应用程序以及手机应用程序提供了功能全面的创作和编辑环境。

关于 Flash CS6 的使用方法请参见《计算机应用技能》一书的第 7 章内容。

3.7.4　三维动画制作软件 3DS MAX

3D Studio MAX,常简称为 3DS Max 或 MAX,是由国际著名的 Autodesk 公司的子公司

Discreet 公司制作开发的,它是集造型、渲染和制作动画于一身的三维动画制作软件。它从出现的那一天起,即受到了全世界无数三维动画制作爱好者的热情赞誉,MAX 也不负众望,屡屡在国际上获得大奖。当前,它已逐步成为 PC 上最优秀的三维动画制作软件。所谓三维动画,就是利用计算机进行动画的设计与创作,产生真实的立体场景与动画。图 3.21 和 3.22 展示了在 3DS MAX 中绘制的三维动画。

图 3.21　在 3DS MAX 中绘制苹果

图 3.22　在 3DS MAX 中绘制小玩偶

3DS MAX 主要应用于影视、游戏、动画各领域,大名鼎鼎的《古墓丽影》系列就是 3DS MAX 的杰作。现在,好莱坞大片中常常需要 3DS MAX 参与制作,包括建立三维模型、设置场景、设计建筑材质、设置场景动画、设置运动路径、计算动画长度、创建摄像机并调节动画等。3DS MAX 模拟的自然界可以做到真实、自然,比如用细胞材质和光线追踪制作的水面,其整体效果没有生硬、呆板的感觉。绘制建筑效果图和室内装修图是 3DS MAX 系列产品最早的应用之一,如北京申奥宣传片等。

3.7.5　数码相片处理软件我形我速

我形我速(Ulead Photo Express)是友立公司出品的著名数码照片处理软件,可制作出色的相片与项目,供亲朋好友欣赏。我形我速并非只是简单的图像编辑程序,它可以用最精彩的方式展示精彩的创意,将平凡无奇的相片转换成杰出的艺术品。它还可以用于制作贺卡、日历、请束、海报、屏幕保护、GIF 动画、闪亮心情贴、趣味相框、大头贴甚至网页等。

艺术化效果可以将相片转换成戏剧化的作品,包括色调、炭笔、彩色笔、皱纹、织物、油画、铅笔和水彩。

颗粒效果可以通过添加雨点、雪花、气泡、萤火虫、星星或云彩,在相片上添加颗粒效果。用扩张、挤压、涟漪和漩涡可以弯曲、变形和延伸图像。用平均、模糊、锐化和强调边缘可以使模糊的图像清晰化。

镜头效果可以更改图像的透视和对象的深度效果,包括减瘦、加肥、动态模糊、马赛克、暖色、冷色、色调和聚光灯。用平铺、微风、拼图、浮雕和翻页效果可以使图像样式化。

图 3.23 展示了用我形我速对图片进行修饰的效果。

图 3. 23　用我形我速对图片背景和边框进行修饰

3.7.6　图像处理软件光影魔术手

光影魔术手(nEO iMAGING)是一个对数码相片画质进行改善及效果处理的软件,是国内最受欢迎的图像处理软件之一。光影魔术手于 2006 年推出第一个版本,2007 年被《电脑报》、天极、PCHOME 等多家权威媒体及网站评为“最佳图像处理软件”。它原本为一款收费软件,2008 年其公司被迅雷公司收购之后实行了完全免费。2013 年推出了 4.1.0 beta 版本,在老版光影图像算法的基础上进行改良及优化,带来了更简便易用的图像处理体验。

光影魔术手具有多种丰富的数码暗房特效,如背景虚化、局部上色、褪色旧相、黑白效果、冷调泛黄等,可以轻松制作出彩的相片风格,特别是反转片效果,可得到专业的胶片效果。光影魔术手可给相片加上各种精美的边框,轻松制作个性化相册。除了软件精选的自带边框,更可在线下载论坛上的“光影迷们”自己制作的优秀边框,包括轻松边框、花样边框、撕边边框和多图边框等。光影魔术手拥有自由拼图和模板拼图两个模块,为用户提供多种相片边框和拼图模板选择。

光影魔术手的文字水印具有发光、描边、阴影、背景等各种效果,让文字加在图像上更加出彩。

图 3.24 展示了使用光影魔术手制作日历的效果。

图 3.24　在光影魔术手中制作日历

3.7.7　图像处理软件美图秀秀

美图秀秀是一款很好用的免费图像处理软件,软件的操作和程序相对于专业图像处理软件 Photoshop 和光影魔术手而言,比较简单。美图秀秀拥有独特的图片特效、美容、拼图、趣味场景(图 3.25)、边框、饰品等功能,还能制作动感闪图、摇头娃娃(图 3.26)、趣味 QQ 表情、QQ 头像、QQ 空间图片等。

图 3.25　用美图秀秀制作场景图片　　　　**图 3.26　摇头娃娃模板**

3.7.8　GIF 动画制作软件 Ulead GIF 动画

　　Ulead GIF 动画(Ulead GIF Animator)是一个非常方便的 GIF 动画制作软件,它不但可以把一系列图片保存为 GIF 动画格式,而且还能产生 20 多种二维和三维的动画效果。图 3.27 展示了在 Ulead GIF 动画中制作 GIF 动画。

图 3.27　在 Ulead GIF 动画中制作 GIF 动画

3.7.9　视频编辑软件 Ulead VideoStudio

图 3.28　在 Ulead VideoStudio 中编辑视频

　　Ulead VideoStudio(中文名"会声会影"或"绘声绘影")是由友立公司出品的功能强大的视频编辑软件,具有图像抓取和编修功能,提供了超过 100 种的编制功能与效果,完全符合家庭或个人所需的影片剪辑功能,甚至可以挑战专业级的影片剪辑软件。会声会影软件操作简单、功能强大,从捕获、剪接、转场、特效、覆叠、字幕、配乐到刻录,不论是旅游记录、个人日记还是生日派对、朋友聚会、毕业典礼等美好时刻,都可轻轻松松通过会声会影剪辑出精彩有创意的家庭影片。会声会影支持各类编码,包括音频和视频编码,可导出多种常见的视频格式,甚至可以直接制作成 DVD、VCD 光盘。图 3.28 展示了在 Ulead VideoStudio 中编辑视频。

3.7.10　光盘刻录软件 Nero

　　Nero 是 Ahead Software 公司研制的一款光盘刻录软件,可以实现 CD、DVD 等多种介质的刻录;可以制作数据 CD、音乐 CD、混合模式 CD、可引导 CD、VCD、超级 VCD 和 Photo CD 等多种形式的光盘;可以将硬盘或光盘中的部分数据和文件刻录至光盘中;还可以实现整个光盘数据的复制等功能。图 3.29 为 Nero 的启动界面。

图 3.29　Nero 软件启动界面

3.7.11　硬盘数据拷贝软件 Norton Ghost

　　Norton Ghost(克隆精灵)是由 Symantec 公司研制的一个硬盘数据拷贝软件,可以把整个硬盘或分区中的内容从一个硬盘或分区拷贝到另一个硬盘或分区中,甚至可以将硬盘或分区中的全部有效数据按磁道顺序读取后,以映像文件形式保存至硬盘或光盘中,以备必要时从映像文件中再将数据读取后复制到原来的硬盘或新的硬盘中。

3.7.12　压缩软件

　　WinRAR 是目前流行的压缩工具,如图 3.40 所示,其界面友好,使用方便,在压缩率和速度方面都有很好的表现。经过多次试验证明，WinRAR 的 RAR 格式一般要比 WinZIP 的 ZIP格式高出 10%～30%的压缩率。除了 WinRAR 之外，还有如 7-Zip、2345 好压、快压等国产压缩软件。

图 3.30 压缩软件 WinRAR

优秀的软件还很多，这里就不一一罗列，大家可以通过书籍或网络得到相关资料。

3.8 程序设计

程序是为了用计算机解决某个问题而采用程序设计语言编写的一个指令序列。程序以文件的形式存储在计算机中，在启动运行后能够完成某一确定信息的处理任务。程序在静态上表现为保存在存储器中的文档，动态上表现为可以被调到内存并由 CPU 执行的一连串指令。

计算机可以通过执行不同程序来完成不同任务，即使执行同一个程序，当输入数据不同时，输出的结果也有可能不同。因此，程序通常不是专门为解决某一个特定问题而设计的，大多数是为了解决某一类问题而设计开发的。

一个程序应包括对数据的描述和对操作的描述。对数据的描述是指在程序中要指定数据的类型和数据的组织形式，即数据结构。对操作的描述就是操作步骤，即算法。著名的计算机科学家沃斯提出一个公式：算法＋数据结构＝程序。算法是程序的灵魂，数据是程序处理的对象，程序设计语言是编写程序的工具。

3.8.1 算法

1) 算法及其特征

算法是针对特定任务和对象而设计的，在有限步骤内求解某一问题所使用的一组定义明确的规则，是问题求解规则的一种过程化描述。通俗点说，算法就是求解一个问题的具体步骤。

一个算法应该具有以下几个重要的特征：

（1）有穷性：一个算法必须保证执行有限步之后结束。如果一个无穷的算法并不能提交我们所需要的结果，那么这个算法将毫无意义。

（2）确切性：算法的每一个步骤必须有确切的定义。这里要求算法的每个步骤都是明确的、没有歧义的，从而保证算法能安全正确地被执行。

（3）可行性：算法原则上能够精确地运行，而且人们用笔和纸做有限次运算后即可完成。

（4）输入：一个算法有 0 个或多个输入。输入是为算法指定了初始条件，当然这个初始条件并不是必需的。

（5）输出：一个算法有一个或多个输出。将输出结果提交以反映对输入的数据进行加工后的结果，没有输出的算法是毫无意义的。

算法的处理对象是数据，而程序的核心是算法。因此，我们应该正确地对待算法与数据之间的关系，数据的定义是算法设计的基础，数据的存储结构在某种程度上将影响算法的优劣。

2）算法的表示

算法的表示有很多种，常见的有自然语言表示法、流程图表示法、N-S图表示法、伪代码表示法等。其中流程图表示法是比较直观的，也是最为常用的一种表示方法。

流程图表示法中常用的基本符号如下：

（1）圆角矩形：表示开始或结束，如图3.31所示。

（2）矩形：表示顺序执行的代码段，如图3.32所示。

（3）菱形：表示分支结构中的判断，如图3.33所示。

（4）带方向的箭头：称为流程线，标明了程序的执行方向，如图3.34所示。

图3.31　圆角矩形　　　图3.32　矩形　　　图3.33　菱形　　　图3.34　带方向的箭头

利用上述基本符号可以表示出结构化程序设计的三大基本结构，即顺序、分支和循环。

顺序结构是指语句的执行顺序和它在程序中出现的次序是一致的。如图3.35所示，我们可以看到，先执行操作（集）A后执行操作（集）B。

分支结构（也称"选择结构"）实现了把程序根据一定的条件分成不同的分支，程序只执行其中的一个分支。如图3.36所示，分支结构由一个条件判断表达式P和两个供选择的操作A和B组成。首先判断条件表达式P的值，如果P的值为真，则执行操作A，否则执行操作B。

循环结构是根据一定的条件对某些语句重复执行，重复执行的次数可以预先指定，也可以不指定而由循环体中的变量变化决定。如图3.37所示，循环结构由一个判断表达式P和操作A构成，首先判断表达式P是否为真，如果为真则执行操作A，操作A执行结束后再来判断表达式P，依此类推，直到表达式P的值为假，则跳出循环。

图3.35　顺序结构　　　图3.36　分支结构　　　图3.37　循环结构

例如，判断一个正整数n是否为素数，可以采用如下算法：将n除以从2到$\sqrt{n}$之间的整数i，如果n能被i的某个值整除，则说明n不是素数；反之，如果n不能被2到$\sqrt{n}$之间的整数整除，则说明n是素数。用流程图表示如图3.38所示。

图 3.38 判断素数的程序流程图

3）算法的评价

在算法设计过程中经常会遇到这种情况,即同一个问题可以用不同的算法进行解决,而这些算法在运行效率、空间资源耗费等方面存在着差异,根据这些差异我们可以评价一个算法的好坏。评价算法的前提条件是这些算法都应该是正确的,在此基础上再通过时间复杂度和空间复杂度进一步评价算法的优劣。

时间复杂度是指在算法执行过程中需要耗费的时间资源。为了便于比较同一问题的不同算法的运行效率,可以从算法中选取一种对于所研究问题来说是基本操作的原操作,以该基本操作重复执行次数作为算法的时间量度。

空间复杂度是指在算法执行过程中需要耗费的内存空间资源。

现在,我们通过一个例子来说明算法的设计过程以及如何评价一个算法的优劣。

例:一位商人有 9 枚银元,其中一枚略轻的是假银元,你能用天平(不用砝码)将假银元找出来吗?

算法一:先从 9 枚银元中任取 2 枚放到天平上进行称量,若天平两端不平衡,则轻的那枚为假银元;若平衡,则从天平上取下 1 枚银元,换上另一枚银元,再称,以此类推,只要有一次称量时天平两边不平衡,就能找到假银元;如果每次称量都平衡,则剩下的最后一个银元是假银元。所以这种算法最少称 1 次,最多要称 7 次。

算法二:将 9 枚银元平均分成 A、B、C 三组,每组 3 枚。第一次先比较 A、B 两组,如果天平不平衡,则假银元在轻的那组里,从轻的那组里任取 2 枚放到天平上进行比较,若不平衡,则轻的那枚是假银元;若平衡,则该组中剩下的那枚是假银元。若 A、B 相等,则假银元在 C 组里,从 C 组中任取两枚进行比较,如果不平衡,则找到假银元;若平衡,则 C 组中剩下的那枚是假银元。

这种算法称 2 次就可以找到假银元，所以效率比第一种方法要高。

算法分析的目的在于选择合适的算法并改进算法。

4）算法的重要性

关于算法的重要性，李开复（图 3.39）有一篇精彩的文章，题目叫"算法的力量"。李开复是一位信息产业公司的首席执行官和计算机科学的研究学者，1998 年加盟微软公司，随后创立了微软中国研究院（现微软亚洲研究院）。2005 年 7 月李开复加入 Google（谷歌）公司并担任 Google 全球副总裁兼中国区总裁一职。2009 年 9 月李开复宣布离职并创办创新工场，任董事长兼首席执行官。以下内容摘自李开复的"算法的力量"这篇文章：

算法是计算机科学领域最重要的基石之一，但却受到了国内一些程序员的冷落。许多学生看到一些公司在招聘时要求的编程语言五花八门就产生了一种误解，认为学计算机就是学各种编程语言，或者认为，学习最新的语言、技术、标准就是最好的铺路方法。其实大家都被这些公司误导了。编程语言虽然该学，但是学习计算机算法和理论更重要，因为计算机语言和开发平台日新月异，但万变不离其宗的是那些算法和理论，例如数据结构、算法、编译原理、计算机体系结构、关系型数据库原理等等。在开复学生网上，有位同学生动地把这些基础课程比拟为"内功"，把新的语言、技术、标准比拟为"外功"。整天赶时髦的人最后只懂得招式，没有功力，是不可能成为高手的。

- 算法与我

记得我读博时写的 Othello 对弈软件获得了世界冠军。当时，得第二名的人认为我是靠侥幸才打赢他，不服气地问我的程序平均每秒能搜索多少步棋，当他发现我的软件在搜索效率上比他快 60 多倍时，才彻底服输。为什么在同样的机器上，我可以多做 60 倍的工作呢？这是因为我用了一个最新的算法，能够把一个指数函数转换成四个近似的表，只要用常数时间就可得到近似的答案。在这个例子中，是否用对算法才是能否赢得世界冠军的关键。

图 3.39　创新工场董事长兼 CEO 李开复

（图片来源：http://net. chinabyte. com/359/11113859. shtml）

- 网络时代的算法

有人也许会说："今天计算机这么快，算法还重要吗？"其实永远不会有太快的计算机，因为我们总会想出新的应用。虽然在摩尔定律的作用下，计算机的计算能力每年都在飞快增长，价格也在不断下降。可我们不要忘记,需要处理的信息量更是呈指数级的增长。现在每人每天都会创造出大量数据(照片、视频、语音、文本等)。日益先进的记录和存储手段使我们每个人的信息量都在爆炸式的增长。互联网的信息流量和日志容量也在飞快增长。在科学研究方面,随着研究手段的进步,数据量更是达到了前所未有的程度。无论是三维图形、海量数据处理还是机器学习、语音识别,都需要极大的计算量。在网络时代,越来越多的挑战需要靠卓越的算法来解决。

- 并行算法:Google 的核心优势

每天 Google 的网站要处理十亿个以上的搜索,Gmail 要储存几千万用户的 2G 邮箱,Google Earth 要让数十万用户同时在整个地球上遨游,并将合适的图片经过互联网提交给每个用户。如果没有好的算法,这些应用都无法成为现实。在这些应用中,哪怕是最基本的问题都会给传统的计算带来很大的挑战。例如,每天都有十亿以上的用户访问 Google 的网站,使用 Google 的服务,也产生很多很多的日志(Log)。因为 Log 每分每秒都在飞速增加,我们必须有聪明的办法来进行处理。我曾经在面试中问过关于如何对 Log 进行一些分析处理的问题,有很多面试者的回答虽然在逻辑上正确,但是实际应用中是几乎不可行的。按照他们的算法,即便用上几万台机器,我们的处理速度都跟不上数据产生的速度。

那么 Google 是如何解决这些问题的?

首先,在网络时代,就算有最好的算法,也要能在并行计算的环境下执行。在 Google 的数据中心,我们使用的是超大的并行计算机。但传统的并行算法运行时,效率会在增加机器数量后迅速降低,也就是说,十台机器如果有五倍的效果,增加到一千台时也许就只有几十倍的效果。这种事倍功半的代价是没有哪家公司可以负担得起的。而且,在许多并行算法中,只要一个结点犯错误,所有计算都会前功尽弃。

那么 Google 是如何开发出既有效率又能容错的并行算法的呢?

Google 最资深的计算机科学家 Jeff Dean 认识到,Google 所需的绝大部分数据处理都可以归结为一个简单的并行算法:Map and Reduce。这个算法能够在很多种计算中达到相当高的效率,而且是可扩展的(也就是说,一千台机器就算不能达到一千倍的效果,至少也可以达到几百倍的效果)。Map and Reduce 的另外一大特色是它可以利用大批廉价的机器组成功能强大的 server farm。最后,它的容错性能异常出色,就算一个 server farm 里面的机器 down 掉一半,整个 farm 依然能够运行。正是因为这个天才的认识,才有了 Map and Reduce 算法。借助该算法,Google 几乎能无限地增加计算量,与日新月异的互联网应用一同成长。

- 算法并不局限于计算机和网络

举一个计算机领域外的例子:在高能物理研究方面,很多实验每秒钟都能产生几个 TB 的数据量。但因为处理能力和存储能力的不足,科学家不得不把绝大部分未经处理的数据丢弃掉。可大家要知道,新元素的信息很有可能就藏在我们来不及处理的数据里面。同样的,在其他任何领域里,算法可以改变人类的生活。例如人类基因的研究,就可能因为算法而发明新的医疗方式。在国家安全领域,有效的算法可能避免下一个“911”的发生。在气象方面,算法可以更好地预测未来天灾的发生,以拯救生命。

所以,如果你把计算机的发展放到应用和数据飞速增长的大环境下,你一定会发现,算法的重要性不是在日益减小,而是在日益加强。

3.8.2　数据结构

如今,计算机已深入到人类社会的各个领域,计算机的应用不再局限于科学计算,而更多地用于控制、管理及数据处理等非数值计算的处理工作。比如在图书馆的图书管理系统、人机对弈、多岔路口交通信号灯管理中,计算机加工处理的对象不是纯粹数值,而是诸如字符、表、图像等各种具有一定结构的数据。因此,在程序设计过程中,必须分析这些数据元素之间存在的一种或多种特定关系以及作用于其上的函数或运算。通常情况下,精心选择的数据结构可以带来更高的运行效率或者存储效率。

数据结构的研究不仅涉及计算机硬件(存储设备和存取方法等)、计算机软件(数据元素在存储器中的分配),还要考虑到信息检索过程中如何组织数据,以方便查找和存储数据元素。数据结构是一门介于数学、计算机硬件、计算机软件三者之间的核心课程。

通常,研究数据结构一般包括三个方面的内容,即数据的逻辑结构、数据的存储结构和定义在这些数据上的运算。

数据的逻辑结构中描述的是数据元素之间的逻辑关系。通常有下列四类基本结构:集合、线性结构、树型结构、网状(图)结构。

线性结构中,在数据元素非空的有限集合的前提下,要求:(1) 存在唯一的一个被称作"第一个"的数据元素;(2) 存在唯一的一个被称为"最后一个"的数据元素;(3) 除第一个元素以外,集合中的每一个数据元素均只有一个前驱;(4) 除最后一个元素之外,集合中每一个数据元素均只有一个后继。线性结构中的数据元素可以是一个数字或是一条记录,甚至其他更复杂的信息。由于数据元素之间有明确的顺序关系,这个集合将构成一个有方向的线性链表,如图 3.40 所示。

图 3.40　有方向的线性链表

如果要描述人类社会的族谱或各种社会组织关系,这种关系将不是线性的,可以用"树"来形象描述。如图 3.41 所示,祖父有两个儿子,每个儿子又有两个儿子,可以得到这个家庭关系的树型描述。当然其中的数据元素可以是一个数字或是一条记录,甚至其他更复杂的信息。

图 3.41　家庭关系的树型描述

假如一位旅客要从济南出发到达福州,他希望选择一条途中中转次数最少的路线。假设,他每到一个城市都要换车。由于城市和城市相互之间存在道路,则可以使用"图"这种结构解决这个问题。如图 3.42 所示,我们需要从顶点"济南"出发,搜索每一条可以到达"福州"的路径,这个问题就是搜索一条由济南到福州含边最少的路径。

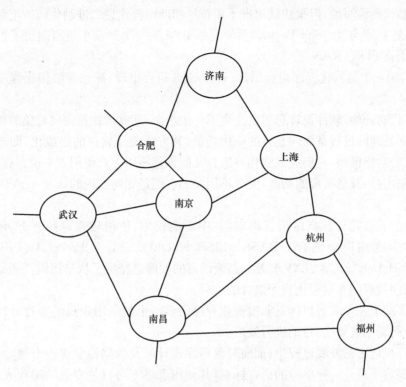

图 3.42 城市和城市相互之间的图型描述

数据的存储结构实质上是它的逻辑结构在计算机存储器上的实现,是数据结构在计算机中的表示(映像)。数据元素在计算机中有两种不同的表示方法,顺序存储和非顺序存储,因此得到两种不同的存储结构——顺序存储结构和链式存储结构。顺序存储是数据元素在存储器中按照先后顺序进行存放,非顺序存储是借助于数据元素存储地址(指针)表示数据元素间的逻辑关系。

不同数据结构有其相应的运算,常见的运算有数据检索、插入、删除、更改、排序等。

程序设计的本质是为了实现数据的处理,其中的数据我们可以理解为对客观事物的符号表示,即所有能输入到计算机中并被计算机程序处理的符号的总称。数据作为程序操作的对象,具有名称、类型、作用域等特征,使用前要先对这些特征加以说明。

3.8.3 程序设计语言

语言的定义大致可以分成两个部分:语法和语义。语法决定了语言要素如何组合在一起构成其他的语言要素。程序设计语言的语法和我们所使用的自然语言的语法很相似,几乎所有的语言都使用上下文无关文法进行语法定义。语义是对程序中的某个结构含义的理解,它与上下文环境有关。

1) 程序设计语言发展历史

20 世纪 40 年代末,人们发明了第一台计算机,真正的程序设计可以说是与这台机器同时问世的。完全用于计算的计算机是 1830 年到 1840 年由巴贝奇(Babbage)发明的。虽然该机器没有完全建成,但它却能执行由诗人拜伦的女儿 Ada 设计的数个计算实例。正因为如此,Ada 被公认为是第一个程序员,而后来用她的名字命名了 Ada 语言。

随着具有存储程序的通用电子数字计算机的问世,程序设计成了一大难题。早期的程序是直接用二进制代码编写的,但很快就出现了用符号和助记符代替二进制代码的汇编语言。

1954 年至 1957 年由 John Backus 领导下的 IBM 的一个开发小组研制出了世界第一个高级程序设计语言 FORTRAN。

1970 年,第一个结构化程序设计语言——Pascal 语言出现,标志着结构化程序设计时期的开始。

从 80 年代初开始,软件设计思想又产生了一次革命,其成果就是面向对象的程序设计。由于人们对数据处理的过程是面向具体的应用功能,其方法就是软件的集成化,即产生一些通用的、封装紧密的功能模块,它们应该能相互组合又能重复使用。对使用者来说,只需关心它的接口(输入量、输出量)及能实现的功能,完全不用关心它们是如何实现的,C++、VB、Delphi 就是这样的语言。

直到现在,共有几百种高级语言出现,其中影响较大、使用较普遍的有 FORTRAN、AL-GOL、COBOL(通用商业语言)、BASIC、LISP、SNOBOL、PL/1、Pascal、C、PROLOG、Ada、C++、VC、VB、Delphi、C♯、JAVA 等。高级语言的发展也经历了从早期语言到结构化程序设计语言,从面向过程到非过程化程序语言的过程。

高级语言的下一个发展目标是非过程化程序语言。也就是用户只需要告诉程序你要干什么,程序就能自动生成算法,自动进行处理。

未来计算机语言的发展过程中,面向对象程序设计以及数据抽象将占有很重要的地位,未来语言的发展将不再是一种单纯的语言标准,其使用者将不再只是专业的编程人员,人们完全可以用订制工作流程的简单方式来完成编程。

2) 程序设计语言的分类

程序设计语言按照语言级别可以分为低级语言和高级语言。

低级语言有机器语言和汇编语言两种。低级语言与特定的机器有关,功效高,但使用复杂、繁琐、费时、易出差错。

机器语言是直接用二进制代码表达的计算机语言,指令是用 0 和 1 组成的一串代码表示。机器语言是一种面向机器的编程语言。用机器语言编写的程序可以直接被计算机识别和运行。机器语言是计算机能够直接识别和运行的唯一语言。由机器指令构成的、完整的、可直接运行的程序称为“可执行程序”,相应的文件称为“可执行文件”。机器语言具有直接执行和运行速度快等优点。但是由于机器语言与硬件关系十分密切,不同类型的计算机的指令系统不同,因此不同类型计算机的机器语言编写的程序并不通用。而且,机器语言程序是直接用二进制代码编写,人们难于记忆和理解,后期修改和维护也很困难,所以现在已不用机器语言编制程序了。

汇编语言用容易理解和记忆的助记符来代替机器指令的操作码和操作数地址,这样就可以使机器指令用符号表示而不再用二进制表示,从而增强了程序的可读性,使得程序更加直观,更容易理解和记忆。汇编语言曾经是非常流行的程序设计语言之一。汇编语言里的每一条指令都对应着处理器的一条机器指令,执行速度快,代码体积小,在那些存储器容量有限但需要快速和实时响应的场合比较有用,比如仪器仪表和工业控制设备中。在系统程序的核心部分以及与系统硬件频繁打交道的部分,可以使用汇编语言,比如操作系统的核心程序段、I/O 接口电路的初始化程序、外部设备的底层驱动程序,以及频繁调用的子程序、动态链接库、某些高级绘图程序、视频游戏程序等。汇编语言可以用于软件的加密和解密、计算机病毒的分析和防治以及程序的调试和错误分析等各个方面。Linux 内核在某些关键地方使用了汇编代码,由于这部分代码与硬件的关系非常密切,从而最大限度地发挥了硬件的性能。但汇编语言的缺点是面向机器,不同的处理器有不同的汇编语言语法和编译器,在一种处理器中编写的程序无法在其他处理器上执行,可移植性比较差。另外,汇编语言对程序设计人员的硬件知识要求也比较高,掌握起来也比较困难。

高级语言是一种接近人类自然语言(主要是英语)的程序设计语言,在一定程度上与具体机器无关,易学、易用、易维护,克服了汇编语言的缺点,提高了编程和维护效率。高级语言的语法规则极其严格,主要表现在它对于语法中的符号、格式等都有专门的规定。主要原因是高级语言的处理系统是计算机,计算机没有人类的智能,计算机所具有的能力是人预先赋予的,本身不能自动适应变化不定的情况。

由汇编语言或高级程序设计语言编写的程序称为"源程序",存储源程序的文件称为"源文件",它们不能被 CPU 直接识别和处理,需要经过翻译,转换成机器语言才可以执行。用汇编语言编写的源程序要经过汇编语言编译器翻译成机器语言之后才可以运行。高级语言编写的源程序的翻译有编译和解释两种方式,分别由编译程序和解释程序完成。编译程序对源程序进行扫描处理,根据已知的规则,判断源程序是否存在语法等错误,最终将其转换成为"目标程序",再由链接程序将若干个目标程序块及库文件链接成为可执行文件,这种方式提高了程序的开发效率。解释程序则按照程序中语句的顺序逐条翻译并执行语句,边解释边执行,不生成目标程序。解释程序就好比"口译",编译程序就好比"笔译",比起编译方式,解释方式的运行效率较低。

除了按语言级别分外,程序设计语言还可以按照用户的要求分为过程式语言和非过程式语言。过程式语言的主要特征是,用户可以指明一系列可顺序执行的运算以表示相应的计算过程,如 FORTRAN、COBOL、Pascal、C 等。非过程式语言的含义是相对的,凡是用户无法指明表示计算过程的一系列可顺序执行的运算的语言都是非过程式语言,如 SQL(数据库标准语言)等。

按照应用范围,有通用语言与专用语言之分。如 FORTRAN、COLBAL、Pascal、C 等都是通用语言。目标单一的语言称为专用语言,如 APT 等。

按照使用方式,有交互式语言和非交互式语言之分。具有反映人机交互作用的语言称为交互式语言,如 BASIC 等。不反映人机交互作用的语言称为非交互式语言,如 FORTRAN、COBOL、ALGOL69、Pascal、C 等都是非交互式语言。

3) 常用的程序设计语言简介

(1) FORTRAN 语言

FORTRAN(FORmula TRANslation)——公式翻译程序设计语言,产生于 1956 年,是第一个广泛使用的高级语言,为广大科学和工程技术人员使用计算机创造了条件。特点是接近数学公式,简单易用,允许复数与双精度实数运算。

FORTRAN 语言由于其悠久的历史,在我国已得到大范围的推广普及,几乎每一位工程技术人员都学习并使用过 FORTRAN 语言。伴随着计算机技术的飞速发展,FORTRAN 语言也处于不断演变过程之中。对于广大计算机工作者,特别是与科学计算领域密切相关的技术人员,了解 FORTRAN 语言的发展状况,对充分利用现有计算机资源、有效求解各自领域的计算问题,无疑是大有裨益的。

(2) Pascal 语言

在高级语言发展过程中,Pascal 是一个重要的里程碑。Pascal 语言是第一个系统地体现了 E. W. Dijkstra 和 C. A. R. Hoare 定义的结构化程序设计概念的语言。

1971年,瑞士联邦技术学院尼克劳斯·沃尔斯(Niklaus Wirth)教授设计并创立以计算机先驱帕斯卡(Pascal)的名字命名的 Pascal 语言。帕斯卡的取名原本就是为了纪念17世纪法国著名哲学家和数学家 Blaise Pascal。

Pascal 是最早出现的结构化编程语言,具有丰富的数据类型和简洁灵活的操作语句,其语法严谨,层次分明,运行效率高,查错能力强,适用于描述数值和非数值的问题。

Pascal 有5个主要的版本,分别是 Unextended Pascal、Extended Pascal、Object-Oriented Extensions to Pascal、Borland Pascal 和 Delphi Object Pascal。其中,Borland Pascal 和 Delphi Object Pascal 不是正式的 Pascal 标准,具有专利性。但由于 Turbo Pascal 系列和 Delphi 功能强大并且广为流行,Borland Pascal 和 Delphi Object Pascal 已自为一种标准,为大家所熟悉。

(3) C 语言

C 语言是在20世纪70年代初问世的。1978年由美国电话电报公司(AT&T)贝尔实验室正式发表了 C 语言。同时由 B. W. Kernighan 和 D. M. Ritchit 合著了著名的《The C Programming Language》一书,通常简称为"《K&R》",也有人称之为"《K&R》标准"。但是,在《K&R》中并没有定义一个完整的标准 C 语言,后来由美国国家标准学会在此基础上制定了一个 C 语言标准,于1983年发表,通常称之为"ANSI C"。

C 语言是一种结构化程序设计语言。它层次清晰,便于按模块化方式组织程序,易于调试和维护。C 语言的表现能力和处理能力极强。它不仅具有丰富的运算符和数据类型,便于实现各类复杂的数据结构,它还可以直接访问内存的物理地址,进行位(bit)一级的操作。由于 C 语言实现了对硬件的编程操作,兼顾了高级语言和汇编语言的特点,简洁、丰富、可移植,因此 C 语言既可用于系统软件的开发,也适合于应用软件的开发。此外,C 语言还具有效率高、可移植性强等特点,因此被广泛地移植到了各类各型的计算机上,从而形成了多种版本的 C 语言。

目前最流行的 C 语言有以下几种:Microsoft C(或称 MS C)、Borland Turbo C(或称 Turbo C)、AT&T C。这些 C 语言版本不仅实现了 ANSI C 标准,而且在此基础上各自作了一些扩充,使之更加方便、完美。

(4) C++

1983年,贝尔实验室的 Bjarne Strou-strup 在 C 语言的基础上推出了 C++(我国程序员通常将其读作"C 加加",而西方的程序员通常将其读作"C plus plus"、"CPP")。C++是由 C 语言发展而来的,与 C 语言兼容。用 C 语言写的程序基本上可以不加修改地用于 C++。C++既可用于面向过程的结构化程序设计,又可用于面向对象的程序设计,是一种功能强大的混合型程序设计语言,既可以用于设计性能要求比较高的系统级程序,又可以用来设计应用软件,且程序易于维护、可重用、效率高。

《C++语言的设计和演化》一书指出 C++在低级系统程序设计、高级系统程序设计、嵌入式程序设计、数值科学计算、通用程序设计以及混合系统设计等方面有着根本性的优势。在 Bjarne 的个人主页上,有一页列出了如下使用 C++编写的系统、应用程序和库:

①Adobe Systems:所有主要应用程序都使用 C++开发而成,比如 Photoshop & ImageReady、Illustrator 和 Acrobat 等。

②Maya:电影《蜘蛛侠》《指环王》的电脑特技就是用 Maya 软件制作出来的。

③Amazon. com:使用 C++开发的大型电子商务软件。

④Apple:部分重要"零件"采用 C++编写而成。

⑤AT&T:美国最大的电信技术提供商,主要产品采用 C++开发。

⑥Google:Web 搜索引擎采用 C++编写。

⑦Microsoft 以下产品主要采用 C++(Visual C++)编写：Windows XP、Windows NT、Windows 2000、Windows 9x、Word、Excel、Access、PowerPoint、Outlook、Internet Explorer、Exchange、SQL Server、FrontPage。

C++目前流行的编译器最新版本是 Borland C++4.5、Symantec C++6.1 和 Microsoft Visual C++2012。

（5）C#

C#读作"C Sharp"，是微软公司于 2000 年 7 月发布的一种面向对象的、运行于. NET Framework 之上的、全新且简单安全的高级程序设计语言。C#由 C 和 C++衍生而来，继承了 C 和 C++强大功能的同时去掉了它们的一些复杂特性。C#综合了 C++、Visual Basic、Delphi、Java 等语言的优点，以其强大的操作能力、优雅的语法风格、创新的语言特性和便捷的面向组件编程的支持成为. NET 开发的首选语言。

（6）BASIC

BASIC 语言全称是"Beginner's all Purpose Symbolic Instruction Code"，意为"初学者通用符号指令代码"。BASIC 语言的第一个版本是在 1964 年由美国达尔摩斯学院的基米尼和科茨完成设计并提出的，经过不断丰富和发展，现已成为一种功能全面的中小型计算机语言。BASIC 易学、易懂、易记、易用，是初学者的入门语言，也可以作为学习其他高级语言的基础。

（7）Java 语言

Java 由 Sun Microsystems 公司于 1995 年 5 月推出，是一种可以撰写跨平台应用软件的面向对象的程序设计语言。Java 具有卓越的通用性、高效性、平台移植性和安全性，广泛应用于 PC、数据中心、游戏控制台、科学超级计算机、移动电话和互联网，拥有全球最大的开发者专业社群。Java 的编程应用可以说无处不在，从嵌入式设备到服务器都有。Java 可以运行于任何微处理器，用 Java 开发的程序可以在网络上传输并运行于任何客户机上。

Java 是印度尼西亚爪哇岛的英文名称，因盛产咖啡而闻名。Java 语言中的许多库类名称多与咖啡有关：如 JavaBeans(咖啡豆)、NetBeans(网络豆)以及 ObjectBeans (对象豆)等。SUN 和 Java 的标识也正是一杯正冒着热气的咖啡，如图 3.43 所示。

图 3.43 Java 标识

Java 是一种通过解释方式来执行的语言，语法规则和 C++类似，但摒弃了 C++中各种弊大于利的功能和许多很少用到的功能。Java 有许多值得称道的优点，如简单、面向对象、分布式、解释性、可靠、安全、结构中立、可移植、高性能、多线程、动态等。

Java 分为三个体系：Java SE(Java Platform Standard Edition，Java 平台标准版)、Java EE (Java Platform Enterprise Edition，Java 平台企业版)和 Java ME(Java Platform Micro Edition, Java 平台微型版)。

Java SE 以前称为 J2SE，主要用于开发和部署在桌面、服务器、嵌入式环境和实时环境中使用的 Java 应用程序。Java SE 包含了支持 Java Web 服务开发的类，并为 Java EE 提供基础。

Java EE 以前称为 J2EE，主要用于帮助开发和部署可移植、健壮、可伸缩且安全的服务器端 Java 应用程序。Java EE 是在 Java SE 的基础上构建的，提供 Web 服务、组件模型、管理和通信 API，可以用来实现企业级的面向服务体系结构(Service-Oriented Architecture，SOA)和 Web 2.0 应用程序。

Java ME 以前称为 J2ME，也叫 K-Java。Java ME 为在移动设备和嵌入式设备(比如手机、PDA、可视电话、电视机顶盒和汽车导航系统)上运行的应用程序提供一个健壮且灵活的环境。 Java ME 包括灵活的用户界面、健壮的安全模型、许多内置的网络协议以及对可以动态下载的联网和离线应用程序的丰富支持。基于 Java ME 规范的应用程序只需编写一次，就可以用于许多设备，而且可以利用每个设备的本机功能。Java ME 将 Java 语言的与平台无关的特性移植到小型电子设备上，允许移动无线设备之间共享应用程序。Android 是第一个内置支持 Java 的操作系统，Android 应用程序使用 Java 语言编写。

Java 非常适合于企业网络和 Internet 环境，现在已成为 Internet 中最受欢迎、最有影响的编程语言之一。在全球云计算和移动互联网的产业环境下，Java 更具备了显著优势和广阔前景。

(8) COBOL 语言

COBOL 的全称是"Common Business Oriented Language"，意为"面向商业的通用语言"。

在企业管理中，数值计算并不复杂，但数据处理信息量却很大。为专门解决企业管理问题，1959 年，由美国的一些计算机用户组织设计了专用于商务处理的计算机语言 COBOL，并于 1961 年由美国数据系统语言协会公布，经不断修改、丰富、完善和标准化后已发展为多种版本。

COBOL 语言使用了 300 多个英语保留字，大量采用普通英语词汇和句型。COBOL 程序通俗易懂，素有"英语语言"之称。

目前 COBOL 语言主要应用于情报检索、商业数据处理等管理领域。

3.8.4　如何学习编程

程序就是计算机的语言和人类语言的翻译者，做一个程序员就是要把人类世界的问题用计算机的方法去解决和展现，要学会从计算机的角度来考虑现实问题的解决方法，即要学会计算思维。

学习编程需要广泛地阅读程序，了解算法的博大精深和计算机的基本理论，有广泛的练习，还要有创新精神和数学思维能力，这些都是需要培养的。想学好编程要具备以下几个条件：

1) 数学基础

从计算机发展和应用的历史来看，计算机的数学模型和体系结构等都是由数学家提出的。 最早的计算机也是为数值计算而设计的。因此，要学好计算机就要有一定的数学基础。

举世闻名的微软公司总裁比尔·盖茨(图 3.44)在 11 岁时，数学知识就远远超过其同龄人。比尔·盖茨一直都非常喜欢数学，他在这方面的天赋极高。在一次湖滨中学举行的数学例试中,他荣登第一名的宝座。校委会在评定他的数学成绩时给了他800分的满分。在湖滨中学时,比尔·盖茨就开始学习华盛顿大学的数学课程。湖滨中学的数学系主任弗雷福·赖特这样谈起比尔·盖茨:"他能用一种最简单的方法来解决某个代数或计算机问题,他可以用数学的方法来找到一条处理问题的捷径,我教了这么多年的书,没见过像他这样有天分的数学奇才。他甚至可以与和我工作过多年的那些优秀数学家媲美。"

图 3.44　比尔·盖茨
(图片来源:http://www.dg163.cn/ent
/omxw/2013/3/28103269051.html)

考上哈佛大学以后,第一年他就选修了哈佛大学最难的研究生级别的数学课,此时他还期望着自己能当一名数学教授,但最终,他还是把主要的精力花在了计算机方面,并在哈佛大学的艾坎计算机中心里度过了无数个不眠之夜。盖茨把大量的时间花在了研究计算机上。不管什么时候,只要他有空余时间,他总会往机房跑,不仅花大量时间操作计算机,也用大量的时间来探讨有关未来计算机技术的问题。他常常在机房一呆就是好几个小时,三句话不离计算机。他的同学拉德·奥古斯丁称:"他对计算机迷恋到这种程度,可以说是共命运同呼吸,以至于经常忘记修剪他的指甲。他的指甲有时达半英寸长也无暇去修剪。从一定意义上说,他完全是一个沉迷者,不管他做什么,他都是那么投入。"盖茨曾在日记中写道:"也许,人的生命是一场正在焚烧的'火灾',一个人所能去做也必须去做的,就是竭尽全力要在这场'火灾'中去抢救点什么东西出来。"

他的计算机技巧与敏锐的商业头脑相结合,加上希望赢的强烈愿望,使他很快就出人头地了。在出发上大学的头天晚上,18岁的盖茨曾踌躇满志地宣布:"我要在25岁之前赚到我的第一个一百万。"他确实做到了,并且超过310倍。只不过此时他已经离开了哈佛校园,走上了辉煌的创建微软帝国之路。

2)逻辑思维能力

学习程序设计要有一定的逻辑思维能力,思维能力的培养要经过长时间的实践锻炼。要想成为一名优秀的程序员,最重要的是掌握编程思想。要做到这一点必须在反复的实践、观察、分析、比较、总结中逐渐地积累。因此在学习编程的过程中,我们不必等到完全明白了才去动手实践,只要明白了解题的思路和步骤,就要敢于自己动手去试验,只有通过反复的实践才能明白其中的奥秘,也只有反复实践才能把老师和书本上的知识变成自己的,才有可能练成编程高手。

3）良好的编程习惯

编程入门不难,但入门后不断学习是十分重要的。不断学习相对来说较为漫长,在此期间要注意养成一些良好的编程习惯。编程风格的好坏很大程度上影响着程序质量。良好的编程风格可以使程序结构清晰合理,且使程序代码便于维护。如代码的缩进编排,变量名见名知意,为代码添加注释,变量命名规则统一等。

4）正确的学习方法

学习编程,掌握正确的方法最重要。以下是行之有效的学习方法:

(1) 先照书上例程写,编程要从模仿开始。

(2) 写几个小程序解决一些数学题,以熟悉基本的算法和基础函数。

(3) 结合身边的事,找个小课题,自己想办法实现或参照别人的程序。

(4) 研读教材中的例子,自己仿照着写一遍,上机运行,看结果。

(5) 从自己熟悉的事情入手,如成绩统计,编制一段程序,完成一个功能,然后再完善。

(6) 反复上机练习,不断提高编程技巧。

5）多问多学习

掌握编程思想必须在编程实际工作中去实践和体会。编程起步阶段要经常自己动手设计程序,具体设计时不要拘泥于固定的思维方式,遇到问题要多想几种解决的方案。这就要多交流,每个人的思维方式不同、角度各异,各有高招,通过交流可不断吸收别人的长处,丰富编程实践,帮助自己提高水平。亲自动手进行程序设计是创造性思维应用的体现,也是培养逻辑思维的好方法。

6）选择一种合适的入门语言

面对各种各样的语言,应从哪门语言开始学呢? 目前,程序设计工具主要有以下几类:

(1) 本地应用软件开发工具:Visual Basic(VB)、Delphi、C、C++、C♯、Visual Foxpro、Oracle Developer、Power Builder 等。

(2) 跨平台开发工具:Java 等。

· 网络应用软件开发工具:ASP、JSP、PHP、ASP. NET、VB. NET 等。

以上几种开发工具中,VB 语法简单并容易理解,界面设计是可视化的,易学、易用;C 语言是很多编程语言的基础,学好 C 语言之后,再学习 C++、C♯或 Java 就会有基础了。所以,对于初学者而言,选 VB 或 C 语言作为入门语言较为合适。

3.9　软件工程

3.9.1　软件危机

20 世纪 60 年代以前,计算机刚刚投入实际使用,软件设计往往只是为了一个特定的应用而在指定的计算机上设计和编制,采用密切依赖于计算机的机器代码或汇编语言,软件的规模比较小,文档资料通常也不存在,很少使用系统化的开发方法,设计软件往往等同于编制程序,基本上是个人设计、个人使用、个人操作、自给自足的私人化的软件生产方式。

60 年代中期,大容量、高速度计算机的出现,使计算机的应用范围迅速扩大,软件开发急剧增长。高级语言开始出现,操作系统的发展引起了计算机应用方式的变化,大量数据处理导致第一代数据库管理系统的诞生。软件系统的规模越来越大,复杂程度越来越高,软件可靠性问题也越来越突出。原来的个人设计、个人使用的方式不再能满足要求,迫切需要改变软件生产方式,提高软件生产率,软件危机开始爆发。

60 年代中期以后,计算机硬件技术日益进步,计算机价格的下跌为它的广泛应用创造了极好的条件。在这种形势下,一些开发大型软件系统的要求提了出来。然而在大型软件的开发过程中出现了复杂程度高、研制周期长、正确性难以保证三大难题。遇到的问题找不到解决办法,致使问题堆积起来,形成了人们难以控制的局面,出现了所谓的"软件危机"。

最为突出的例子是美国 IBM 公司于 1963—1966 年开发的 IBM360 系列机的操作系统。该软件系统花了大约 5 000 人一年的工作量,最多时有 1 000 人投入开发工作,写出了近 100 万行的源程序。尽管投入了这么多的人力和物力,得到的结果却极其糟糕。据统计,这个操作系统每次发行的新版本都是从前一版本中找出 1 000 个程序错误而修正的结果。可想而知,这样的软件质量糟到了什么地步。难怪该项目的负责人 F·D·希罗克斯在总结该项目时无比沉痛地说:"……正像一只逃亡的野兽落到泥潭中垂死挣扎,越是挣扎,陷得越深,最后无法逃脱灭顶的灾难……程序设计工作正像这样一个泥潭……一批批程序员被迫在泥潭中拼命挣扎……谁也没有料到问题竟会陷入这样的困境……"IBM360 操作系统的历史教训已成为软件开发项目中的典型事例被记入历史史册。

将大的浮点数转换成整数是一种常见的程序错误来源。1996 年 6 月 4 日,欧洲航天局研制的阿里亚娜五型(Ariane 5)火箭的初次航行产生了灾难性的后果。发射后仅仅 37 秒,火箭偏离它的飞行路径,爆炸并解体了。火箭上载有价值 5 亿美元的通信卫星,连同火箭本身,6 亿美元付之一炬。后来的调查显示,控制惯性导航系统的计算机向控制引擎喷嘴的计算机发送了一个无效数据。在将一个 64 位浮点数转换成 16 位有符号整数时产生了溢出。在设计 Ariane 4 火箭的软件时,软件开发人员小心地分析了数值,并且确定该数据绝不会超出 16 位。不幸的是,他们在 Ariane 5 火箭的系统中简单地重新使用了这一部分,没有检查它所基于的假设。

如果开发的软件隐含错误,可靠性得不到保证,那么在运行过程中很可能对整个系统造成十分严重的后果,甚至导致整个系统的瘫痪,造成无可挽回的巨大损失。1963 年,美国用于控制火星探测器的计算机软件中的一个","被误写为"·",而致使飞往火星的探测器发生爆炸,造成高达数亿美元的损失。1965 年至 1970 年,美国范登堡基地发射火箭多次失败,绝大部分故障是由应用程序错误造成的。有一次,在美国肯尼迪航天中心发射一枚阿脱拉斯火箭,火箭飞离地面几十英里高空后开始翻转,地面控制中心被迫下令炸毁。后经检查发现是飞行计划程序里漏掉了一个连字符。就是这样一个小小的疏漏造成了这支价值 1 850 万美元的火箭的试验失败。

产生软件危机的主要原因是软件开发人员错误地认为:

(1) 开发软件就是编程,不注重软件开发过程,忽视了分析、设计、测试、维护的工作。

(2) 软件很灵活,很容易修改。软件确实容易修改,但难的是如何正确地修改,并且不引入新的错误,而且越到软件开发后期,软件修改的难度和代价也就越大。

(3) 增加人员可以加快进度。对于进度已落后的软件开发项目,增加人员只会让其更加落后。

(4) 软件开发最重要的是编程技巧。光重视编程技巧而忽视了编程的规范性,不注意信息交流,从而导致开发人员难以合作,软件难以维护。

试比较以下两段功能完全相同的 C 语言程序:

程序 A：
```
if (num>0)
    num=num+1;
else
    num=num-1;
printf("%d",num);
```
程序 B：
```
printf("%d",(num>0? ++num:--num));
```
显然程序 A 比较容易理解，更便于开发人员之间交流和软件维护。

因此，为了克服软件危机，一方面需要对程序设计方法、程序的正确性和软件的可靠性等问题进行系列的研究；另一方面，也需要对软件的编制、测试、维护和管理的方法进行研究。

"软件工程"这一概念是 1968 年在 NATO（北大西洋公约组织）一次专门讨论软件危机的国际会议上正式提出的，其基本思想是用"工程"的概念来开发软件，使得软件开发过程变得可管理、可控制并保证软件开发的质量。

3.9.2　软件生命周期

一个软件从提出设想到开发完成要经历一个漫长的时期，通常把软件经历的这个漫长的时期称为"软件生命周期"。一般软件生命周期主要经历软件规划、软件需求分析、软件总体设计、软件详细设计、软件编码、软件测试和软件维护等阶段，每个阶段有明确的任务，这就使得规模大、结构复杂和管理复杂的软件开发变得容易控制和管理。

软件生命周期中的软件规划、需求分析、软件总体设计、软件详细设计、软件编码、软件测试常称为"软件开发期"，软件维护称为"软件维护期"。在软件开发期中，测试阶段工作量占整个开发期总工作量的 40%，而在软件的整个生命周期中软件维护的周期最长，工作量最大。

1）软件规划

这个阶段的主要任务是对将要开发的软件的必要性、技术可行性、经济可行性进行分析，确定软件的主要功能和预期目标；预测软件开发所需要的硬件资源、软件资源和人员；对软件开发成本进行初步估计，并写出软件规划任务书。

2）软件需求分析

这个阶段的工作是对用户的需求进行分析和综合，确定软件的基本目标和逻辑功能要求，解决系统"做什么"的问题，并写出软件需求规范说明书。软件需求规范说明书是软件工程中最重要的文件，是用户和软件开发人员之间共同约定和开发的基础。

3）软件总体设计

这一阶段的主要任务是解决系统"怎么做"的问题。总体设计决定软件系统的总体结构，即模块结构，并给出模块的相互调用关系、模块间传递的数据及每个模块的功能说明。这个阶段将产生软件结构图和模块功能说明。

4）软件详细设计

详细设计是给出每个模块内部过程的描述，并写出软件详细设计说明书。

5）软件编码

软件编码阶段是把软件设计方案加以具体实施，即根据软件详细设计说明书的要求，为软件系统中的每一个功能模块编写程序并进行模块测试。这一阶段生成程序说明书、源程序。

6）软件测试

软件测试的主要任务是发现和排除错误，即对软件系统进行从上到下全面的测试和检验，看它是否符合软件总体设计方案规定的功能要求。这期间要提出测试标准，制订测试计划，确定测试方法。经过测试、纠错得到可运行的程序，同时写出软件测试报告。

7）软件维护

由于经过测试的软件仍然可能有错，用户的需求和软件的操作环境也可能发生变化，因此交付运行的软件系统仍然需要维护。软件维护的实质是对软件继续进行查错、纠错和修改。

软件开发工作经常需要反复。如在软件设计阶段发现软件规范说明书有不完整或定义不确切的地方，就要回到需求分析阶段进行再分析；测试阶段发现模块内部或接口中的错误，就要回到设计阶段对原来的设计进行修改。

通常软件维护分为以下四种类型：

（1）更正性维护：在软件交付使用后，可能会有一部分隐藏的错误或在软件测试阶段没有被发现的错误在某些特定的使用环境下暴露出来，这些错误需要进行改正。

（2）适应性维护：为适应环境的变化而修改软件。

（3）完善性维护：根据用户在使用过程中提出的一些建议和意见对软件进行修改。

（4）预防性维护：改善软件系统的可维护性和可靠性，为以后的改进奠定基础。

3.9.3　软件开发的原则

软件项目的开发应按照自顶向下、模块化结构的原则进行。

自顶向下的方法是将复杂系统进行分解，由高度抽象到逐步具体，每一层设计成一组独立的模块。这些模块调用它的下一层模块，是一种逐层分解的方法。每一个层次的项目都是它的上一层的子项目，这种结构简单明了，各层次间联系少，独立性强，便于修改与维护。

模块化设计是将软件系统分解成若干个模块，这些模块的特点是结构灵活、独立性强，整个系统可靠性强，便于修改与维护。

3.10　软件行业发展前景

软件行业是 21 世纪最具广阔前景的新兴产业之一。随着 IT 技术在通信、电子商务、教育、医疗、娱乐等各个领域的全面应用，软件开发人才的需求日益旺盛。

目前，软件开发主要分两类，一类是通用软件开发，另一类是软件定制服务。未来我国 IT 企业将需要大量的通用软件开发人才。同时，针对各行各业的软件定制服务也将对软件人才提出更高的要求。全球软件人才存在大量缺口，欧美、日本、印度等国家和地区均面临着软件人才的短缺问题。中国虽然高校软件方向毕业生数目不断增加，但是仍然难以满足软件业快速发展的需要。

2006 年起，信息产业部及相关部委出台了《国家规划布局内重点软件企业认定管理办法》等有关政策，从税收和研发经费等方面都加大了对大型软件企业的支持力度，更加注重扶植优秀企业和鼓励本土企业的自主创新及国际化发展，这为中国软件企业做大做强创造了良好的政策环境。

随着中国软件市场的逐步成熟和持续扩大，政府保护知识产权工作的大力推进以及跨国软件企业对中国市场的了解程度越来越深,外资软件企业对中国软件市场的投资继续呈现出快速增长态势。一些实力较强的外资企业在中国正从开始的试水阶段逐步进入大规模投资阶段,并通过各种形式不断加大进入中国市场的力度。例如,近几年微软已先后与中国中软、创智、神州数码、浪潮等企业签约,成为战略合作伙伴,为中国软件企业的成长带来了一定的发展机遇。但是,外资软件企业的进入也将对中国软件企业的发展形成一定的挑战。例如,中国软件企业与国际大型软件企业相比起步较晚,在规模、技术、资金和管理等方面与外资企业都存在较大差距,面临重大考验。中国软件企业需要充分利用机遇,沉着、灵活应对外资软件企业的挑战。

习 题 三

一、选择题

1. 操作系统的主要功能是_____。

A. 实现软、硬件转换   B. 管理系统所有的软、硬件资源

C. 把源程序转换为目标程序   D. 进行数据处理

2. 计算机软件系统包括_____。

A. 实用软件和管理软件   B. 编辑软件和服务软件

C. 管理软件和网络软件   D. 系统软件和应用软件

3. 一个文件的扩展名通常表示为_____。

A. 文件的版本   B. 文件的大小

C. 文件的类型   D. 由用户自己设定

4. 操作系统是_____的接口。

A. 主机和外设   B. 用户和计算机

C. 系统软件和应用软件   D. 高级语言和机器语言

5. 通常人们称一个计算机系统是指_____。

A. 硬件和固件   B. 计算机的 CPU

C. 系统软件和数据库   D. 计算机的硬件系统和软件系统

6. 操作系统是一种_____。

A. 系统软件   B. 操作规范

C. 语言编译程序   D. 面板操作程序

7. 下列 4 种扩展名的文件中不能直接执行的是_____。

A. EXE   B. SYS   C. BAT   D. COM

8. 当应用程序窗口被最小化后,该应用程序的状态是_____。

A. 继续在前台运行   B. 被终止运行

C. 被转入后台运行   D. 保持最小化前状态

9. 下列有关计算机软件的叙述错误的是_____。

A. 程序设计语言处理系统和数据库管理系统被归类为系统软件

B. 共享软件是一种具有版权的软件,它允许用户买前免费试用

C. 机器语言和汇编语言与特定的计算机类型有关,取决于 CPU

D. 目前 PC 只能使用 Windows 系列操作系统,均不能使用 Unix 和 Linux 操作系统

10. 下列常用的 PC 软件中,编辑的文档能直接保存为图片类型(如 JPEG 文件类型)的是

_____。

A. Microsoft Word
B. Microsoft Excel
C. Microsoft PowerPoint
D. Internet Explorer

11. 有关 Windows 系列操作系统及其功能,下列叙述错误的是_____。

A. Windows 操作系统采用并发多任务方式支持系统中多个任务的执行

B. Windows XP 分为多个版本,它们可用于不同的计算机和不同的应用

C. 与 Windows XP 相比,Windows Vista 做了许多改进,但其硬件运行环境要求较高

D. 无论是硬盘还是光盘,它们均采用相同的文件系统,即 FAT 文件系统

12. 下列有关软件的叙述错误的是_____。

A. 软件的主体是程序,单独的数据和文档资料不能称为软件

B. 软件受知识产权(版权)法的保护,用户购买软件后仅得到了使用权

C. 软件的版权所有者不一定是软件的作者(设计人员)

D. 共享软件允许用户对其进行修改,且可在修改后散发

13. PC 从硬盘启动 Windows XP 操作系统是一个比较复杂的过程。在这个过程中,它需要经过以下这些步骤:

Ⅰ. 装入并执行操作系统;Ⅱ. 读出主引导记录;Ⅲ. 装入并执行引导程序;Ⅳ. 加电自检。

上述步骤正确的顺序是_____。

A. Ⅰ、Ⅱ、Ⅲ、Ⅳ
B. Ⅳ、Ⅰ、Ⅱ、Ⅲ
C. Ⅳ、Ⅲ、Ⅱ、Ⅰ
D. Ⅳ、Ⅱ、Ⅲ、Ⅰ

14. 下列有关算法和程序关系的叙述正确的是_____。

A. 算法必须使用程序设计语言进行描述

B. 算法与程序是一一对应的

C. 算法是程序的简化

D. 程序是算法的具体实现

15. 以下所列软件全都属于应用软件的是_____。

A. AutoCAD、PowerPoint、Outlook

B. DOS、Unix、SPSS、Word

C. Access、WPS、PhotoShop、Linux

D. DVF(FORTRAN 编译器)、AutoCAD、Word

二、填空题

1. _____语言编写的程序可以直接在计算机上执行。

2. _____是程序设计的灵魂。瑞士计算机科学家尼·沃思在 20 世纪 70 年代曾经提出过一个著名的公式"_____ + _____ = 程序"。

3. Windows 采用_____方式支持系统中多个任务的执行。但是从微观上讲,多个任务其实是由 CPU _____执行的。

4. 理论上已经证明了求解可计算问题的程序框架都可用_____、_____、_____这三种控制结构来描述。

5. 按源程序中语句的执行顺序,逐条翻译并立即执行相应功能的处理程序,称为_____。

三、判断题

1. 一般将使用高级语言编写的程序称为源程序,这种程序不能直接在计算机中运行,需要有相应的语言处理程序翻译成机器语言程序才能执行。　　　　　　　　(　　)

2. Windows 是一个多任务的命令式操作系统。 （　　）

3. 汇编语言在一定程度上与机器无关，高级语言在很大程度上依赖于机器指令。（　　）

4. 在 Windows 中，文件名可以长达 255 个字符。 （　　）

5. 所有的数字作品都是软件。 （　　）

6. 在 Windows 操作系统中，一个文件可以有多个属性。 （　　）

7. 程序语言处理系统对各种语言的处理方法和处理过程都是相同的。 （　　）

8. 对高级语言编写的源程序进行翻译，有汇编和编译两种方式。 （　　）

9. 用户必须以程序为单位对外存储器中的信息进行访问和操作。 （　　）

10. 计算机加电启动 CPU 首先执行的是 BIOS 中的自举程序。 （　　）

四、简答题

1. 按照应用软件的开发方式和适用范围，应用软件又分为哪几种，举例说明。

2. 简述操作系统的启动过程。

3. 程序设计语言按照语言级别可分为几大类？分别说明之。

4. 什么是算法？算法有哪些特征？

5. 软件的生命周期分为哪几个阶段？

6. 软件维护分为哪几种类型？

4　计算机网络与 Internet 应用

当前，人们通过网络来获取各种信息并进行交流，网络的应用已经渗透到社会的各个方面，网络对社会的发展起着越来越重要的作用。尽管网络已经无处不在，网络技术的发展也非常迅速，但是网络是基于一系列可靠的原理工作的。如果理解了网络是如何工作的，那么我们就可以轻松自如地迎接层出不穷的网络新技术了。本章讲述计算机网络的基本原理和应用。

4.1　计算机网络基础知识

4.1.1　计算机网络的形成和发展

计算机网络是计算机技术与通信技术相结合的产物。早在 1951 年，美国麻省理工学院林肯实验室就开始为美国空军设计自动化地面防空系统 SAGE。SAGE 系统用于将远程雷达等测量设施通过总长度达 2 410 000 km 的通信线路与计算机相连接，使得测量到的分布的防空信息在远程计算机中得到集中处理，该系统于 1963 年建成。20 世纪 50 年代初，美国航空公司与 IBM 公司联合研制飞机订票系统 SABRE-I，并于 60 年代初投入使用。20 世纪 60 年代，美国的研究人员又进行多台计算机之间互连网络系统的研制，1969 年美国国防部高级研究计划局（DARPA）主持研制的 ARPANet 计算机网络系统开始投入使用。在这之后，世界上的计算机网络的建设迅速发展起来。

4.1.2　计算机网络的定义和功能

计算机网络是将处于不同地理位置的具有独立功能的计算机通过通信介质和通信设备互连在一起，配置网络软件从而实现资源共享的系统。"不同地理位置"是指计算机网络范围可以小到一个房间内部，也可以大到全球；"独立功能的计算机"是指网络中的计算机在接入网络之前应该有自己独立的操作系统，并且能够独立运行，联网以后它本身又是网络中的一个节点；"通信介质"可以是双绞线、同轴电缆、光纤和微波等；"通信设备"指计算机和通信线路之间按照通信协议传输数据的设备；"网络软件"指网络操作系统和网络通信协议等。

相对于单台计算机，计算机网络具有更多的功能，其主要功能如下：

1）数据通信

利用计算机网络可以实现计算机之间或计算机与终端之间的数据通信，通过网络，数据、程序或文件可以从甲地的计算机传输到乙地的计算机。例如，文件传输服务可以实现文件的快速传递，用户既可以从远程计算机上下载文件，又可以上传文件到远程计算机上；电子邮件服务可以使异地用户之间快速可靠地进行通信；电子数据交换可以实现银行、海关等部门或公司之间的订单、发票等商业文件安全准确地交换。

2）资源共享

网络上的计算机之间可以实现数据、软件和硬件等资源的共享。由于计算机中的很多资源价格昂贵，并不是所有用户都能独立拥有，如大容量磁盘、具有强大计算能力的大型计算机、高速打印机、大型绘图仪、大型数据库、大型文件等。通过网络可以实现这些资源的共享,网络上的计算机不仅可以利用自身的资源,还可以利用网络上的资源,从而增强了计算机的处理能力,提高了计算机资源的使用效率。

3) 提高计算机系统的可靠性

某些场合对计算机的可靠性要求极高。在计算机网络中,各台计算机之间可以互相作为后备计算机,当其中的一台计算机出现故障,可以由另外一台计算机作为代理。例如,银行的计算机系统在使用过程中,当其中一台服务器出现故障时,另外一台服务器立即替换使用,避免了系统的瘫痪。计算机网络极大地提高了计算机系统的可靠性。

4) 分布式处理

分布式处理是指分布的多台计算机分工协同地完成某一任务。该功能使得一个大的计算任务可以分解成多个子任务,通过计算机网络,在多台计算机上同时处理。分布式处理充分利用了网络中的多台计算机,处理效率得到很大的提高。网络中的多台计算机组成的分布式计算机处理系统具有强大的对复杂计算任务的处理能力,同时所花费用也不高。例如 BT(BitTorrent,比特流,是一个文件分发协议,每个下载者在下载的同时不断向其他下载者上传已下载的数据)下载就是基于分布式处理来执行任务的。

4.1.3 计算机网络的分类

计算机网络有多种分类方法,如按网络的大小和覆盖的地理范围分类,按传输介质分类,按网络所使用的通信传输技术分类,按使用的协议分类等。

按网络的大小和覆盖的地理范围可以把计算机网络分为个人区域网、局域网、广域网和城域网,这是计算机网络最常用的分类方法。

1) 个人区域网

个人区域网(Personal Area Network,PAN)是在个人工作或生活的范围内,把个人使用的电子设备如便携式计算机、掌上电脑以及手机等相互连接起来组成的通信网。个人区域网的通信范围通常在 10 米左右。个人区域网可改善办公环境,使生活更加便利,还可以提供医疗辅助及闲暇娱乐。目前个人区域网大多是通过无线技术连接起来的,又称为无线个人区域网(或无线个域网)WPAN(Wireless Personal Area Network)。

2) 局域网

局域网(Local Area Network,LAN)是计算机通信网的重要组成部分,是在一个局部地区范围内,把各种计算机、外围设备、数据库等相互连接起来组成的计算机通信网。局域网的通信距离通常在较小地理区域内,一般在 10 公里范围内,如一栋楼房、一个学校或一个企业内,能够使用多种有线和无线技术。局域网是封闭型的,可以由办公室内的两台计算机组成,也可以由一个公司内的上千台计算机组成。

局域网可以通过数据通信网或专用的数据电路与其他局域网、数据库或处理中心等相连接,构成一个大范围的信息处理系统。

局域网可以实现文件管理、应用软件共享、打印机共享、扫描仪共享、工作组内的日程安排、电子邮件和传真通信服务等功能。

3) 广域网

广域网(Wide Area Network,WAN)是远距离的计算机网络,其通信距离通常在几十公里到几千公里,甚至更远,是一种可以跨地区和国家的远程网,它将分布在不同地区的局域网或计算机系统互连起来,达到资源共享的目的。因特网是世界范围内最大的广域网,全国性的银行网络、大型有线电视网络、公共电话交换网也都属于广域网。

广域网覆盖范围广,通信距离远,通常由电信部门或公司负责组建、管理和维护。在组建广域网时要考虑多种因素,例如线路的冗余、媒体的成本、媒体带宽的利用和差错处理等。

广域网主要提供面向通信的服务,支持用户使用计算机进行远距离的信息交换,向全社会提供面向通信的有偿服务,含流量统计和计费功能。

4）城域网

城域网(Metropolitan Area Network,MAN)指地理覆盖范围为一个城市的计算机网络,其通信距离通常在几十公里以内,城域网的地理覆盖范围介于局域网和广域网之间。例如本地因特网服务提供商、小型有线电视公司和本地电话公司使用的都是城域网。

宽带城域网正在得到广泛使用,它是以光纤作为传输媒介,集数据、语音、视频服务于一体的高带宽、多功能、多业务接入的多媒体通信网络。宽带城域网能够满足政府机构、金融保险、大中小学校、公司企业等单位对高速率、高质量数据通信业务日益旺盛的需求,特别是快速发展起来的互联网用户群对宽带高速上网的需求。

另外,计算机网络还有其他的分类方法。例如,按传输介质分类可以把计算机网络分为有线网和无线网;按网络所使用的通信传输技术分类,计算机网络可分为点对点传输网络和广播式传输网络;按使用的协议分类,可以把计算机网络分为 TCP/IP 网、SNA 网和 IPX 网。

4.1.4　计算机网络的组成

计算机网络是计算机技术与通信技术的结合,一个计算机网络包含计算机网络硬件和计算机网络软件。

1）计算机网络硬件

本地化网络通常包括少量可由基本设备进行连接的计算机。随着网络覆盖区域的扩大和工作站数量的增加,需要有专门的设备来增强信号,同时多样化的设备也需要复杂的管理工具和策略。计算机网络硬件有服务器、工作站、网络接口卡、通信介质、通信设备等。

（1）服务器:网络中有多台计算机主机,其中有一台或一台以上的主机提供资源和服务来处理其他机器的请求,称为"服务器"。服务器一般具有丰富的资源和强大的计算及处理能力。服务器可以分为文件服务器、打印服务器、应用程序服务器和通信服务器等。

（2）工作站:网络中向服务器发出请求的主机称为"工作站"。工作站可以为高性能计算机,也可以为低性能计算机,也称为"客户机"。

（3）网络接口卡:网络接口卡简称"网卡",是主机与通信传输介质的接口。

（4）通信介质:网络中节点之间通过通信介质进行信息传输,常用的通信介质有双绞线、同轴电缆、光缆、微波等。

（5）通信设备:负责网络中数据的传送和转发,如交换机、路由器等。

2）计算机网络软件

计算机网络系统不仅需要计算机网络硬件,还需要计算机网络软件。计算机网络软件包括网络操作系统和网络应用服务软件等。网络操作系统能够对计算机网络的资源进行控制和管理,提供网络通信、网络管理和网络安全等服务。网络服务器必须安装网络操作系统,常见的网络操作系统有 Unix、Linux、Windows 2000、Windows Server 2003、Novell Netware 等。网络应用服务软件是为满足用户的网络应用而开发的,网络应用服务软件多种多样,为用户提供各种网络应用服务,例如文件传输软件、聊天软件等。

4.1.5 计算机网络应用模式

常见的计算机网络应用模式有客户机/服务器(Client/Server,简称 C/S)模式、浏览器/服务器(Broswer/Server,简称 B/S)模式和对等(Peer to Peer,简称 P2P)模式。

1) C/S 模式

C/S 模式是一种两层结构的模式,第一层在客户机上安装有客户机应用程序,第二层在服务器上安装了服务器管理程序。在 C/S 模式工作过程中,客户机程序发出请求,服务器程序接收并且处理客户机程序提出的请求,然后返回结果,如图 4.1 所示。

图 4.1　C/S 模式

基于网络的实时消息系统可以让在线的人互相发送消息。通常,一对一地发送消息称为即时消息(Instant Messaging, IM),而群组通信则称为聊天。多数消息是基于 C/S 模式的,需要使用服务器来处理用户(客户端)间的通信包,比如 MSN、QQ、飞信、阿里旺旺等。用户登录时,用户需要连接到消息服务器,消息服务器会验证用户的 ID 和密码,然后服务器会传回用户列表或好友列表。用户端消息被输入到客户端软件中,客户端软件使用消息协议将消息分割成包,然后将这些消息包发送到服务器进行分发,或者直接将消息包发送给接收者。

C/S 模式有以下特点:

(1) C/S 模式将应用与服务分离,系统具有稳定性和灵活性。

(2) C/S 模式配备的是点对点的结构模式,适用于局域网,有可靠的安全性。

(3) 由于客户端实现与服务器的直接相连,没有中间环节,因此响应速度快。

(4) 在 C/S 模式中,作为客户机的计算机都要安装客户机程序,一旦软件系统升级,每台客户机都要重新安装客户机程序,系统升级和维护较为复杂。

2) B/S 模式

B/S 模式,即浏览器/服务器模式,是一种从传统的两层 C/S 模式发展起来的新的网络结构模式,其本质是三层结构 C/S 模式。在用户的计算机上安装浏览器软件,服务器上存放数据并且安装服务应用程序,服务器有 WWW 服务器和文件服务器等。用户通过浏览器访问服务器,使用信息浏览、文件传输和电子邮件等服务,如图 4.2 所示。

浏览器　　　　　　　　服务器　　　　数据库

图 4.2　B/S 模式

B/S 模式有以下特点:

(1) 系统开发、维护和升级方便

每当服务应用程序升级时,只要在服务器上升级服务应用程序即可,用户计算机上的浏览器软件不需要修改,系统开发和升级维护方便。

(2) B/S 模式具有很强的开放性

在 B/S 模式下,用户通过通用的浏览器进行访问,系统开放性好。

(3) B/S 模式的结构易于扩展

由于 Web 的平台无关性,B/S 模式的结构可以任意扩展,可以从包含一台服务器和几个用户的小型系统扩展成为拥有成千上万用户的大型系统。

(4) 用户使用方便

B/S 模式的应用软件都是基于 Web 浏览器的,而 Web 浏览器的界面是类似的。对于无用户交互功能的页面,用户接触的界面都是一致的,使用方便。

3) 对等模式

对等模式产生于 20 世纪 70 年代,在对等网络中,每台计算机既是服务器又是工作站,如图 4.3 所示。每个节点的地位都是相同的,具备客户机和服务器双重特性,可以同时作为服务使用者和服务提供者。

对等模式有着广阔的应用领域,目前主要的应用有文件交换、分布式处理、协同工作、分布式搜索等。

服务器/　　　服务器/　　　服务器/　　　服务器/
客户机　　　客户机　　　客户机　　　客户机

图 4.3　对等模式

4.2 数据通信基础知识

4.2.1 数据通信基本概念

1) 通信系统模型

一个通信系统通常由信源、发送器、信道、接收器、信宿五部分组成,如图 4.4 所示。

图 4.4 通信系统模型

信源是数据的生成者,信宿是数据的接收者,最常用的信源和信宿是网络中的计算机,也可以是网络中的专用数据输出设备,如打印机等。发送器和接收器是可以完成发送和接收网络中的信息并进行信息格式转换等功能的设备,如网卡等。信道指传输的通道,如双绞线等。

数据由信源产生,通过发送器发出,在通信信道上进行传输,由接收器完成接收,最终到达信宿。

在通信中,数据以二进制的形式表示,数据通信的任务是传输二进制的序列。信号是在传输过程中数据的电信号表示形式。信号分为模拟信号和数字信号,如图 4.5 所示。模拟信号是幅度连续变化的电信号。用两种不同的电平表示二进制的序列的电信号是数字信号,数字信号是离散的信号。与模拟信号相比,数字信号具有精确和抗干扰等特点。

(a) 模拟信号　　　　　　　　　　(b) 数字信号

图 4.5 模拟信号和数字信号

2) 基带传输和频带传输

在数字通信信道上直接传输数字数据信号的传输方式称为"基带传输"。基带传输具有速度快和误码率低等优点。

在模拟通信信道上传输数据信号的传输方式称为"频带传输"。在频带传输中,经常采用调制解调器对信号进行调制和解调,例如家庭中利用电话线上网。因为电话线属于模拟信道,计算机产生的数字信号必须通过调制解调器调制成模拟信号才能在电话线上有效传输,而在接收方必须使用调制解调器进行解调,把模拟信号还原成数字信号送入接收方的计算机。

频带传输的调制方式有幅移键控、频移键控和相移键控三种。

3) 数据通信的技术指标

(1) 数据传输速率

数据传输速率指通信过程中单位时间内传输数据的多少,通常用每秒钟传输的二进制信息位数表示。

（2）带宽

计算机网络的带宽是指网络可通过的最高数据传输速率，通常用每秒钟传输数据的最大字节数表示。

（3）误码率

误码率指数据在传输过程中出错的数据传输位数占总数据传输位数的比例，在计算机网络通信系统中，一般要求误码率低于 10^{-6}。

4.2.2 通信介质

常用的通信介质分为有线介质和无线介质。有线介质包括双绞线、同轴电缆和光纤，无线介质包括无线电波、微波、红外线和可见光等。

1）有线介质

（1）双绞线

双绞线是由六根绝缘导线两两一组按螺旋结构有规则扭合而成的传输线，如图 4.6 所示。双绞线既可以用来传输模拟信号，也可以传输数字信号。双绞线分为屏蔽双绞线（STP）和非屏蔽双绞线（UTP）。屏蔽双绞线在整个绝缘导线外部又增加了金属屏蔽层，因此抗干扰性好。使用双绞线布线容易，接口设计简单，安装方便，在局域网中得到了广泛应用。

图 4.6 双绞线

（2）同轴电缆

同轴电缆有两根导体，分别称为"内导体"和"外导体"，内导体位于同轴电缆的中央，在内导体的外部包裹着一个绝缘层，在绝缘层外部包裹着外导体，在外导体的外部包裹着塑料保护层。内导体由铜芯线构成，外导体由金属丝网构成，如图 4.7 所示。常用的同轴电缆有阻抗为 50 Ω 的基带同轴电缆和阻抗为 75 Ω 的宽带同轴电缆。一般而言，对于较高频率的传输，同轴电缆的抗干扰性比双绞线好。同轴电缆的价格高于双绞线。

图 4.7 同轴电缆

（3）光缆

光缆由光纤、包层和外部保护层组成，如图 4.8 所示。光纤是一种细小、柔软并且能够传输光线的介质，光纤通过内部的全反射来传输光信号。一般以光脉冲的出现和消失代表二进制的

"1"和"0"。光纤分为单模光纤和多模光纤。与多模光纤相比，单模光纤传输距离远，性能好，但成本高。

　　与双绞线和同轴电缆相比，光缆具有传输速率高、传输容量大、传输距离远、抗干扰性好和保密性强等特点。

外部保护层　　　　　　　包层　　　　光纤

图 4.8　光缆

2）无线介质

　　可用于无线通信的介质有无线电波、微波、红外线和可见光等。无线通信中常常使用微波通信。微波是直线传输的，分为地面微波通信方式和微波卫星通信方式。地面微波通信方式中，由于地球是一个曲面，传输距离受到限制，对于远距离通信，在两个通信站点之间需要中继站进行信号转发，信号从一个站点传输到远距离的另一个站点，有时需要多个中继站进行信号的接力转发。微波卫星通信方式中，利用高空中的人造地球卫星作为中继站，由于卫星发射的电磁波覆盖地球上的区域极大，所以把三颗卫星等距离放置在地球赤道上空的同步轨道上，就可以实现全球无线通信。

4.2.3　数据通信基本技术

1）数据交换技术

　　网络通信中，计算机终端之间的信息交换采用相应的交换技术来实现。常用的交换技术有电路交换、报文交换和分组交换。

　　（1）电路交换

　　电路交换是在一对需要通信的站点之间建立一条临时的专用传输通道。此通道由多个交换节点和多条路径组成。公用交换电话网（Public Switched Telephone Network，PSTN）就是以电路交换技术为基础的用于传输模拟话音的网络。全世界的电话数目早已达几亿部，并且还在不断增长。利用电路交换进行通信包括建立电路、传输数据和拆除电路三个阶段。

　　①建立电路

　　在数据传输之前，由源站点发出呼叫信号，要求建立连接，呼叫信号经过确定的路径到达目的站点，目的站点收到呼叫信号后发出应答信号，在两个站点之间即建立了一条临时的专用传输通道。临时的专用传输通道建立以后，该通道以及该通道上的交换节点和信道资源只能供这两个站点使用。

　　②传输数据

　　在两个站点之间的电路建立以后进行数据传输，即把数据从源站点传输到目的站点。

　　③拆除电路

　　在源站点和目的站点之间的数据传输完毕以后拆除这条临时的专用传输通道，释放该通道占用的交换节点和信道资源。

（2）报文交换

报文交换属于"存储/转发"交换方式，当信息从源站点发出后，如果信道空闲，就进行传输；如果信道忙，就在相应的交换节点等待，直到信道空闲后再继续传输。在传输数据之前不需要建立电路，数据传输完毕后也不需要拆除电路。

（3）分组交换

分组交换仍然采用"存储/转发"交换方式，但不像报文交换中以报文为单位进行交换、传输，而是把报文分为多个较短的、标准的"报文分组"，以"报文分组"为单位进行交换、传输。在分组交换中，一个报文的多个报文分组可以同时进行交换、传输，因此提高了传输效率。

目前大部分广域网都采用存储/转发方式进行数据交换，即广域网是基于报文交换或分组交换技术的（传统的公用交换电话网除外）。广域网中的交换机先将发送给它的数据包完整接收下来，然后经过路径选择找出一条输出线路，最后交换机将接收到的数据包发送到该线路上去，以此类推，直到将数据包发送到目的节点。

2）多路复用技术

为了高效利用传输介质，常常采用多路复用技术，使得多种信号可以在同一个传输介质上同时进行传输。常用的多路复用技术有频分多路复用、时分多路复用和码分多路复用。

（1）频分多路复用 FDM（Frequency Division Multiplexing）

频分多路复用是把传输频带分成多个较窄的频带，每个窄频带构成一个子通道，每个子通道可以独立传输数据。为了防止相邻子通道信号之间的干扰，在相邻子通道之间一般保留一定的间隙，如图 4.9 所示。

图 4.9　频分多路复用

（2）时分多路复用 TDM（Time Division Multiplexing）

时分多路复用是把传输时间分为多个时间片，多个信源按时间片轮流使用物理通道，如图 4.10 所示。时分多路复用分为同步时分多路复用和异步时分多路复用。在同步时分多路复用中，分配给每个信源的时间片是固定的，如果该信源在分配的时间片内没有数据发送，其他的信源也不能使用这个时间片发送数据，因此造成资源的浪费。在异步时分多路复用中，允许动态分配时间片，假设信源在分配的时间片内没有数据发送，其他的信源可以占用该时间片发送数据，因此资源利用充分。

（3）码分多路复用 CDM（Coding Division Multiplexing）

码分多路复用又称码分多址（Coding Division Multiple Access，CDMA），它既共享信道的频率，又共享时间，是一种真正的动态复用技术。CDMA 是采用数字技术的分支——扩频通信技术发展起来的一种崭新而成熟的无线通信技术，它是在 FDM 和 TDM 的基础上发展起来的。

图 4.10 时分多路复用

FDM 的特点是不独占信道,而时间资源共享,每一子信道使用的频带互不重叠。TDM 的特点是独占时隙,而信道资源共享,每一个子信道使用的时隙不重叠。CDMA 的特点是所有子信道在同一时间可以使用整个信道进行数据传输,它在信道与时间资源上均为共享。因此,信道的效率高,系统的容量大。

CDMA 的技术基于扩频技术,即将需传送的具有一定信号带宽的信息数据用一个带宽远大于信号带宽的高速伪随机码(Pseudo-random Number,PN)进行调制,使原数据信号的带宽被扩展,再经载波调制并发送出去;接收端使用完全相同的伪随机码,对接收的带宽信号作相关处理,把宽带信号换成原信息数据的窄带信号,即解扩,以实现信息通信。CDMA 的复用原理是基于码型分割信道的,每个用户分配有一个地址码,这些码型互不重叠,其特点是频率和时间资源均为共享。在 CDMA 系统中,每个用户可在同一时间使用同样的频带进行通信,用各自的地址码序列接收信号。当两个或多个站点同时发送信号时,各路数据在信道中被线性相加。为了从信道中分离出各路信号,要求各个站点的码片序列是相互正交的。

CDMA 也是一种共享信道的方法,通信各方之间不会相互干扰,且抗干扰能力强,完全适合现代移动通信网所要求的大容量、高质量、综合业务、软切换等,主要用于无线通信系统,特别是移动通信系统,它不仅可以提高通信的话音质量和数据传输的可靠性以及减少干扰对通信的影响,而且增大了通信系统的容量。笔记本电脑或个人数字助理(Personal Data Assistant,PDA)以及掌上电脑(Handed Personal Computer,HPC)等移动性计算机的联网通信就是使用了这种技术。

4.3 局域网

局域网自从 20 世纪 70 年代诞生以来,已得到了迅速发展。局域网是在小的地理范围内将大量计算机以及各种设备互连在一起,实现数据传输和资源共享的计算机网络。

局域网采用的标准有许多,比如曾经流行的令牌环网(Token Ring)、光纤分布式数据接口(Fiber Distributed Data Interface,FDDI)等。现在大多局域网都是用以太网技术来配置的,并且在需要无线访问的应用程序中使用兼容的 Wi-Fi 标准,这些标准在家用和商用领域都非常流行。

4.3.1 局域网的主要特征

局域网的主要特征如下:

（1）传输速率高

由于局域网地理范围有限，因此局域网中计算机之间的信息传输快，数据传输速率高，可达到 10 Mbps～1 Gbps。

（2）误差率低

局域网中计算机之间距离有限，通常在一个办公室、一栋楼房或一个单位内部，因此数据在传输过程中不易出错，数据传输误差率低。

（3）网络拓扑结构简单

网络中设备的排列称为网络拓扑结构。局域网的拓扑结构采用总线型、星型、环型、树型等，拓扑结构较为简单，所以数据传输不容易出错。网络拓扑结构如图 4.11 所示，节点间的路径可由有线物理电缆或无线信号相连接。

总线型拓扑结构将所有的入网计算机均接入到一条公用的通信线路上，为防止信号反射，一般在总线两端连有称为"终端连接器"的特定设备。总线型结构的优点是信道利用率较高，结构简单，价格相对便宜。其缺点是同一时刻只能有两个网络节点相互通信，网络延伸距离有限，网络容纳节点数有限。

星型拓扑结构是由一个中心连接点连接所有的工作站和外围设备，许多家庭网络就是以星型拓扑结构排列的。星型拓扑结构需要专用的网络设备作为网络的中心节点，对中心节点设备的可靠性要求高。其优点是结构简单，建网容易，控制相对简单，容易扩展。其缺点是集中控制，中心节点负载过重，可靠性低，需要较多的网线，通信线路利用率低。

图 4.11　网络拓扑结构

环型拓扑结构是将所有的设备用通信线路连接成一个闭合的环，每个节点只有两个相邻节点。在环型结构的网络中，信息按固定方向流动，或顺时针方向，或逆时针方向。该拓扑结构能将电缆数量最小化，但是一个节点出现故障可能会影响整个网络。IBM 曾经支持过环型结构，但现在很少有网络使用它了。

树型拓扑结构是总线型结构的扩展，它是在总线网上加上分支形成的，其传输介质可有多条分支，但不形成闭合回路，它也可以看成是星型结构的叠加。树型拓扑结构具有层次结构，最底层是终端，其他各层可以是路由器、集线器或计算机。树型结构具有良好的可扩展性，非常适合构建网络主干。许多校园网和企业网都是基于树型结构的，因特网也是大多采用树型结构。树型拓扑结构对根节点的要求较高，一旦根节点出现问题，则整个网络不能正常运行。

（4）局域网通常归属于一个单一组织的管理

（5）覆盖的地理区域较小，仅工作在有限的地理区域内

（6）便于管理、安装和维护

正是由于以上这些特点，当前，局域网正被广泛应用。

4.3.2 局域网的组成

组成一个局域网需要局域网硬件系统和局域网软件系统。

1）局域网硬件系统

局域网硬件有服务器、工作站、网络接口卡、电缆系统、集线器、交换机或路由器等数据通信和转发设备、共享的资源与外围设备如打印机等。

（1）服务器

服务器是一台具有丰富的资源和强大的计算及处理能力的计算机，可以接受工作站的请求并且进行处理，然后把处理结果返回给发出请求的工作站。

（2）工作站

一般用户用来上网的计算机称为"客户机"或"工作站"，工作站用于向服务器发出请求，可以是高性能计算机，也可以为低性能计算机。

（3）网络接口卡

网络接口卡简称"网卡"，是主机与通信传输介质的接口。在局域网的计算机主机中，无论是服务器还是工作站都装有网卡，网络的电缆连在网卡的后部。网卡在生产时会被指定一串唯一的数字来标识，这串数字被称为网卡的 MAC 地址，MAC 是"Media Access Control（介质存取控制）"的简称。MAC 地址也叫物理地址、硬件地址或链路地址，由网络设备制造商在生产时写在硬件内部。MAC 地址与网络无关，无论将带有这个地址的硬件（如网卡、集线器、路由器等）接入到网络的何处，它都有相同的 MAC 地址，MAC 地址一般不可改变，不能由用户自己设定。

MAC 地址的长度为 48 位（6 个字节），通常表示为 12 个十六进制数，每 2 个十六进制数之间用冒号隔开，如 00:FF:0D:5C:65:6A 就是一个 MAC 地址，其中前 6 位十六进制数 00:FF:0D 代表网络硬件制造商的编号，它由 IEEE（Institute of Electrical and Electronics Engineers，电气与电子工程师协会）分配，而后 6 位十六进制数 5C:65:6A 代表该制造商所制造的某个网络产品（如网卡）的系列号。每个网络制造商必须确保它所制造的每个以太网设备都具有相同的前 3 个字节以及不同的后 3 个字节，这样就可保证世界上每个以太网设备都具有唯一的 MAC 地址。

（4）通信介质

通信介质有双绞线、同轴电缆和光纤等有线介质以及无线电波、微波、红外线和可见光等无线介质。

（5）中继器

中继器可以实现信号再生放大，在组建局域网的过程中，当其中的一个网段超出规定的最

大距离时,可以使用中继器把一个网段的信号传输到另外一个网段,从而延长网络距离。

(6)集线器

集线器是一种特殊的中继器,它提供多个端口,可转接多个网络电缆,把多个网络段连接起来。

(7)交换机

交换机可以根据网络信息构造自己的转发表,作出数据包转发决策。交换机的性能远高于集线器,因此使用交换机可以提高网络的性能。

(8)路由器

路由器能识别数据的目的节点地址所在的网络,并能从多条路径中选择最佳的路径发送数据。路由器还能将通信数据包从一种格式转换成另一种格式,所以路由器既可以连接相同类型的网络,也可以连接不同类型的网络。

2)局域网软件系统

局域网软件包括网络操作系统和网络应用软件。服务器上安装的操作系统应该具备网络管理功能,如 Novell 公司的 Netware,Microsoft 公司的 Windows 2000、Windows Server 2003、Windows Server 2008,以及 Unix、Linux 等操作系统。

4.3.3　常见的局域网

常见的局域网有以太网、FDDI 网、无线局域网等。

1)以太网

1975 年,美国施乐(Xerox)公司开发了实验性以太网(Ethernet)。1980 年,Xerox 公司、DEC 公司和 Intel 公司一起联合发布了第一个局域网规范即以太网规范。以太网是应用最为广泛的局域网,包括标准的以太网(10 Mb/s)、快速以太网(100 Mb/s)和高速以太网(100 Mb/s、10 Gb/s、100 Gb/s),采用的是 CSMA/CD 访问控制法,它们都符合 IEEE 802.3 标准。家庭、学校和企业中的大多数有线网络使用的是以太网技术。

以太网的核心思想是利用共享的传输媒介,如图 4.12 所示。早期的以太网多使用总线型拓扑结构,采用同轴电缆作为传输介质,连接简单,通常在小规模的网络中不需要专用的网络设备。但由于它存在不易隔离故障点、管理成本高等缺陷,已经逐渐被以集线器和交换机为核心的星型网络所代替。以太网中的节点可以看到在网络中发送的所有信息,因此以太网是一种广播网络。

图 4.12　以太网

以太网采用带冲突检测的载波侦听多路访问(Carrier Sense Multiple Access with Collision Detection,CSMA/CD)机制工作。CSMA/CD 规定了多台计算机共享一个通道的方法。当以太网中的一台主机要传输数据时,首先侦听信道是否空闲,若空闲,则立即发送数据;若信道忙碌,则等待信道中的信息传输结束后再发送数据。若在上一段信息发送结束后,同时有两个或两个以上的节点都提出发送请求,则判定为冲突。若侦听到冲突,则立即停止发送数据,等待一段随机时间后再重新尝试。

标准以太网的传输速率为 10 Mb/s,有传输介质采用细同轴电缆的 10Base-2 以太网、传输介质采用粗同轴电缆的 10Base-5 以太网和传输介质采用双绞线的 10Base-T 以太网。粗同轴电缆的性能优于细同轴电缆,10Base-5 以太网覆盖范围远大于 10Base-2 以太网。10Base-T 以太网采用星型拓扑结构,节点通过双绞线连接到集线器上。

传统集线器的所有工作站端口共享集线器的带宽,传统集线器又称为"共享式集线器"。采用共享式集线器构成的以太网称为"共享式以太网",如图 4.13 所示。

集线器

图 4.13 共享式以太网

随着网络的发展,传统标准的以太网技术已难以满足日益增长的网络数据流量速度需求。在 1993 年 10 月以前,对于要求 10 Mbps 以上数据流量的局域网应用,只有光纤分布式数据接口(FDDI)可供选择,但它是一种价格非常昂贵的、基于 100 Mpbs 光缆的局域网。1993 年 10 月,Grand Junction 公司推出了世界上第一台快速以太网集线器 Fastch10/100 和网络接口卡 FastNIC100,快速以太网技术正式得以应用。

20 世纪 90 年代出现了交换机。交换机的多对工作站端口之间可以同时进行数据传输,交换机的每个工作站端口可以独享交换机的带宽,因此交换机又称为"交换式集线器"。采用交换机构成的以太网称为"交换式以太网",它比共享式以太网有更高的数据传输能力,如图 4.14 所示。1995 年 3 月 IEEE 宣布了 100 Mb/s 快速以太网标准 IEEE 802.3u(100BASE-T),就这样开始了快速以太网的时代。快速以太网的传输介质采用双绞线或光纤,采用星型拓扑结构,已经成为局域网的主流。

100 Mbps 快速以太网标准分为 100BASE-TX、100BASE-FX、100BASE-T4 三个子类。100BASE-TX 使用两对双绞线(无屏蔽双绞线或屏蔽双绞线),一对用于发送,一对用于接收数据,它的最大网段长度为 100 m。100BASE-FX 使用光缆(单模或多模光纤),它的最大网段长

图 4.14　交换式以太网

度为 150 m、412 m、2 000 m 或更长至 10 km。100BASE-FX 特别适合于有电气干扰的环境、较大距离连接或高保密环境等情况下使用。100BASE-T4 使用 4 对双绞线(无屏蔽双绞线或屏蔽双绞线),其中的 3 对用于在 33 MHz 的频率上传输数据,第 4 对用于 CSMA/CD 冲突检测,最大网段长度为 100 m。

　　由于语音、图像和视频等多媒体数据传输的需要,对网络带宽提出了更高的要求,以太网在快速以太网基础上得到了新的发展,产生了高速以太网技术。高速以太网的传输速率从 1 000 Mb/s(千兆以太网)发展到 10 Gb/s(万兆以太网),再发展到 100 Gb/s,主要用于主干网。

　　2) FDDI 网

　　FDDI(Fiber Distributed Data Interface,光纤分布式数据接口)的产品在 1988 年问世,主要用于校园环境的主干网。FDDI 网是使用光纤作为传输介质的令牌环网,基本结构为两个封闭的逆向双环。FDDI 网是由一组用光纤串联而成的多个工作站组成,每个站都通过转发器连接到环上,如图 4.15 所示。FDDI 网采用双环结构,当主环上的设备失效或光缆发生故障时,自动

图 4.15　FDDI

从主环向备用环切换,保证 FDDI 网正常工作,可靠性高。但是 FDDI 的芯片过于复杂,所以价格昂贵。自从快速以太网大量进入市场后,FDDI 网就逐渐被淘汰了。

3）无线局域网

无线局域网(Wireless LAN,WLAN)是有线网络的扩展。有线网络布线困难,线路容易损坏,布线费用高,节点不容易移动,而无线局域网采用无线电波、微波、红外线作为传输介质,可以避免有线网络的这些缺点。无线局域网不仅移动方便,而且能够覆盖有线网络难以涉及的范围。

与有线网络相比,无线局域网具有以下优点:

（1）安装方便

通常在网络建设当中,网络布线的施工周期最长,对周边环境影响最大,在施工过程中,往往需要破墙掘地、穿线架管。而无线局域网最大的优势就是免去或减少了这部分繁杂的网络布线的工作量,一般只要安放一个或多个接入点设备就可建立覆盖整个建筑或地区的局域网络。

（2）使用灵活

在有线网络中,网络设备的安放位置受网络信息点位置的限制。而在无线局域网中,信号覆盖区域内任何一个位置都可以接入网络。

（3）易于扩展

无线局域网有多种配置方式,能够根据实际需要灵活选择。WLAN 既可以用于只有几个用户的小型局域网,也可以用于有上千用户的大型网络,并且能够提供像漫游等有线网络无法提供的服务。

（4）费用低

由于有线网络缺少灵活性,在网络建设过程中,网络的规划者要尽可能地考虑未来发展的需要,通常预设大量利用率较低的信息点。如果网络的发展超出了设计规划时的预期,又要花费较多费用进行网络改造。而无线局域网灵活性好,避免了这些问题,因此费用低。

由于无线局域网具有多方面的优点,所以其发展十分迅速。据权威调研机构统计,全球无线局域网市场每年平均增长率高达 25%。目前,流行的无线局域网技术有蓝牙、Wi-Fi 等,它们的定位各不相同。Wi-Fi 在带宽上有着极为明显的优势,可达到 11～108 Mbps,而且有效传输范围很大,其缺陷就是成本略高以及功耗较大。相对而言,蓝牙技术在带宽方面逊色不少,但是低成本以及低功耗的特点还是让它找到了足够的生存空间。

蓝牙(Bluetooth)是一种支持设备短距离通信(一般 10 m 内)的无线电技术,蓝牙图标如图4.16 所示。蓝牙网络会在两个或多个蓝牙设备互相进入网络覆盖范围后自动形成,蓝牙网络有时也叫做"微型网(piconet)"。在两个蓝牙设备交换数据前,蓝牙设备所有者需要交换密钥或个人身份识别号(Personal Identification Number,PIN)。交换密钥后,两个蓝牙设备就会形成一个可信赖配对,两个蓝牙设备之间就可以进行通信了。

图 4.16 蓝牙图标

图 4.17 Wi-Fi 图标

蓝牙工作在全球通用的 2.4 GHz 公用频率波段下,使用 IEEE 802.15 协议。2.4 GHz 波段是一种无需申请许可证的工业、科技、医学(ISM)无线电波段,正因为如此,使用蓝牙不需要支付任何费用。蓝牙 1.0 版的最大传输速率为 1 Mb/s,蓝牙 2.1 版的最大传输速率为 3 Mb/s,蓝牙 3.0 版的最大传输速率为 24 Mb/s。

由于蓝牙采用无线接口来代替有线电缆连接,具有很强的移植性,并且适用于多种场合,加上该技术功耗低、对人体危害小,而且应用简单、容易实现,所以易于推广。目前,蓝牙通常不是用来连接一系列工作站组建局域网的,而是用来使鼠标、键盘或打印机摆脱连接线的束缚。蓝牙也能用来连接个人区域网内的设备,比如使用蓝牙耳机可以让驾驶员轻松地接听移动电话。

Wi-Fi 英文全称为"Wireless Fidelity(无线保真)",是一组在 IEEE 802.11 标准中定义的无线网络技术,Wi-Fi 图标如图 4.17 所示。Wi-Fi 能够将个人电脑、PAD、手机等终端以无线方式互相连接。Wi-Fi 设备可以像无线电波一样传输数据。Wi-Fi 是一个无线网络通信技术的品牌,由 Wi-Fi 联盟(Wi-Fi Alliance)所持有,目的是改善基于 IEEE 802.11 标准的无线网络产品之间的互通性。

Wi-Fi 信号是由有线网提供的,比如家庭 ADSL、小区宽带等。常见的就是使用无线路由器把有线信号转换成 Wi-Fi 信号,在这个无线路由器的电波覆盖的有效范围内都可以采用 Wi-Fi 连接方式进行联网。如果无线路由器连接了一条 ADSL 线路或者别的上网线路,则又被称为"热点"。大多数智能手机与平板电脑都支持 Wi-Fi 上网,Wi-Fi 是当今使用最广的一种无线网络传输技术。

Wi-Fi 包括很多标准,如表 4.1 所示。1997 年 IEEE 为无线局域网制定了第一个无线局域网标准 IEEE 802.11,工作的频率为 2.4 GHz,数据传输速率为 2 Mb/s。相对于当时的有线局域网和实际的应用需求来说,第一代无线局域网的数据传输速率过低,远不能满足需求。

表 4.1　Wi-Fi 标准

Wi-Fi 标准	发布年份	频率	最大速度
IEEE 802.11a	1999	5 GHz	54 Mb/s
IEEE 802.11b	1999	2.4 GHz	11 Mb/s
IEEE 802.11 g	2003	2.4 GHz	54 Mb/s
IEEE 802.11n	2009	2.4/5 GHz	300 Mb/s

于是,在 802.11 的基础上,IEEE 又于 1999 年颁布了两个补充版本:IEEE 802.11b 和 IEEE 802.11a。IEEE 802.11a 标准采用了与 802.11 相同的核心协议,工作频率为 5 GHz,最大数据传输速率为 54 Mb/s。IEEE 802.11b 标准沿用了 802.11 的 2.4 GHz 频段,传输速率为 11 Mb/s,无线传输距离在 100 m 左右(室外无遮挡),可以基本满足局域网要求。因为受到产品中 5 GHz 的高频组件研制进度的影响,802.11a 产品的上市时间比 802.11b 晚了近一年。

2003 年 IEEE 又推出了更高速率的 IEEE 802.11g 无线局域网标准。802.11g 兼容了 802.11b 的远距离信号覆盖和 802.11a 的高传输速率。但是,无论哪种协议,与有线局域网相比还是有着明显的差距,因此在 802.11 g 标准推出之后,IEEE 又着手新一代无线标准 IEEE 802.11n 的制定工作。

为了实现更高带宽和高质量的 WLAN 服务,使无线局域网真正达到高速以太网的性能,2004 年 IEEE 专门成立了制定 IEEE 802.11n 标准的任务组,但利益和技术上的因素使得主要的无线方案提供商分裂为了几个集团。这导致标准制定缓慢,直到 2009 年这一标准才正式确立下来。IEEE 802.11n 的传输速率提升到了 300 Mb/s,其信号覆盖范围也进一步扩大,极大地提高了 802.11n 网络的移动性。并且在兼容性方面,802.11n 采用了一种软件无线电技术,它是一个完全可编程的硬件平台,使得不同系统的基站和终端都可以通过这一平台的不同软件实现互通和兼容。这使得 WLAN 的兼容性得到极大改善,不但能实现 802.11n 向下兼容,而且可以实现 WLAN 与无线广域网络的结合,这在无形之中也提升了 802.11n 兼容并蓄的能力,使得其更具扩充性。

蓝牙与 Wi-Fi 使用相同的频率范围,但是两者的目的是不同的。Wi-Fi 是一个更加快速的无线局域网协议,覆盖范围更大,但是 Wi-Fi 需要更加昂贵的硬件。Wi-Fi 比较适于办公室中的企业无线网络,而蓝牙技术则可以应用于任何可以用无线方式替代线缆的场合。目前这些技术还处于并存状态,从某种程度而言,各种无线技术标准是相互弥补的,它们共同撑起整个无线技术大局。而从长远看,它们将走向融合。除此以外,红外线技术也并没有彻底消失,甚至射频技术也活跃在市场上。

从最早的红外线技术到被寄予厚望的蓝牙技术,乃至今日最热门的 IEEE 802.11(Wi-Fi),无线网络技术正一步步走向成熟。然而,无线信号容易受到如微波炉、无绳电话之类设备的干扰。当干扰影响到无线信号时,数据就要重新传输,这就要花费额外的时间,所以无线网络比有线局域网络慢。不过要说明的是,尽管易受到干扰,无线网络对于大多数应用来说已经足够快了。无线信号的覆盖范围会受到很多因素的限制,如信号类型、发射机功率强度以及物理环境等。无线信号会随着网络设备之间距离的增加而减弱,信号的覆盖范围会受到厚墙、地板或天花板等的限制。无线信号可在空气中传播并能穿透墙壁,那么,在用户房屋之外就可以盗用因特网连接。并且无线网络使用的是公用频率,有限的公用频率是非常拥挤的,相邻的家庭网络间不得不使用相同的频率,因此存在着一定的安全风险。所以,与有线局域网相比,无线局域网的主要缺点体现在速度、覆盖范围、授权以及安全等方面。

4.4 Internet 基础

4.4.1 Internet 的产生和发展

Internet 的中文名称是"因特网"或"国际互联网",是目前最大的全球性计算机网络,在世界上得到了最广泛的使用。Internet 起源于美国国防部高级研究计划局研制的 ARPANet。在 1969 年 ARPANet 投入使用时,只有美国的四所大学连接在它上面,它采用 TCP/IP 协议。ARPANet 发展迅速,到了 1983 年,它已经连接了三百多台计算机。1986 年,美国国家科学基金会(NSF)利用 TCP/IP 协议建立了国家科学基金网,覆盖了全美国主要的大学和研究所。1988 年 NSFNet 取代 ARPANet 成为 Internet 的主干网。由于世界上大量的公司要求接入 Internet,Internet 的容量已经满足不了社会的需求,需要对 Internet 进行扩容。因此,1991 年美国政府决定把 Internet 交给私营公司经营,并且对使用 Internet 的用户收费,Internet 得到快速发展。

中国的部分计算机在 1994 年正式接入 Internet,中国科学院高能物理研究所的计算机于 1994 年 5 月正式接入 Internet,中国教育与科研网(CERNet)于 1994 年 5 月正式接入 Internet,中国互联网(ChinaNet)于 1996 年 6 月正式接入 Internet。Internet 在中国发展极为迅速,接入 Internet 的计算机数量和网民数量每年都在大幅增加。目前,中国每天增加 20 多万新网民,到 2012 年 12 月底,网民总数量达到 5.64 亿,已经超过美国,排列世界第一。

4.4.2 Internet 的体系结构

Internet 采用层次式体系结构,也称为"TCP/IP 协议簇"。TCP/IP 协议是多种协议的集合,包含了 100 多个协议,TCP 和 IP 是其中的最基本,最重要的两个协议。Internet 体系结构由低到高分为四层,分别是网络接口层、互联网络层、传输层和应用层,如图 4.18 所示。

| 应用层 |
| 传输层 |
| 互联网络层 |
| 网络接口层 |

图 4.18 Internet 的体系结构

1) 网络接口层

网络接口层指出主机必须使用某种协议与网络连接,以便进行 IP 分组的传输,但没有具体协议。

2) 互联网络层

互联网络层的主要功能是实现各种子网的互联、规定数据分组的格式和传输路径。IP 协议是互联网络层主要的协议,它定义的数据报包括报头以及数据,其中报头信息包括源地址、目的地址、IP 协议的版本号、头部长度、数据报长度和服务类型等。采用路由器可以为 IP 数据报选择合适的传输路径。

3) 传输层

传输层定义了两个端到端的协议 TCP 和 UDP。TCP 是一个面向连接的协议,允许从一台机器发出的字节流无差错地发往互联网上的其他机器。TCP 采用连接的方法,使得数据传输和通信更加可靠。UDP 是一个不可靠的无连接协议,主要应用于对数据传输可靠性要求不高的场合,如语音传输等。

4) 应用层

应用层位于最高层,包含多种应用服务协议,能够为用户提供多种服务,如简单邮件传输协议(SMTP)、文件传输协议(FTP)和远程登录协议(Telnet)等。

TCP/IP 协议有下列特点:

(1) 开放的协议标准,可以免费使用。

(2) 与特定的计算机硬件无关,独立于特定的网络硬件,可以运行在局域网、广域网,更适用于互联网,使得异构网络互联在一起。

(3) 统一的网络地址分配方案,使得整个 TCP/IP 设备在全球性的网络中都具有唯一的地址。

(4) 提供了两个端到端的协议 TCP 和 UDP,既可以实现面向连接的端到端的可靠传输,也可以实现无连接的端到端的快速传输,满足了不同的端到端传输服务需求。

(5) 标准化的高层协议,可以提供可靠的用户服务。

4.4.3 Internet 的地址和域名

1) IP 地址

Internet 使用 TCP/IP 协议实现了全球范围内的计算机网络的互联,连接在 Internet 上的每一台主机都有一个 IP 地址。IP 地址(Internet Protocol Address)是一种在 Internet 上给主机编址的方式,也称为"网际协议地址"。IP 地址是识别网络设备的一串数字,可以被指定给网络计算机、服务器和外设。目前 IP 地址使用的是 IPv4 标准,为 32 位。近些年来由于互联网的蓬勃发展,IP 地址的需求量越来越大,全球公用 IPv4 地址在 2011 年初已经全部分配完毕。下一代互联网将会采用 IPv6 标准,其 IP 地址长度为 128 位。

(1) IP 地址的组成

IP 协议的地址通常划分成两部分,第一部分指定网络的地址,第二部分指定主机的地址。网络地址的位数直接决定了可以分配的网络数,主机地址的位数则决定了网络中最大的主机数。IP 地址表示为 1 个 32 位的无符号数,按字节分为 4 段,每个字节用十进制表示,并且各字节之间用"."隔开,这就是 IP 地址的"点分十进制"表示法。在这种格式下,每个字节以十进制记录,从 0 到 255。例如,十六进制地址 C0290614 被记为 192.41.6.20。每个因特网上的主机和路由器都有一个 IP 地址(路由器可有多个 IP 地址),它包括网络号和主机号。网络号由网络信息中心(Network Information Center,NIC)分配,以避免冲突。

IP 地址的格式如下:

$$IP\ 地址 = 网络地址 + 主机地址$$

(2) IP 地址的类型

由于整个互联网所包含的网络规模可能比较大,也可能比较小,所以将 IP 地址空间划分成不同的类别,每一类具有不同的网络号位数和主机号位数。IP 地址分为 A、B、C、D、E 五类,其中 A、B、C 是基本类,分别适用于大型网络、中型网络、小型网络;D、E 类作为多播和保留使用,如图 4.19 所示。常用的是 B 和 C 两类。

图 4.19 网络地址的类型

①A 类网络地址

A 类网络地址的最高位为 0,分别为网络地址字段和主机地址字段分配了 8 个和 24 个二进制位。A 类网络地址中共有 128(2^7)个网络,但实际可用的只有 126 个,因为 0 和 127 要用作保留地址。如 127.0.0.1 可以代表本机 IP 地址,用"http://127.0.0.1"就可以测试本机中配置的 Web 服务器。所以,A 类网络第一字节允许的取值为 1~126。

Internet 中有一些特殊的 IP 地址。主机号全为 0 的 IP 地址是当前网络的网络地址,例如 30.0.0.0 代表网络号为 30 的一个 A 类网络。主机号全为 1 的 IP 地址是广播地址,代表该网络上的所有主机,当利用广播地址发送 IP 分组时,分组会被发送给该网络上的所有主机。例如,30.255.255.255 代表网络号为 30 的网络中的所有主机。所以,每个 A 类网络支持的最大主机数为 1 600 多万($16\ 777\ 214$,即 $2^{24}-2$)台。A 类网络地址的范围是 1.0.0.0 到 126.255.255.255。

②B 类网络地址

B 类网络地址的最高两位为 10,为网络地址和主机地址都分配了 16 个二进制位。B 类网络第一字节允许的取值为 128~191($128+2^6-1$)。B 类网络地址中共有 16 384(2^{14})个网络,但实际可用的只有 16 383($2^{14}-1$)个。每个 B 类网络支持的最大主机数为 65 534($2^{16}-2$)台。B 类网络地址的范围是 128.0.0.0 到 191.255.255.255。

③C 类网络地址

C 类网络地址的最高位为 110,分别为网络地址和主机地址分配了 24 个和 8 个二进制位。C 类网络地址第一字节允许的取值为 192~223($192+2^5-1$)。C 类网络地址中共有 200 多万($2^{21}=2\ 097\ 152$)个网络,但实际可用的只有 2 097 151($2^{21}-1$)个。每个 C 类网络支持的最大主机数为 254(2^8-2)台。C 类网络地址的范围是 192.0.0.0 到 223.255.255.255。

在 IP 地址前三种类型里,各保留了三个区域作为私有地址。私有地址(private address)属于非注册地址,专门为组织机构内部使用,其地址范围如下:

A 类地址:10.0.0.0~10.255.255.255

B 类地址:172.16.0.0~172.31.255.255

C 类地址:192.168.0.0~192.168.255.255

④D 类网络地址

D 类网络地址最高位为 1110,在 IP 多路复用组中使用。

⑤E 类网络地址

E 类网络地址最高位为 1111,保留至将来使用。

(3) 子网掩码(subnet mask)

子网掩码不能单独存在,它必须结合 IP 地址一起使用。利用子网掩码可以将 IP 地址划分成网络地址和主机地址两部分。子网掩码是一种用来指明一个 IP 地址的哪些位标识的是主机所在的子网以及哪些位标识的是主机的位掩码。

子网掩码一共分为两类,一类是缺省(自动生成)子网掩码,一类是自定义子网掩码。缺省子网掩码即未划分子网,对应的网络号的位都置 1,主机号的位都置 0。A 类网络缺省子网掩码为 255.0.0.0,B 类网络缺省子网掩码为 255.255.0.0,C 类网络缺省子网掩码为 255.255.255.0。

自定义子网掩码是将一个网络划分为几个子网,需要每一段使用不同的网络号或子网号,可以认为是将主机号分为两个部分:子网号和子网主机号,即做子网划分后的 IP 地址=网络号+子网号+子网主机号。IP 地址在划分子网后,以前的主机号位置的一部分给了子网号,余下的是子网主机号。利用子网掩码可以判断两台主机是否在同一子网中。若两台主机的 IP 地址分别与它们的子网掩码进行逻辑与运算后的结果相同,则说明这两台主机在同一个子网中,这两台主机在交换信息时就不需要通过路由器进行。

2) 域名和域名系统

域名的结构由三部分组成:局部名、组织名和组织类型名。例如,域名"computer. cs. tsinghua. edu. cn"对应的域名的结构为:局部名. 组织名. 组织域. 顶级域。顶级域"cn"表示中国,组织域"edu"表示教育部门,组织名"cs. tsinghua"表示清华大学计算机系,局部名"computer"表示主机名字。

域名是由一些字母、数字以及连字符构成,字母不分大小写,整个地址的长度不超过 255 个字符。在整个 Internet 中,域名也是唯一的。一个完整的域名最多可包括 5 个子域名,各个域名之间用". "分隔,如 www. microsoft. com。

在因特网上有两种不同的域名组织模式。第一种是按部门机构组织的,称为"组织模式";第二种是按地理位置组织的,称为"地理模式"。在因特网上我们看到的绝大部分主机都是按组织模式命名域名的,而且高层域都已经被国际标准化了,如表 4.2 所示。表中除最后一项是按地理模式外,其余各项都是组织模式域名的高层域。

表 4.2　因特网标准第一级域名表

域　名	组织部门
com	商业组织
edu	教育部门
gov	政府部门
mil	军事部门
net	网络信息中心和网络操作中心
org	其他非盈利性组织
int	国际性特殊组织
国家代码	两位编码

在美国,以组织模式命名域名的主机通常都是以表中的域名作为第一级域。在美国以外的国家,第一级域名则为该国家的代码,由两个字母缩写组成并且已经被标准化。

域名的最高管理机构是 InterNIC,它管理第一级和第二级域名,整个域名管理机构是按树形层次结构分布管理的。CNNIC(中国互联网信息中心)负责管理中国的顶级域名,cn 域被划分为多个二级域,即组织模式和地理模式。中国二级分配域名中,"ac"代表科研机构,"com"代表商业组织,"edu"代表教育机构,"gov"代表政府部门,"int"代表国际组织,"net"代表网络支持中心,"org"代表各种非赢利性组织。中国各个行政区的二级分配域名中,"bj"代表北京,"sh"代表上海,"tj"代表天津。互联网名称与数字地址分配机构(Internet Corporation for Assigned Names and Numbers,ICANN)将在 2013 年下半年允许选择用汉字注册顶级域名。

Internet 主机域名的排列原则为:低层的子域名在前面,而它们所属的高层域名在后面,一个域名对应一个 IP 地址,多个域名可以对应一个 IP 地址。一台主机只能有唯一的 IP 地址,但其可以有多个域名。在一台主机的 IP 地址改变时,其原来的域名仍然有效。

把一个管理域名的软件装在一台主机上,该主机就称为"域名服务器"。域名服务器(DNS)完成域名到 IP 地址的转换。每个网络一般都要有一个域名服务器,地区域名服务器以树形结构连入上级域名服务器。当请求将域名解析为 IP 地址时,首先向本地域名服务器请求解析。如有则返回解析,如域名不在本地域名服务器范围内,则指向上级域名服务器。

4.5　接入 Internet

2012 年 1 月,CNNIC 发布《第 29 次中国互联网络发展状况统计报告》。报告显示,截至

2011 年 12 月底,中国网民规模突破 5 亿,达到 5.13 亿,全年新增网民 5 580 万。那么,大家都是以什么方式接入 Internet 的呢?

4.5.1　接入 Internet 的方式

1) 电话拨号接入方式

电话拨号接入是个人用户接入 Internet 最早使用的方式之一。电话拨号接入方式是通过现有公共交换电话网,使用调制解调器来实现电话线路中的模拟信号与终端中的数字信号转换,从而接入 Internet,如图 4.20 所示。

用户机

图 4.20　电话拨号接入方式

用户使用这种方式需要以下配备:

(1) 计算机;

(2) 调制解调器(Modem);

(3) 电话线;

(4) 标准的通信软件;

(5) 在所选择的因特网服务提供商那里申请一个账号成为注册用户。注册用户可以在任意一台计算机上用自己的用户名和密码上网,上网费用记在开户时所提供的户主名下。或者使用公开的非注册用户账号的用户名和密码上网,上网费用记录在上网的电话机上。

电话拨号接入简单,单位时间费用昂贵,且接入速度慢。大多数调制解调器都遵循 V.90 标准,这个标准理论上可以提供最高为 56 kbps 的数据传输速率。但实际的数据传输速率会受到很多因素的影响,如电话线和连接的质量等。所以,56 kbps 的调制解调器实际的数据传输速率最高约为 44 kbps。电话拨号接入是非对称的,56 kbps 的调制解调器的最快下行速率通常是 44 kbps,而上行速率通常约 33 kbps。并且电话拨号接入方式使用的是与平时语音通话相同的频率发送数据,用户不能在上网的同时打电话。

2) ISDN 接入方式

20 世纪 70 年代,CCITT(International Telephone and Telegraph Consultative Committee, 国际电报电话咨询委员会)提出了将语音、数据、图像等业务综合在一个网内的设想,即建立综合业务数字网(Integrated Services Digital Network, ISDN),ISDN 又被称为“一线通”。ISDN 提供了标准的用户-网络接口进行端到端的数字连接,不仅可以完成电话声音的数字传输,而且可以完成数据、图像、动画等多媒体数字传输业务。

ISDN 接入允许用户在上网的同时打电话,比拨号接入速度快。ISDN 的用户-网络接口分为基本速率接口(BRI)和一次群速率接口(PRI)两种。BRI 由两条传输速率为 64 kb/s 的 B 通道和一条传输速率为 16 kb/s 的 D 通道组成,即 2B+D,B 通道用于传送用户信息,D 通道用于传送控制信号。BRI 主要用于家庭和小型企事业单位。PRI 采用 23B+D 或 30B+D 的通道结构,适用于大型企事业单位。

ISDN 的开通范围比下文将要介绍的 ADSL 和 LAN 方式都要广泛得多,所以对于那些没有宽带接入的用户,ISDN 似乎成了唯一可以选择的高速上网的解决办法,毕竟 128 kbps 的速度比电话拨号接入快多了。ISDN 和电话一样按时间收费,所以对于某些上网时间比较少的用户(比如每月 20 小时以下的用户)还是要比使用 ADSL 便宜很多的。另外,由于 ISDN 线路属于数字线路,所以用它来打电话(包括网络电话)的效果都比普通电话好得多。但是,如果 ISDN 接入长时间在线的话费用会很高,并且设备费用不便宜。ISDN 并没有在美国的电话网络上得到广泛应用。

3) ADSL 接入方式

ADSL(Asymmetric Digital Subscriber Line,非对称数字式用户线路),它采用非对称方式传输数据,即从 ISP 端到用户端下行带宽大,而从用户端到 ISP 端上行带宽小。标准的 ADSL 的数据上传速度一般只有 64~256 kbps,最高达 1 Mbps,数据下行速度在理想状态下可以达到 8 Mbps。采用 ADSL 接入方式需要一个 ADSL 调制解调器和滤波器,如图 4.21 所示。

图 4.21　ADSL 接入方式

ADSL 通过一种自适应的数字信号调制解调技术(频分复用技术),能在电话线上得到 3 个可同时工作的信息通道:一是为电话服务的语音通道(0~4 kHz 频段),二是速率为 64~256 kbps 的上行数据通道(20 kHz~138 kHz 频段),三是速率为 1~8 Mbps 的高速下行数据通道(138 kHz~1.1 MHz 频段)。所以,用户在上网的同时也可以打电话。

ADSL 方案的最大特点是不需要改造信号传输线路,完全可以利用普通铜质电话线作为传输介质,配上专用的调制解调器即可实现数据高速传输,速度快并且费用低,特别适合于家庭和中小型局域网接入 Internet,是目前应用最广泛的一种宽带接入方式。

4) Cable Modem 接入方式

Cable Modem 称为"线缆调制解调器",它利用现有的有线电视网将计算机接入 Internet,是一种先进的高速 Internet 接入方案。由于我国的有线电视网发展迅速,覆盖范围广,已经成为世界上最大的有线电视网络,因此利用 Cable Modem,通过有线电视网进行数据传输、访问 Internet 已成为越来越受业界关注的一种高速接入方式。

Cable Modem 包含调制解调、射频信号接收调谐、加密解密和协议适配等部分。Cable Modem 在有线电视网上的某段或几段频率上进行数据传输,其他频段仍可用于有线电视信号传输。

Cable Modem 系统基于宽带同轴电缆,在技术上具有覆盖广和宽带高效的突出优点,又能与电视等业务共存。通过 Cable Modem 系统,用户可在有线电视网络内实现因特网的访问、IP

电话、视频会议、视频点播、远程教育、网络游戏等功能。Cable Modem 系统也存在一些缺点，由于传统的有线电视系统的数据传输是单向的，为了实现接入 Internet 的双向数据通信，需要对现有设备进行改造。此外，Cable Modem 系统采用共享结构，随着用户的增多，个人的接入速率会有所下降。

5）光纤接入方式

光纤接入方式是采用光纤作为主要传输媒介进行数据传输。光纤是宽带网络中多种传输媒介中最理想的一种，它的特点有传输容量大、传输质量好、损耗小、中继距离长等。由于光纤传送的是光信号，因而需要在交换局将电信号进行电光转换变成光信号后再在光纤上进行传输。用户端需要利用光网络单元(Optical Network Unit,ONU)进行光电转换恢复成电信号后送至用户设备。

根据光纤向用户延伸的距离，也就是 ONU 所设置的位置，光线接入方式有多种应用形式，其中最主要的三种形式是光纤到路边(Fiber To The Curb,FTTC)、光纤到大楼(Fiber To The Building,FTTB)、光纤到户(Fiber To The Home,FTTH)。

FTTC 主要是为住宅用户提供服务的，ONU 设置在路边，即用户住宅附近。从 ONU 出来的电信号传送到各个用户，一般用同轴电缆传送视频业务，用双绞线传送电话业务，每个 ONU 一般可为 8～32 个用户服务。

FTTB 的 ONU 设置在大楼内的配线箱处，主要用于综合大楼、远程医疗、远程教育及大型娱乐场所，为大中型企事业单位及商业用户服务，提供高速数据、电子商务、可视图文、远程医疗、远程教育等宽带业务。

FTTH 是将 ONU 放置在用户住宅内，为家庭用户提供各种综合宽带业务，如 VOD、多方可视游戏等。FTTH 是光纤接入网的最终目标，但是每一位用户都需一对光纤和专用的 ONU，因而成本昂贵，实现起来非常困难。

6）无线接入方式

无线接入方式是利用微波、移动通信、卫星通信等无线技术进行通信。无线网络在架设便利性或使用机动性等方面都要比有线网络更具优势。

无线局域网是常用的一种无线网络接入方式，适合于室内及移动环境。802.11 g 是目前主流的无线局域网标准，使用 2.4 GHz 的频率，可以提供 54 Mbps 的带宽。

为了满足日益增长的宽带无线接入需求，IEEE 推出了 802.16 无线城域网标准。802.16 标准是为在各种传播环境中获得最优性能而设计的，即使在链路状况最差的情况下也能提供可靠的性能。符合 802.16 标准的设备可以实现"最后一英里"宽带接入，它的服务区范围高达 50 km。

7）局域网接入方式

随着计算机网络技术的发展，通过局域网接入 Internet 的方法越来越多，常用的方法有以下两种：

（1）通过路由器访问 Internet。局域网上每台计算机都有自己正式的 IP 地址，此种接入方式可以在 Internet 上快速传输大量信息。

（2）通过代理服务器访问 Internet。局域网上所有计算机通过代理服务器访问 Internet，只有服务器需要正式的 IP 地址。采用此种方式使有限 IP 地址资源得到充分的利用，但需要专门配备一台计算机作为代理服务器，增加了投资成本。

8) DDN 接入方式

DDN 是"Digital Data Network"的缩写,即"数字数据网"。DDN 主要由六个部分组成:光纤或数字微波通信系统、智能节点或集线器设备、网络管理系统、数据电路终端设备、用户环路、用户端计算机或终端设备。

DDN 采用专用线路连接,其主干网传输媒介有光纤、数字微波、卫星信道等。用户租用 DDN 专线进行点对点通信,DDN 支持任何类型的用户设备接入网络,如计算机、终端、图像设备或 LAN 等。

DDN 为用户提供各种速率的高质量数字专用电路和其他新业务,以满足用户多媒体通信和组建中高速计算机通信网的需要。使用 DDN 可以高速度、高质量地传输数据、图像、视频和声音等信息。

4.5.2 动手组建家庭个人区域网

假设家庭需要组网的计算机有一台台式计算机、一台笔记本电脑、一个平板电脑或智能电视以及可上网的 3G 手机(智能手机),当然每台机器都已经安装了相关的软件。在组网之前,一般还需准备的硬件有调制解调器一台、无线路由器一台、电话线一根、网线(双绞线)若干。以通过 ADSL 接入 Internet 为例,无线路由器的型号为 TP-LINK WR340 G54 M,组建家庭个人区域网及连接 Internet 的步骤一般如下:

(1) 接通 Modem 的电源,用电话线将 Modem 和电话接口相连。

(2) 接通无线路由器的电源,用网线将 Modem 与无线路由器的 WAN 口相连。

(3) 用网线将无线路由器和台式计算机相连,无线路由器最好放置在相对中心的位置。启动台式计算机,设置其 IP 地址为"自动获取 IP 地址"。测试台式机和路由器之间是否连接成功。单击"开始"菜单中的"运行"命令,在打开的"运行"对话框中输入命令"CMD"后单击"确定",在打开的 CMD 窗口中输入"ping 192.168.1.1"(路由器的默认 IP 地址在路由器的说明书或路由器的背面可以找到,通常是 192.168.1.1 或 192.168.1.100),若显示结果如图 4.22 所示,说明台式机和路由器之间已经连接成功。

图 4.22 测试路由器与台式计算机是否连接成功

(4) 配置路由器。打开浏览器,在地址栏输入"http://192.168.1.1"后按回车键。然后输入默认的用户名(admin)和密码(admin),如图 4.23 所示。路由器的配置项目主要有网络参数、无线参数以及 DHCP 服务器。

图 4.23　配置路由器界面图

网络参数中的 LAN 口设置已有默认基本网络参数，一般不用改动，当然也可以修改，如图 4.24 所示。

图 4.24　"LAN 口设置"对话框

网络参数中的 WAN 口设置是需要网络服务商 ISP（比如电信公司）来提供 WAN 口连接类型、上网账号和上网口令的。WAN 口连接类型主要有 PPPoE、动态 IP 和静态 IP，如果是 ADSL 用户应选择 PPPoE。一般使用动态 IP，计算机直接插上网线就可以使用，因为上层有 DHCP（Dynamic Host Configuration Protocol，动态主机配置协议）服务器。静态 IP 一般是专线，也可能是小区带宽等，上层没有 DHCP 服务器或想要固定 IP。网络参数中的"WAN 口设置"对话框如图 4.25 所示。

无线参数中的基本设置项目主要有无线网络的服务集标识符（Service Set Identify，SSID）、安全类型和密钥或密码。SSID 可设置为任意一个字符串来标识你的无线网络。安全类型有 WEP、WPA/WPA2 和 WPA-PSK/WPA2-PSK。WEP 是"Wired Equivalent Privacy"的缩写，

图 4.25 "WAN 口设置"对话框

即有线对等保密,是早期的无线加密技术,加密效果与有线加密基本相当。WPA 是"Wi-Fi Protected Access"的缩写,即 Wi-Fi 保护访问,通过确保数据报没有受到任何的截取和篡改提供了更强的保护。WPA2 是 WPA 的后续版本。PSK 是"Pre-Shared Key"的缩写,即预共享密钥,所有的工作站都使用相同的密钥连接到网络,是一种在大多数家庭网络中使用的 WPA。安全类型的选择取决于网络中的设备是否支持该类型,可能的话最好使用安全级别较高的。就目前的网络设备我们可以选择安全类型为 WPA-PSK/WPA2-PSK。密钥或密码可以自行设置,但是尽量不要使用入侵者很容易破译的密钥或密码。

对于 DHCP 服务器的设置,只需点击"启用"DHCP 服务器,其他项用默认设置即可,如图 4.26 所示。

图 4.26　"DHCP 服务"对话框

以上的设置也可按照设置向导的引导一步一步来完成,具体的过程如图 4.27 到图 4.31 所示。

图 4.27　设置向导

设置向导

本路由器支持三种常用的上网方式,请您根据自身情况进行选择。

⦿ ADSL虚拟拨号(PPPoE)
○ 以太网宽带,自动从网络服务商获取IP地址(动态IP)
○ 以太网宽带,网络服务商提供的固定IP地址(静态IP)

〔上一步〕 〔下一步〕

图 4.28　选择上网方式

图 4.29 输入上网账号及口令

图 4.30 无线网络基本参数的设置

图 4.31 设置结束

单击图 4.31 中的"完成"按钮之后,路由器会自动重启。

(5) 查看本机 IP。路由器配置完成之后,可在 DOS 命令窗口中用"ipconfig"命令查看本机在个人区域网内的 IP 地址,如图 4.32 所示。

至此,家庭个人区域网已建立并连接至 Internet。对于笔记本电脑,打开其无线网络连接开关,进入控制面板后双击"网络连接",右击其中的"无线连接",选择快捷菜单中的"查看可用的无线连接",在弹出的"无线网络连接"对话框中选择网络的 SSID,点击对话框右下角的"连接"按钮,输入网络密钥后点击"连接"即可。

对于平板电脑、手机、智能电视等智能设备,在设置界面中打开 WLAN,进入 WLAN 设置界面可以自动扫描网络或手动添加网络。手动添加时需要输入网络的 SSID 和安全类型以及网络密码,添加或扫描完成以后在 WLAN 列表中可以看到已添加的 SSID 名称,点击"连接",就可以连接到网络了。

图 4.32　本机 IP 查看界面

4.6　Internet 的服务与应用

Internet 是一种全球性开放型网络,由大量的计算机和信息资源组成。Internet 为网络用户提供了丰富的服务与应用,包括 WWW 服务、电子邮件服务、文件传输服务、电子公告牌(BBS)服务、电子商务、网格计算等。

4.6.1　WWW 服务

1) WWW 概念

WWW(World Wide Web)的中文译名为"万维网",简称"Web"。作为因特网最有魅力、最吸引人的地方之一,Web 是指能通过 HTTP 协议在因特网上连接和访问的文档、图像、视频和声音文件的集合。WWW 以超文本方式组织多媒体信息,用户可以在世界范围内任意查找、检索、浏览及添加信息。WWW 使用简单,功能强大。

2) WWW 服务的工作模式

WWW 服务采用浏览器/服务器工作模式,如图 4.33 所示。

用户通过 WWW 浏览器发送访问页面的请求给 WWW 服务器,请求访问 WWW 服务器上的某个页面,WWW 服务器接收到用户的请求后,把相关页面发送给用户机上的 WWW 浏览器,用户机上的 WWW 浏览器接收到相应页面后,对页面进行解释并且把处理结果在显示器上显示出来。

图 4.33　WWW 服务的工作模式

WWW 浏览器为用户提供与网络交互的界面,WWW 服务器上的网页是用超文本标记语言(HTML)描述的超文本文档。WWW 浏览器与 WWW 服务器之间的交互通过 HTTP 协议完成。HTTP(Hyper Text Transfer Protocol,超文本传输协议)是 WWW 客户机与 WWW 服务器之间的应用层传输协议,精确定义了请求报文和响应报文的格式。

3) 页面 URL

在 WWW 服务器上有很多的页面资源,客户端可以通过页面 URL(又称统一资源定位符)确定 WWW 服务器上的某个页面。

页面 URL 由三部分组成:协议类型、主机名、路径和文件名。

页面 URL 的格式为:协议类型://主机名:[端口号]/路径名/文件名。

例如,新浪 WWW 服务器中的一个页面的 URL 为:

其中,"HTTP"指明要访问的服务器为 WWW 服务器;"www.sina.com"指明要访问的服务器的主机名;"boc.html"指明要访问的页面的文件名。

4) WWW 浏览器

(1) WWW 浏览器的工作原理

WWW 浏览器是 WWW 的客户程序,用户通过 WWW 浏览器可以浏览因特网上的 Web 页面。

WWW 浏览器由一系列的客户单元、解释单元和一个控制单元组成。控制单元是浏览器的中心,它协调和管理客户单元和解释单元。客户单元接收用户的键盘或鼠标输入,并调用其他单元完成用户的指令。当 WWW 服务器返回 URL 指定的页面后,控制单元再调用解释单元解释该页面,并将解释后的结果通过显示驱动显示在用户的屏幕上。

利用 WWW 浏览器,用户不仅可以浏览服务器上的 Web 页面,而且可以访问因特网中的其他服务器和资源,例如利用 WWW 浏览器访问 FTP 服务器。当用户访问这些服务器和资源时,控制单元将调用其他的客户单元和解释单元来完成对资源的请求和解释工作。

(2) WWW 浏览器的功能

WWW 浏览器(如图 4.34 所示)的功能非常强大,通常具备以下几个基本的功能:

①查找、启动与终止链接的功能。

②通过按钮与菜单项来链接的功能。

③历史(History)与书签(Bookmark)功能。

④自由设定屏幕窗口的功能。

⑤选择起始页的功能。

⑥改变式样、字体与色彩的功能。

⑦查看内嵌图像与外部图像的功能。

⑧保存与打印主页的功能。

图 4.34　WWW 浏览器

5）搜索引擎

Web 中包含数以亿计的页面，它们被存储在遍布于世界各地的服务器上。要使用这些信息，就必须找到它们。我们可以使用搜索引擎在浩瀚如烟的 Web 信息中高效地查找自己所需要的信息。

Web 搜索引擎，通常简称为"搜索引擎"，是指根据一定的策略，运用特定的计算机程序从互联网上搜集信息，在对信息进行组织和处理后，为用户提供检索服务，将用户检索的相关信息展示给用户的系统。简单来说，搜索引擎是一种通过形成简单的关键字查询来帮助人们定位 Web 上的信息的程序。搜索引擎从因特网提取各个网站的信息（以网页文字为主），建立起数据库，并检索与用户查询条件相匹配的记录，按一定的排列顺序返回结果。

搜索引擎有全文搜索引擎、目录索引等。全文搜索引擎是广泛应用的主流搜索引擎，其代表有著名的百度和谷歌等。可以简单地认为 www.baidu.com 就是搜索引擎，但确切地来说，它是一个提供搜索引擎的网站。

搜索引擎整个的处理流程是非常复杂的，涉及大量的运算。搜索引擎的工作大致可以分为以下三个部分：

（1）搜集信息。搜索引擎利用称为"网络蜘蛛（Web Spider）"的自动搜索程序在互联网中发现、搜集网页信息。网络蜘蛛又称为"爬网程序（Web Crawler）"，从一个链接爬到另外一个链接，像蜘蛛在蜘蛛网上爬行一样。高性能的爬网程序一天能访问数以亿计的网页。

（2）整理信息。将爬网程序收集来的原始信息进行文字提取、分析，按照一定的规则进行编排，并将其转换成存储在数据库中的关键字列表和 URL 地址列表。搜索引擎整理信息的过程称为"创建索引"，创建索引的目的是为了提高搜索引擎查找的速度。如果信息是不按任何规则随意堆放在搜索引擎的数据库中，那么每次找资料都得把整个资料库完全查阅一遍。

（3）接受查询。用户向搜索引擎发出查询，搜索引擎接受查询并向用户返回资料。搜索引擎每时每刻都要接到来自大量用户的几乎是同时发出的查询请求，它根据每个用户输入的查询关键字在索引库中快速检出文档，进行文档与查询的相关度评价，对将要输出的结果进行排序，并将查询结果返回给用户。目前，搜索引擎返回结果主要是以网页链接的形式提供的，通过这些链接，用户便能到达含有自己所需资料的网页。通常搜索引擎会在这些链接下提供一小段来自这些网页的摘要信息以帮助用户判断此网页是否含有自己需要的内容。

目前全世界的搜索引擎有数千个，这些搜索引擎的基本用法是在输入框内输入要查找内容的关键字或词，再单击搜索按钮即可。但是用这种方法检索返回的结果中可能会同时包含大量无关的信息，为了提高检索的精确度，可以采取以下一些措施：

（1）使用更为具体的关键字。用户提供的关键字越具体，搜索引擎返回无关 Web 站点的可能性就越小。

（2）使用多个关键字来缩小搜索范围。用户提供的关键字越多，搜索引擎返回的结果越精确。

（3）在关键字上加引号。在关键字上加引号，可以尝试让搜索引擎不拆分查询词，从而实现精确匹配查询。

（4）检索英文信息时，许多英文搜索引擎可以让用户选择是否要求区分关键字的大小写，这一功能对查询专有名词有很大的帮助。

（5）大多数搜索引擎都允许在搜索中使用逻辑运算符 AND 和 OR。

（6）大多数搜索引擎都支持在搜索词前冠以加号（＋）来限定搜索结果中必须包含的词汇，冠以减号（－）来限定搜索结果不能包含的词汇。

（7）还可以通过特定的语法查询来限定搜索范围。如在使用百度时，可以使用语法格式"intitle：关键字"把搜索范围限定在网页标题中；还可以用"filetype：文件类型名"把搜索范围限定在指定的文件类型中，如"filetype：doc"。要注意的是，各个搜索引擎的检索语法也不尽相同，需要时请到各网站查阅检索帮助。

4.6.2 电子邮件服务

电子邮件（Electronic mail，E-mail）是用户利用计算机，通过 Internet 与其他用户进行快速通信的方式。与传统的人工邮寄方式相比，电子邮件具有明显的优势。电子邮件快速、可靠、价廉且容易保存；电子邮件可以群发邮件，即把一封邮件同时发送给多个人；电子邮件不仅可以实现文本的发送，而且可以实现图像、语音和视频等多媒体信息的发送。

1）电子邮件的格式

电子邮件由信封和内容组成，即邮件头（header）和邮件体（body）两部分。邮件头包括发件人的电子邮件地址、收件人的电子邮件地址、抄送人的电子邮件地址、邮件主题和发送日期时间等内容。邮件体是发件人要发送的邮件内容，包括正文和附件，可以是文本、图像、语音和视频等信息。

早期的电子邮件系统使用简单邮件传送协议（SMTP），只能传送文本信息。现在因特网上的多数邮件系统还支持多用途因特网邮件扩展（MIME）协议，它允许邮件正文具有丰富的排版格式，可以包含语音、图像和视频等信息。

2）电子邮件的地址

电子邮件地址的格式为"用户名@主机名"。主机名是邮件服务器的主机名或者是邮件服务器所在域的域名,作为邮件服务器的计算机应该具有独立的 IP 地址。用户名是用户在邮件服务器上建立的电子邮件账号。因特网上,用户的电子邮件地址在全球范围内具有唯一性。

例如,在"163.com"主机上有一个名为"liubin"的用户,则该用户的 E-mail 地址为:liubin@www.163.com。

3) 电子邮件的工作过程

电子邮件是基于"存储—转发"技术发展而来的,该通信技术能把不能直接发送到其目的地的数据线临时存储起来,等数据传输可以进行时再将其发出。在电子邮件的传递过程中使用了邮件服务器、邮箱和电子邮件应用程序。

邮件服务器包括邮件发送服务器和邮件接收服务器,它按照客户机/服务器模式工作。顾名思义,所谓邮件发送服务器是指为用户提供邮件发送功能的邮件服务器,而邮件接收服务器是指为用户提供邮件接收功能的邮件服务器。邮件发送服务器接收用户发送的电子邮件,并且根据电子邮件上的收件方电子邮件地址,把电子邮件发送给收件方所在的邮件服务器。邮件接收服务器接收其他邮件服务器发送来的电子邮件并且根据电子邮件上的目的地址,把电子邮件发送到本邮件服务器上的相应邮箱中。

邮箱是在邮件服务器中为合法用户开辟的存储空间,用于存放该合法用户的电子邮件。

用户为了进行电子邮件传输,必须在计算机上安装电子邮件应用程序,电子邮件应用程序可以完成电子邮件的创建、发送、接收、阅读和管理等功能。

电子邮件应用程序在发送电子邮件时要使用邮件发送协议。常见的邮件发送协议有 SMTP 和 MIME。SMTP(Simple Mail Transfer Protocol)称为"简单邮件传输协议",只能传输文本信息。MIME(Multi-purpose Internet Mail Extension)协议称为"多用途因特网邮件扩展协议",可以传输包括文本、声音、图像等在内的多媒体信息。MIME 并没有改动或取代 SMTP,只是一个辅助协议。当用户向邮件发送服务器发送邮件或邮件发送服务器向邮件接收服务器发送邮件时都要使用邮件发送协议。

当邮件到来后,首先存储在邮件服务器的电子邮箱中。用户在通过电子邮件应用程序接收邮件时要使用邮件接收协议。常见的邮件接收协议有 POP3 和 IMAP。

POP3(Post Office Protocol-Version 3)称为"邮局协议版本 3",是规定怎样将个人计算机连接到 Internet 的邮件服务器和下载电子邮件的协议。POP3 是因特网电子邮件的第一个离线协议标准,POP3 允许用户从邮件服务器上把邮件存储到本地主机上,同时删除保存在邮件服务器上的邮件。

IMAP(Internet Mail Access Protocol)称为"交互式邮件存取协议",是和 POP3 类似的邮件访问标准协议。和 POP3 一样,IMAP 也能下载邮件、从服务器中删除邮件或询问是否有新邮件,但 POP3 是脱机协议,IMAP 是联机协议。IMAP 克服了 POP3 的一些缺点。IMAP 可以只下载邮件的主题,而并不是把所有的邮件内容都下载下来,在邮箱中还保留着邮件的副本,没有把你原邮箱中的邮件删除。用户可先阅读邮件信息的标题和发送者的名字再决定是否下载这个邮件,当用户通过邮件应用程序阅读邮件时才下载邮件的内容。IMAP 可让用户在服务器上创建并管理邮件文件夹或邮箱、删除邮件、查询某邮件的一部分或全部内容,完成所有这些工作时都不需要把邮件从服务器下载到用户的个人计算机上。

电子邮件的工作过程如图 4.35 所示。

图 4.35 电子邮件的工作过程

发送方利用电子邮件应用程序创建了一封电子邮件,在邮件中填写了相应的收件人地址、邮件主体和正文等,然后利用 SMTP 把此邮件发送给发送方的邮件服务器。发送方的邮件服务器收到此邮件后,根据邮件中的目的地址,利用 SMTP 把此邮件发送给接收方的邮件服务器。接收方的邮件服务器收到此邮件后,根据邮件的接收方的用户地址,把此邮件存放在相应用户的邮箱中,接收方可以采用 POP3 或 IMAP 从邮箱中读取邮件。

4）电子邮件的撰写

电子邮件与传统的信件一样,都不能像面对面交流那样使用面部表情、声音语调、肢体语言等表达方式。而且,电子邮件不是保密的,也不安全。所以在撰写电子邮件时,仔细斟酌邮件撰写的内容、内容的表达方式、邮件的格式等都是非常重要的。

例如,使用邮件主题来清楚简洁地表述邮件的内容;对附件进行注释,这样收件人可根据附件的注释来确定其安全性,因为附件可能隐藏有病毒;使用文明礼貌的措辞,避免使用具有煽动性或可能引起争论的言辞,在面对面交谈中不用的言辞一般也不要在电子邮件中使用;使用大小写字母,如果邮件中全部使用大写字母意味着对人咆哮;慎用讽刺言辞调侃,因为电子邮件中不会有面部表情和声音语调,带有讽刺性的语言容易被对方误解;慎用表情符号和文本消息的简略式,这些只能用在能理解它们含义的人群之间的通信中或某些非正式通信场合(如"c u 2moro at 10"不适合在确定工作面试时间等正式场合使用)等。

4.6.3 文件传输服务

在 Internet 上,通常利用文件传输协议(File Transfer Protocol,FTP)实现不同计算机之间的文件传输。

FTP 服务常采用客户机/服务器工作模式,如图 4.36 所示。

图 4.36 FTP 服务的工作模式

FTP 服务器用于存放大量的文件和一些常用的应用软件,客户机是用户计算机。客户机将 FTP 服务器上的文件复制到客户机中称为下载,客户机将客户机中的文件复制到 FTP 服务器称为上传。

FTP 服务器分为匿名 FTP 服务器和非匿名 FTP 服务器。匿名 FTP 服务器的账号和密码是公开的,匿名 FTP 服务器的账号一般为"anonymous",密码一般为"guest",有的匿名 FTP 服务器的密码为用户的电子邮件地址,有的匿名 FTP 服务器不需要账号和密码,例如通过 IE 浏览器访问 FTP 服务器时不需要登录。

因特网用户使用的 FTP 客户端应用程序通常有三种类型:

(1) 传统的 FTP 命令行。早期 FTP 客户端程序采用 FTP 命令行方式。

(2) 浏览器方式。Web 浏览器是多用途的客户端程序,利用浏览器可以实现从 FTP 服务器上下载文件,方法如下:打开 Web 浏览器,在浏览器的 URL 地址栏输入"ftp://FTP 服务器地址",即可访问 FTP 服务器,进行文件下载。

(3) FTP 下载工具。使用 FTP 下载工具不仅可以提高文件下载速度,而且实现了断点续传等功能。常见的 FTP 下载工具有 CuteFTP、QuickFTP2000 等。

4.6.4　电子商务

电子商务是 Web 上最流行的活动之一。电子商务通常是指是在全球各地广泛的商业贸易活动中,在 Internet 开放的网络环境下,基于浏览器/服务器应用模式,买卖双方不谋面地进行各种商贸活动,实现消费者的网上购物、商户之间的网上交易、在线电子支付以及各种商务活动、交易活动、金融活动和相关的综合服务活动的新型的商业运营模式。简单来说,电子商务就是在计算机网络上以电子形式进行的商业交易,它包括了 Internet 和 Web 技术能够支持的所有形式的商业和市场营销过程。随着国内 Internet 使用人数的增加,利用 Internet 进行网络购物并在线支付的消费方式已日渐流行,市场份额也在迅速增长,电子商务网站也层出不穷。

商城、消费者和物流是构成电子商务的三大要素。电子商务一般可分为 B2B、B2C、C2C、B2G、O2O 等模式。B2B(Business-to-Business,企业对企业)电子商务是指一个企业从另一个企业购买商品或服务。B2C(Business-to-Consumer,企业对消费者)电子商务是指个人消费者从在线商家处购买商品或服务。B2C 模式是中国最早产生的电子商务模式,以 1999 年 3 月8848 网上商城正式运营为标志。B2C 电子商务平台是很多企业选择网上销售平台的第一目标,如今的 B2C 电子商务网站非常多,比较大型的有京东商城、天猫、一号店等。在 C2C(Consumer-to-Consumer,消费者对消费者)电子商务中消费者可以在流行的在线拍卖网站中互相出售商品。B2G(Business-to-Government,企业对政府)电子商务专门帮助企业将商品销售给政府。O2O(Online-to-Offline,线上网店线下消费)是一种新兴的电子商务模式,商家通过免费开网店将商家信息、商品信息、团购信息等展现给消费者,消费者通过线上筛选服务,线下比较、体验后有选择地消费,在线上或线下进行支付。目前的 O2O 平台主要是团购平台,如拉手网、大众点评、高朋、F 团等。

电子商务通过削减成本来提高利润率,还可以通过为营销人员托管广告空间来获得收入。营销人员会创作出一些越来越难以拒绝的广告,如标题广告、浮动广告、弹窗广告。标题广告通常嵌入在网页的顶端。浮动广告将内容覆盖在网页上,只有用户点击之后才会隐藏,或是在广告定时器到时后自动消失。弹窗广告是一种连接到网页时在独立窗口显示的广告。当点击了这些广告时,浏览器就会直接连接到这个广告发布者的网站。提供托管广告空间的商家所获得的收入取决于点击率,点击率是指站点访问者通过点击广告连接到广告发布者的站点的次数。

不过,最近几年这种点击率有所下降。因为大部分消费者或者简单地忽略了这些广告,或者安装了广告拦截软件来阻止广告在屏幕上的出现,或者在使用的浏览器中启用拦截弹窗广告的功能。

淘宝网(www.taobao.com)是中国最受欢迎的网购零售平台,是亚太最大的网络零售商圈,拥有近 5 亿的注册用户数,每天有超过 6 000 万的固定访客,同时每天的在线商品数已经超过了 8 亿件,平均每分钟售出 4.8 万件商品。截至 2011 年年底,淘宝网单日交易额峰值达到43.8 亿元,创造 270.8 万直接且充分的就业机会。随着淘宝网规模的扩大和用户数量的增加,淘宝网也从单一的 C2C 网络集市变成了包括 C2C、B2C、团购、分销、拍卖等多种电子商务模式在内的综合性零售商圈。阿里巴巴集团 2011 年 6 月 16 日宣布,旗下淘宝公司将分拆为三个独立的公司,即沿袭原 C2C 业务的淘宝网、平台型 B2C 电子商务服务商淘宝商城(tmall)和一站式购物搜索引擎—淘网(etao)。

"21 世纪,要么电子商务,要么无商可务",这是比尔·盖茨在十多年前的预言,现在正逐渐成为现实。

4.6.5　网格计算

计算机科学家们注意到,Internet 上有大量的计算机因为计算机用户在开会、打电话、睡觉或是其他原因而处于空闲状态。如果将这些处于闲置状态的计算机利用起来,将可以提供非常巨大的计算能力。

网格计算,即分布式计算。网格计算把一个需要非常巨大的计算能力才能解决的问题分成许多小的部分,然后把这些部分分配给许多计算机进行处理,最后把这些计算结果综合起来得到最终结果。两种常见的网格计算分别是分布式网格和云计算。

分布式网格,又称为"CPU 拾遗网格"。分布式网格计算项目已经被用于使用世界各地成千上万志愿者的计算机的闲置计算能力,著名的分布式网格计算项目有 World Community Grid,SETI@Home,Folding@home,以及打破世界纪录的中国分布式计算项目 Pi Segment 圆周率计算等。如果你愿意将你的计算机空闲时间都捐献给分布式网格计算项目,可以下载安装分布式网格计算项目的客户端软件。这个客户端软件会以最低的优先度在计算机上运行,对你平时正常使用计算机几乎没有影响。这样,通过因特网,你就可以分析来自外太空的电讯号,寻找隐蔽的黑洞,并探索可能存在的外星智慧生命;你可以寻找超过 1 000 万位数字的梅森质数;你也可以寻找并发现对抗艾滋病毒更为有效的药物等。

分布式网格依靠的是志愿者提供的计算资源,而由更正式的计算资源池所形成的网格则能投入商业、办公或科学的应用。云计算是由服务器和存储设备组成的网络,这种网络可提供通过 Internet 访问的计算服务,从办公到复杂的数据处理,如 Google Apps 等。云计算的发展前景是成为强大而灵活的计算机资源,能让用户可以随意付费使用。云计算被视为科技业的下一次革命,它将带来工作方式和商业模式的根本性改变。

4.7　计算机网络安全

4.7.1　计算机网络安全概述

计算机网络的应用广泛,人们不仅利用网络浏览信息、查找资料、传输文件和发送、接收电子邮件,而且很多人通过网络购物,使用网络进行商品交易。因此,对网络的安全性要求越来越高。目前,网络上出现了很多不安全的现象,有人利用恶意程序窃取别人的账户和密码以谋取不正当的利益;在网络上 QQ 号被盗现象经常发生;有人利用恶意程序进行破坏活动,网络上有很多用户的计算机软硬件被恶意程序破坏过,用户损失惨重;还有人利用恶意程序进行恶作剧,给网络上的计算机用户带来很多的麻烦,因此需要采取保障网络安全的措施。

网络安全问题可以划分成以下四个方面:保密、鉴别、不可否认和完整性控制。保密是不能让未授权的用户访问相关的信息;鉴别是正确识别授权的用户;不可否认是授权的用户在事后不能否认自己的行为;完整性控制是保证信息在存储和传输过程中的正确性,不能被无故修改。

为了保证网络安全,可以采用下列安全保障技术:

1) 认证技术

认证技术用来确定对象的真实性和有效性,确定被认证对象是否名副其实。认证技术对于开放系统环境中的各种信息安全有重要的作用。

2) 访问控制技术

访问控制是用来防止用户越权使用资源而采用的技术,通过访问控制为用户设置访问范围,即访问权限。

3) 数据加密

用户利用电子邮件或其他的互联网技术传输重要文件时不希望重要信息泄密,通过数据加密可以防止信息泄露给未授权用户。

4) 数据完整性

数据在网络传输过程中有可能被未授权用户非法修改,数据完整性服务使数据接收者能够及时发现数据在传输过程中是否被修改和破坏。

5) 防抵赖

防抵赖是防止发送信息的用户否认自己发送过此信息或者防止接收信息的用户否认自己接收过此信息。

4.7.2 数据加密

1) 数据加密技术

加密学历史悠久,在计算机网络产生之前,加密学就已经存在,军事人员之间经常使用加密的方法传送信息以防止军事机密泄露。对数据加密以后进行传输,这样即使数据在传递的过程中被第三者截取,但由于数据已经被加密,第三者无法知道真实的数据内容,从而保证了信息的安全性。

在数据加密系统中,未加密的原始信息称为“明文”;明文经过加密算法调制后得到的信息称为“密文”;把明文转换为密文的过程称为“加密”;把密文转换为明文的过程称为“解密”。

加密技术可以分为加密密钥和加密算法两部分。加密密钥是在加密和解密过程中使用的一串数字;加密算法是作用于密钥和明文的一个数学函数。

常用的加密技术有对称密钥加密和公开密钥加密。

(1) 对称密钥加密

对称密钥加密是传统的加密技术。在对称密钥加密系统中,发送方和接收方使用相同的密钥,密钥需要保密,不能让第三者知道。使用对称密钥加密系统时,发送方用密钥对待发送的数据进行加密得到密文,然后把密文传输到接收方,接收方收到发送方传输来的密文后,使用与发送方相同的密钥对此密文进行解密得到明文。使用对称密钥加密系统传输信息的过程如图 4.37 所示。

图 4.37　对称密钥加密系统信息传输过程

对称加密使用单个密钥对数据进行加密或解密,特点是运算速度快,但密钥分发困难。对称加密体制的安全性取决于密钥的保密性。这类算法的代表是在计算机网络系统中广泛使用的 DES(Data Encryption Standard,数据加密标准)算法。DES 算法是 IBM 公司于 1971—1972年研制成功的,并于 1977 年被定为美国联邦信息标准。

（2）公开密钥加密

公开密钥加密也称"不对称加密"。在公开密钥加密系统中使用了两个密钥,其中一个密钥是公开的,称为"公用密钥",简称"公钥";另外一个密钥是保密的,称为"私有密钥",简称"私钥",只有用户自己知道。使用公开密钥加密系统传输信息的过程如图 4.38 所示。用户 A 使用用户 B 的公用密钥对待发送的数据进行加密得到密文,然后把密文传输到用户 B,用户 B 收到用户 A 传输来的密文后,使用用户 B 的私有密钥对此密文进行解密后得到明文。

图 4.38　公开密钥加密系统信息传输过程

2）数字签名

许多法律、财务和公文等文件资料的真实性是通过签名来保证的。在计算机网络中,使用数字签名来模拟文件资料中的亲笔签名。计算机网络中的数字签名具有亲笔签名同等的效力。首先,接收方能够证实消息是发送方发来的;其次,发送方事后对所发信息不能否认;再次,其他人无法伪造发送方发送信息。通过数字签名可以签署具有法律效力的电子文本。计算机网络中的数字签名通常利用公开密钥加密技术实现。

4.7.3　防火墙技术

建筑物中的防火墙可以阻止火势的蔓延,使得防火墙另外一侧的物体不被大火烧毁。网络防火墙的功能类似于建筑物中防火墙的功能。网络防火墙一般设置在内部网络与外部网络之间,使内部网络不受外部网络的攻击,保护内部网络资源,如图 4.39 所示。内部网络是安全可信的,外部网络主要指 Internet,是不安全和不可信的。防火墙检查和检测所有进出内部网络的信息,防止未经授权的通信进出被保护的内部网络。防火墙尽可能地对外部屏蔽网络内部的信息,以此来实现对内部网络的安全保护。

　　防火墙通常是包含软件部分和硬件部分的一个系统或多个系统的组合。

图 4.39　防火墙示意图

　　防火墙的设计目标是:

　　(1) 进出内部网络的通信必须通过防火墙。可以通过物理方法阻塞除防火墙外的访问途径来做到这一点,可以对防火墙进行各种配置达到这一目标。

　　(2) 只有那些在内部网络安全策略中定义了的合法的通信才能够进出防火墙。可以使用各种不同的防火墙来实现各种不同的安全策略。

　　(3) 防火墙自身应该能够防止渗透。这就需要使用安装了安全操作系统的可信计算机系统。

　　在防火墙系统中采用的技术有包过滤技术和代理服务技术等。

1) 包过滤技术

　　包过滤技术依靠对数据包的目的地址及目的端口、数据包的源地址及源端口和数据包的传送协议进行检测,决定数据包能否通过防火墙。

　　采用包过滤技术的防火墙除了包过滤软件外,不需要增加其他软件和硬件。但采用包过滤技术的防火墙不能过滤包的文件内容,有一定的局限性。

2) 代理服务技术

　　代理服务技术是在一台主机上安装代理服务软件构成代理服务器,内部网络上的主机通过代理服务器上运行的代理服务程序访问外部互联网。代理服务程序可以屏蔽内部网络、识别应用协议和对数据流进行过滤与监控。采用代理服务技术的防火墙比采用包过滤技术的防火墙功能强大,多数企业在内部网中设置的防火墙都是采用代理服务技术。

4.7.4　计算机病毒及防范

　　1983 年世界上出现第一例计算机病毒,随后,在世界各地发现了形形色色的计算机病毒。随着计算机网络的普及,影响计算机正常运行的病毒在大肆泛滥。现在每天都会出现新的计算机病毒,计算机用户的利益受到极大损害。

1) 计算机病毒的定义

　　计算机病毒是一段附着在其他程序上的可以实现自我繁殖的程序代码。《中华人民共和国计算机信息系统安全保护条例》对计算机病毒定义为:"计算机病毒(Computer Virus)指编制或者在计算机程序中插入的破坏计算机功能或者破坏数据,影响计算机使用并且能够自我复制的一组计算机指令或者程序代码。"

计算机病毒是人为制造的程序,它能够通过磁盘、磁带和网络等媒体传播并且能够进行自我复制,对计算机的资源有破坏作用。

2）计算机病毒的特点

计算机病毒一般具有如下的特点：

（1）寄生性

计算机病毒不是通常意义下的一个完整的计算机程序,常常寄生在正常程序中,享有被寄生程序的权力。

（2）可执行性

计算机病毒是一段可执行程序,寄生在其他可执行程序中。计算机病毒程序会与合法计算机程序争夺系统的控制权。一旦计算机病毒程序取得系统的控制权,即计算机病毒程序运行时,具有传染性和破坏性。

（3）传染性

计算机病毒程序一旦运行,会搜寻同一机器上的其他符合传染条件的程序或存储介质,如果找到这样的程序或存储介质就把病毒代码嵌入其中,被传染的程序或存储介质又会成为新的传染源,计算机中的大量文件就会被传染。

计算机病毒能够通过移动存储介质进行传播。例如,在一台感染了病毒的计算机上使用无病毒的 U 盘时,U 盘会感染上病毒,使用此 U 盘的其他计算机也会感染上病毒。

计算机病毒能够通过计算机网络进行传播。一台感染了病毒的计算机能够使联网的其他计算机感染上病毒。

（4）潜伏性

计算机病毒进入系统后并不立即发作,除了传染外,不表现出破坏性。隐藏在合法程序中的计算机病毒能够静静地呆在磁盘上几周或几月甚至更长时间,病毒的触发条件一旦得到满足,它就会对计算机资源进行破坏,如占用系统资源、删除硬盘文件等。

（5）可触发性

计算机病毒的发作需要满足一定的触发条件。触发条件是病毒编制者制定的,可以是时间、日期、文件类型或某些特定的数据。如果病毒的触发条件得到满足,病毒就进行传染或破坏活动;如果病毒的触发条件没有得到满足,病毒就继续潜伏。例如,CIHV1.2 病毒的发作日期是 4 月 26 日。

（6）破坏性

任何计算机病毒都会对计算机系统产生或大或小的影响,有的计算机病毒虽然对计算机系统不直接进行破坏,但占用系统资源,降低系统性能;有的计算机病毒直接破坏计算机系统,如毁坏系统数据,甚至造成系统瘫痪等。

（7）隐蔽性

感染了病毒的计算机系统一般仍然能够正常运行,感染了病毒的合法程序也仍然能够正常运行,计算机用户感觉不到明显的异常。计算机病毒的代码一般都很短小并且隐藏在合法程序中,用专门的病毒检测程序进行检测才能查出来。大多数病毒进行传染的速度极快,也很难被发现。

（8）衍生性

计算机病毒是一段可执行的计算机程序,好事者通过分析计算机病毒程序的结构,可以掌握设计者的设计思想和设计方法,从而对计算机病毒程序进行修改,衍生出新的计算机病毒,这又称为"变种病毒"。现在,很多病毒都有变种病毒,变种病毒的破坏性往往比原版病毒大得多。

(9) 针对性

计算机病毒是针对特定的计算机、特定的操作系统和特定的服务软件的。例如,有的计算机病毒专门攻击 Windows 操作系统,有的计算机病毒专门攻击 Unix 操作系统。

3) 计算机病毒的分类

按照感染方式,计算机病毒可以分为如下几类:

(1) 引导区型病毒

引导区型病毒一般先感染软盘的引导区,进而感染硬盘的主引导记录,以后当使用新的软盘时,软盘的引导区就会被感染。引导区型病毒一般在系统文件装入前加载到内存储器,从而进行传染和破坏。

(2) 文件型病毒

文件型病毒一般寄生在文件的首部或尾部,通过修改程序的第一条指令,从而在程序执行时转向病毒程序,进行传染和破坏。文件型病毒主要感染扩展名为. com、. exe、. drv、. bin、. ovl、. sys 等的可执行文件。

(3) 混合型病毒

混合型病毒既可以感染引导区,也可以感染文件,具有引导区型病毒和文件型病毒的特点。

(4) 宏病毒

宏病毒只感染 Microsoft Word 文档文件和模板文件,一般由 Visual Basic 或 Word 提供的宏程序语言编写。当对感染了宏病毒的文档进行操作时,宏病毒进行传播和破坏,这时可能出现不能进行复制、粘贴、打印以及保存等操作,正常的文档编辑工作被破坏。

(5) 网络病毒

网络病毒是基于网络来运行和传播,影响并破坏网络系统的病毒。例如蠕虫病毒,它只是占用内存,不修改磁盘文件,利用网络功能搜索网络地址,将自身向下一地址传播。

4) 计算机病毒的表现

计算机感染病毒时常会有异常表现,常见的有:

(1) 系统内存空间无故减少。大多数病毒动态常驻内存,导致内存减少,以前能够正常运行的软件不能运行,或者在使用应用程序的某个功能时会提示内存不足。

(2) 磁盘空间无故减少。有些病毒会占有磁盘引导扇区,有些病毒能够在短时间内感染大量文件,即使没有安装新的应用程序,磁盘空间也会减少。

(3) 主机经常无缘无故地死机或重启动。由于病毒感染计算机系统后将自身驻留在系统中并且对系统程序进行修改,使得系统运行极不稳定。

(4) 无故出现文件的时间和日期变动。

(5) 程序加载或执行时间无故变得很长。

(6) 屏幕显示异常信息。如屏幕显示一些不相干的话,出现莫名其妙的图像,Windows 默认的图标变成其他样式或者鼠标自己在动等。

(7) 系统文件丢失或损坏。有些病毒会删除或破坏计算机系统的文件,导致计算机系统无法启动。

(8) 以前能够正常操作的文件无故不能正常操作。

如果出现以上情况,说明该计算机可能已经感染了病毒。

5) 计算机病毒的防范

防范计算机病毒可以从以下两方面着手：首先，加强管理，规范使用计算机的规章制度；其次，采用硬件和软件防病毒技术。

具体的措施有：

（1）建立规范的计算机使用管理制度，为不同的人员设定不同的使用计算机的权限。有权限的人员可以使用相关的计算机或者访问相关的服务器。经常对计算机操作人员进行计算机病毒防范知识教育。

（2）使用防病毒卡和防病毒芯片。

（3）使用本机硬盘启动，尽量不要使用软盘启动。

（4）采用系统开机检查和病毒扫描程序。

（5）定期对重要文件进行备份。

（6）尽可能使用具有合法版权的软件，避免使用盗版软件。

（7）不得随意使用软盘、U 盘、移动硬盘，使用前应该进行相应的病毒检查。

（8）不得从网络上随意下载文件、随意接收电子邮件。接收的远程文件应该写入软盘或 U 盘，进行病毒检查后才能写入本机硬盘。

（9）安装计算机防病毒软件，并且定期对计算机进行扫描杀毒，防病毒软件版本应及时升级更新。

（10）使用网络防火墙。

（11）上网时不要随意点击不明链接，不要随意打开不明来历的电子邮件。

6) 常见病毒简介

（1）CIH 病毒

1998 年一种名叫"CIH"的恶性病毒开始"袭击"美国。随后 CIH 病毒侵入中国，造成严重损失。为此，公安部发出紧急通知，各反病毒软件厂商纷纷推出新版杀毒软件，一时沸沸扬扬，人心惶惶。

CIH 病毒的名称源自它的作者——当时仍然是台湾大同工学院（现大同大学）学生的陈盈豪的姓名拼音缩写。因为 CIH 病毒的 1.2 版和 1.3 版发作日期为 4 月 26 日（第一版本病毒创造出来的时间），正好是前苏联核电厂灾害"切尔诺贝利核事故"的纪念日，故曾被认为病毒作者撰写动机和切尔诺贝利事件有关，因此 CIH 病毒也被称做"切尔诺贝利（Chernobyl）病毒"。CIH 病毒被认为是最有害的广泛传播的病毒之一，会破坏用户系统中的全部信息，在某些情况下，会重写系统 BIOS 芯片中的系统程序，招致主板损坏。CIH 病毒是已发现的首例直接破坏计算机系统硬件的病毒。

（2）"熊猫烧香"病毒

2006 年年底，我国互联网上大规模爆发"熊猫烧香"病毒及其变种，该病毒通过多种方式进行传播，并将感染的所有程序文件改成熊猫举着三根香的模样，同时该病毒还具有盗取用户游戏账号等功能。该病毒传播速度快，危害范围广，案发时至少有上百万个人用户、网吧及企业局域网用户遭受感染和破坏，引起社会各界高度关注。"熊猫烧香"病毒在《2006 年度中国大陆地区电脑病毒疫情和互联网安全报告》的十大病毒排行中一举成为"毒王"。

2007 年 2 月 12 日湖北省公安厅宣布，根据统一部署，一举侦破了制作传播"熊猫烧香"病毒案，抓获李俊、雷磊等 8 名犯罪嫌疑人，并查清其编写、传播"熊猫烧香"病毒非法获利 20 余万元的犯罪事实。这是我国破获的国内首例制作计算机病毒的大案。

(3) 木马病毒

木马(Trojan)病毒源自古希腊特洛伊战争中著名的"木马计"而得名。它是指通过一段特定的程序(木马程序)来控制另一台计算机。木马病毒与计算机远程控制软件有点相似,但远程控制软件往往是经过许可之后才控制对方机器的,通常不具有隐蔽性;而木马病毒则完全相反,木马病毒是在对方不知情的情况下远程控制对方机器,是一种隐蔽性的、偷窃性的控制,其目的是偷窃被控制机器中的隐私。

木马病毒通常有两个可执行程序:一个是客户端,即控制端;另一个是服务端,即被控制端。植入被种者计算机的是"服务器"部分,而所谓的"黑客"正是利用"控制器"进入运行了"服务器"的计算机。运行了木马程序的"服务器"以后,被种者的计算机就会有一个或几个端口被打开,黑客就可以利用这些打开的端口进入计算机系统,享有服务端的大部分操作权限,例如给计算机增加口令,浏览、移动、复制、删除文件,修改注册表,更改计算机配置,将被控制端的个人隐私,如网络游戏密码、即时通信软件密码、用户上网密码甚至银行卡密码等通过发送电子邮件或向远程脚本程序提交的方式定时发送给木马的设计者或传播者。木马的设计者为了防止木马被发现,往往通过电子邮件附件或隐藏在在其他程序中发送。

360安全中心发布的《2011上半年中国网络安全报告》指出,仅2011年上半年我国新增木马等恶意程序的数量高达4.48亿个,平均每秒出现29个新木马,相比2010年同期暴涨346%。其中,黑客"刷库"对网民财产的威胁不亚于盗号木马。所谓"刷库",就是指黑客入侵网站服务器后窃取用户数据库。由于很多网民为图方便使用相同的账号和密码,如果其中一家网站被"刷库",就可能导致网上支付账户余额被黑客盗取。为此,网民应对网银、支付宝、财付通等重要账户单独设置高强度密码。网购木马是目前危害最严重的一类恶意程序,可劫持受害网民的网购资金。

(4) U盘病毒

随着U盘、移动硬盘、存储卡等移动存储设备的普及,U盘病毒也随之泛滥起来。国家计算机病毒处理中心发布公告称U盘已成为病毒和恶意木马程序传播的主要途径。

U盘病毒又称"Autorun病毒",是通过AutoRun.inf文件使用户的硬盘完全共享或中木马病毒。U盘病毒会在系统中的每个磁盘目录下创建Autorun.inf病毒文件(当然,不是所有的Autorun.inf都是病毒文件),借助Windows自动播放的特性,在用户双击盘符时就可立即激活指定的病毒。Autorun.inf本身是正常的文件,但可被利用做其他恶意的操作。不同的人可通过Autorun.inf放置不同的病毒,因此无法简单地说是什么病毒,可以是一切病毒、木马、黑客程序等。U盘病毒程序可能以下列方式存在:

①作为系统文件隐藏。一般系统文件是看不见的,所以这样就达到了隐藏的效果。但这也是比较初级的,现在的病毒一般不会采用这种方式。

②伪装成其他文件。由于一般人们不会显示文件名的后缀,或者是文件名太长看不到后缀,于是有些病毒程序将自身图标改为其他文件的图标,导致用户误打开。

③藏于系统文件夹中。虽然感觉与第一种方式相同,但是不然。这里的系统文件夹往往都具有迷惑性,如文件夹名是回收站的名字。

④隐藏文件夹,生成对应的文件夹图标的病毒文件或者快捷方式。

一般情况下,U盘不应该有Autorun.inf文件。如果发现U盘有Autorun.inf文件且不是用户自己创建的,请删除它,并且尽快查毒。如果有类似回收站、杀毒文件等文件,而又能通过对比硬盘上的回收站名称、正版的杀毒软件名称来确认该内容不是用户创建生成的,请删除它。建议插入U盘时,不要双击U盘来打开,而是选择利用资源管理器来打开U盘。

4.8　计算机的职业道德和法律法规

目前,在计算机应用过程中出现了很多违反职业道德以及法律法规的现象,例如计算机病毒层出不穷,利用网络盗取别人的银行账号进而盗取别人的资金,使用盗版软件的情况时有发生。国内和国外都重视对知识产权的保护,对计算机的使用也制定了相应的法律法规。使用计算机的人员不仅应该具备良好的职业道德,而且应该遵守国家的法律法规。

计算机操作人员应该诚实、守信和守法,不利用计算机伤害别人,尊重他人,尊重他人的隐私,尊重他人的劳动成果,尊重知识产权不使用盗版软件,在没有得到别人授权的情况下不使用他人的计算机资源,不使用计算机谋取不正当的利益。

为适应信息化社会的发展,保障国家的信息安全,保护国家和公民的权益,国家制定了有关的法律法规,如《中华人民共和国计算机信息系统安全保护条例》《计算机信息网络国际联网安全保护管理办法》《计算机病毒防治管理办法》《计算机信息系统国际联网保密管理规定》《互联网信息服务管理办法》《互联网公告服务管理规定》《计算机信息系统安全专用产品检测和销售许可证管理办法》等。

2000 年 12 月 29 日,第九届全国人大常委会第十九次会议表决通过了《全国人民代表大会常务委员会关于维护互联网安全的决定》。此决定从保障互联网的运行安全,维护国家安全和社会稳定,维护社会主义市场经济秩序和社会管理秩序以及保护个人、法人和其他组织的人身、财产等合法权利等四个方面对计算机犯罪行为进行了界定。

(1) 为了保障互联网的运行安全,对有下列行为之一,构成犯罪的,依照刑法有关规定追究刑事责任:

①侵入国家事务、国防建设、尖端科学技术领域的计算机信息系统;

②故意制作、传播计算机病毒等破坏性程序,攻击计算机系统及通信网络,致使计算机系统及通信网络遭受损害;

③违反国家规定,擅自中断计算机网络或者通信服务,造成计算机网络或者通信系统不能正常运行。

(2) 为了维护国家安全和社会稳定,对有下列行为之一,构成犯罪的,依照刑法有关规定追究刑事责任:

①利用互联网造谣、诽谤或者发表、传播其他有害信息,煽动颠覆国家政权、推翻社会主义制度,或者煽动分裂国家、破坏国家统一;

②通过互联网窃取、泄露国家秘密、情报或者军事秘密;

③利用互联网煽动民族仇恨、民族歧视,破坏民族团结;

④利用互联网组织邪教组织、联络邪教组织成员,破坏国家法律、行政法规实施。

(3) 为了维护社会主义市场经济秩序和社会管理秩序,对有下列行为之一,构成犯罪的,依照刑法有关规定追究刑事责任:

①利用互联网销售伪劣产品或者对商品、服务做虚假宣传;

②利用互联网损坏他人商业信誉和商品声誉;

③利用互联网侵犯他人知识产权;

④利用互联网编造并传播影响证券、期货交易或其他扰乱金融秩序的虚假信息;

⑤在互联网上建立淫秽网站、网页,提供淫秽站点链接服务,或者传播淫秽书刊、影片、音像、图片。

（4）为了保护个人、法人和其他组织的人身、财产等合法权利,对有下列行为之一,构成犯罪的,依照刑法有关规定追究刑事责任:

①利用互联网侮辱他人或者捏造事实诽谤他人;

②非法截获、篡改、删除他人电子邮件或者其他数据资料,侵犯公民通信自由和通信秘密;

③利用互联网进行盗窃、诈骗、敲诈勒索。

《全国人民代表大会常务委员会关于维护互联网安全的决定》对以上的15种行为决定依照刑法有关规定追究刑事责任,对其他行为,构成犯罪的,依照刑法有关规定追究刑事责任。利用互联网实施违法行为,违反社会治安管理,尚不构成犯罪的,由公安机关依照《治安管理处罚条例》予以处罚;违反其他法律、行政法规,尚不构成犯罪的,由有关行政管理部门依法给予行政处罚;对直接负责的主管人员和其他直接负责人员,依法给予行政处分或者纪律处分。利用互联网侵犯他人合法权益,构成民事侵权的,依法承担民事责任。

习 题 四

一、选择题

1. 人们往往会用"我用的是10 M宽带上网"来说明自己的计算机连网的性能,这里的"10 M"指的是数据通信中的_____指标。

A. 最高数据传输速率　　　　　　　　B. 平均数据传输速率

C. 每分钟数据流量　　　　　　　　　D. 每分钟IP数据包的数目

2. 计算机局域网按拓扑结构进行分类,可分为环型、星型和_____型等。

A. 电路交换　　　　B. 以太　　　　　C. 总线　　　　　D. 对等

3. 交换式以太网与总线式以太网在技术上有许多相同之处,下面叙述中错误的是_____。

A. 使用的传输介质相同　　　　　　　B. 网络的拓扑结构相同

C. 传输的信息帧格式相同　　　　　　D. 都使用以太网卡

4. 以下关于局域网和广域网的叙述中,正确的是_____。

A. 广域网只是比局域网覆盖的地域广,它们所采用的技术是完全相同的

B. 局域网中的每个节点都有一个唯一的物理地址,称为介质访问地址(MAC地址)

C. 现阶段家庭用户的PC只能通过电话线接入网络

D. 单位或个人组建的网络都是局域网,国家或国际组织建设的网络才是广域网

5. 常用的局域网有以太网、FDDI网等类型。下面的相关叙述中,错误的是_____。

A. 总线式以太网采用带冲突检测的载波侦听多路访问(CSMA/CD)方法进行通信

B. 以太网交换机比集线器具有更高的性能,它能提高整个网络的带宽

C. FDDI网通常采用光纤双环结构,具有高可靠性和数据传输的保密性

D. FDDI网的MAC地址和帧格式与以太网相同,因此这两种局域网可以直接互连

6. 接入因特网的每台计算机的IP地址_____。

A. 由与该计算机直接连接的交换机及其端口决定

B. 由该计算机中网卡的生产厂家设定

C. 由网络管理员或因特网服务提供商(ISP)分配

D. 由用户自定

7. 因特网的IP地址由三个部分构成,从左到右分别代表_____。

A. 网络号、主机号和类型号　　　　　　B. 类型号、网络号和主机号

    C. 网络号、类型号和主机号   D. 主机号、网络号和类型号

8. 因特网使用 TCP/IP 协议实现全球范围内的计算机网络互连,连接在因特网上的每一台主机都有一个 IP 地址。下面不能作为 IP 地址的是_____。

    A. 222.95.52.217   B. 201.256.39.68

    C. 120.34.0.19   D. 21.18.33.48

9. 路由器用于连接多个异构的计算机网络。下列是有关网络中路由器与 IP 地址的叙述,其中正确的是_____。

    A. 路由器不能有 IP 地址

    B. 路由器可不分配 IP 地址

    C. 路由器只需分配一个 IP 地址

    D. 路由器应分配两个或两个以上的 IP 地址

10. 在下列有关 ADSL 技术及利用该技术接入因特网的叙述中,错误的是_____。

    A. 从理论上来看,其上传和下载速度相同

    B. 一条电话线可同时接听/拨打电话和进行数据传输

    C. 利用 ADSL 技术进行数据传输时,有效传输距离可达几千米

    D. 目前利用 ADSL 技术上网的计算机一般需要使用以太网卡

11. 下列有关利用有线电视网和线缆调制解调器(Cable Modem)接入因特网的优点的叙述中,错误的是_____。

    A. 每个用户独享带宽且速率稳定   B. 无需拨号

    C. 不占用电话线   D. 可永久连接

12. Web 浏览器和 Web 服务器都遵循_____协议,该协议定义了浏览器和服务器的网页请求格式及应答格式。

    A. TCP   B. HTTP   C. UDP   D. FTP

13. 关于电子邮件服务,下列叙述中错误的是_____。

    A. 网络中必须有邮件服务器用来运行邮件服务器软件

    B. 用户发出的邮件会暂时存放在邮件服务器中

    C. 用户上网时可以向邮件服务器中发出接收邮件的请求

    D. 发邮件者和收邮件者如果同时在线,则可以不通过邮件服务器而直接发送和接收邮件

14. 下列有关网络信息安全的叙述中,正确的是_____。

    A. 只要加密技术的强度足够高,就能保证数据不被非法窃取

    B. 访问控制的任务是对每个文件或信息资源规定各个(类)用户对它的操作权限

    C. 硬件加密的效果一定比软件加密好

    D. 根据人的生理特征进行身份鉴别的方式在单机环境下无效

15. 网络信息安全主要涉及数据的完整性、可用性、机密性等问题。保证数据的完整性就是_____。

    A. 保证传送的数据信息不被第三方监视和窃取

    B. 保证发送方的真实身份

    C. 保证传送的数据信息不被篡改

    D. 保证发送方不能抵赖曾经发送过某数据信息

二、填空题

1. 因特网上有许多不同结构的局域网和广域网互相连接在一起,它们能相互通信并协调

工作的基础是因为都采用了_____协议。

2. 我国第 2 代和第 3 代移动通信采用的技术标准有 GSM、TD-SCDMA、CDMA2000、WC-DMA 等，其中我国自主研发的是_____。

3. Wi-Fi 是一组在_____标准中定义的无线网络技术。

4. 连接在 Internet 上的每一台主机都有一个 IP 地址。目前使用的是 IPv4 标准（32 位地址），下一代互联网将会采用 IPv6 标准，其 IP 地址为_____位。

5. 现在因特网上的多数邮件系统使用____协议，它允许邮件正文具有丰富的排版格式，可以包含图片、声音和超链接，从而使邮件的表达能力更强，内容更丰富。

三、判断题

1. 在数据通信中采用分组交换技术，可以动态分配信道资源，提高传输效率和质量。（　　）

2. 数据通信网络大多采用分组交换技术，不同类型网络的数据包格式是相同的。（　　）

3. 目前无线局域网可采用的协议有 Wi-Fi 和蓝牙等，后者的数据传输速率比前者更高。
（　　）

4. 因特网上作为服务器的计算机使用静态 IP 地址，而多数其他计算机使用动态 IP 地址。
（　　）

5. 目前我国许多城市采用"光纤到楼、以太网入户"的做法，用户可以享受数兆乃至百兆的带宽。（　　）

6. 网络信息安全只需要相关技术的支持，无需注重管理。（　　）

7. 入侵检测与防火墙一样，都是被动保护系统免受攻击的一种网络安全技术。（　　）

8. 木马病毒是一种后门程序（远程监控程序），黑客常用它来盗窃用户账号、密码和关键数据。（　　）

四、简答题

1. 什么是计算机网络？

2. 计算机网络的基本功能是什么？

3. 什么是计算机局域网？

4. 什么是计算机广域网？

5. 计算机局域网有什么特点？组建计算机局域网需要哪些软硬件？

6. 简述 Internet 的体系结构。

7. 简述 Internet 的服务与应用。

8. 什么是计算机病毒？计算机病毒有何特点？

5　多媒体技术及应用

多媒体技术是计算机技术和社会需求相结合的产物。随着计算机技术、通信技术和广播电视技术三大领域的高速发展、相互渗透与相互融合,多媒体技术将与 Internet 一起成为推动 21 世纪信息化社会发展最重要的动力之一。多媒体技术应用已成为当今信息技术领域发展最快、最活跃的技术,是新一代电子技术发展和竞争的焦点。

5.1　多媒体技术概述

5.1.1　多媒体基本概念及分类

要了解多媒体,首先必须知道什么是媒体。媒体(Media)是信息表示和传输的载体。媒体在计算机中有两种含义:一是指媒质,即存储信息的实体,如磁盘、光盘、磁带和半导体存储器等;二是指传输信息的载体,如数字、文字、声音、图形和图像等。

按国际电信联盟(ITU)标准的定义,媒体可分为以下 5 种:

(1) 感觉媒体(Perception Media):能直接作用于人的感官,使人产生感觉的媒体,如声音、图像、文字、数据和文件等。

(2) 表示媒体(Presentation Media):人为研究和构造出来的一种媒体,目的是能够更有效地加工、处理和传输感觉媒体,如语言编码、文本编码和图像编码等。

(3) 显示媒体(Display Media):指感觉媒体和用于通信的电信号之间转换用的一类媒体,又分为输入显示媒体(如话筒、键盘、摄像机和光笔等)和输出显示媒体(如显示器、音箱和打印机等)。

(4) 存储媒体(Storage Media):用于存放数字化表示媒体的存储介质,如磁盘、光盘和半导体存储器等。

(5) 传输媒体(Transmission Media):用来将表示媒体从一点传输到另一点的物理传输介质,如同轴电缆、双绞线和光纤等。

多媒体一词来源于英文“Multimedia”,即多种媒体。从一方面来讲,多媒体是指多种媒体信息的表现和传播形式;从另一方面来讲,多媒体是指人们利用计算机及其他设备交互处理多媒体信息的方法、手段和技术。人们在日常生活中进行交流时,可以通过触觉、嗅觉和味觉来感受外界信息,也可以通过声音、文字和图形来传递信息,因此人本身其实就是一个多媒体信息处理系统。

5.1.2　多媒体中的媒体元素

多媒体中的媒体元素是指可以显示给用户的媒体成分,主要包括文本、图形、图像、动画、音频和视频等。

1) 文本(text)

文本是指包括各种字体、尺寸、格式及色彩的文字及专用符号。它是现实生活中最常用的一种信息存储和传输方式。文本是计算机文字处理程序的基础,通过对文本显示方式的组织,多媒体应用系统可以使显示的信息更容易理解和掌握。文字是组成计算机文本的基本元素。纯文字的文本常为. txt 文件格式。在 Microsoft Word 中,若文本文件中加入了排版命令,则为.doc 文件格式,该文件中带有段落格式、字体、编号、分栏和边框等格式信息。计算机获取文字的方法有以下几种:

(1) 键盘输入:使用普通英文键盘,选用现有的输入方法进行文字输入。

(2) OCR(光学字符识别)汉字识别输入:将待输入的印刷体文字经扫描仪输入到计算机,可获得文本文件,常用于印刷体文字的输入。

(3) 手写输入:在手写板上用专用笔或手指写字,向计算机输入。

(4) 语音输入:在较为安静的环境中对着话筒讲话,通过适当的语音识别软件可以将所讲内容转换成文本文件。目前语音识别技术还不是太成熟,准确度还不是很理想。

2) 图像与图形(Bitmap&Graphic)

(1) 图像(Bitmap)。图像,即位图图像,将所观察到的景物按行列方式进行数字化,对图像的每一点都用一个数值表示,所有这些值共同构成了位图图像。显示设备可以根据这些数字在不同位置表示不同颜色来显示一幅图像。

位图图像可以用画位图的软件绘制,也可以通过扫描仪获得,还可以通过数码相机或数码摄像机获得。位图图像可以用图像处理软件(如 Photoshop)进行编辑处理。

(2) 图形(Graphic)。图形是指从点、线、面到三维空间的黑白或彩色矢量图形,它是一种抽象化的图像,反映图像上的关键特征。与位图不同的是,图形文件保存的不是像素点的数值,而是一组描述点、线、面等集合图形的大小、形状、位置、维数及其他属性的指令集合,通过读取指令转化为屏幕上显示的影像。由于大多数情况下不需要对图形上的每一个点进行量化保存,所以图形文件比图像文件的数据量小得多。图形可以通过图形编辑器产生,也可以由程序生成。

(3) 图形与图像的主要区别。图形与图像的主要区别在于:图形可以进行变换而不会出现失真,而图像进行变换则会出现失真;图形能以图元为单位单独进行属性修改、编辑等操作,而图像则不能,因为图像中并没有图像内容的独立单位,只能对像素或图像块进行处理。

3) 动画(Animation)

动画技术是利用"视觉暂留"原理,将不同图像以一定速度播放,从而在人的视觉中产生变化的和运动的连续画面的一种技术。根据应用领域的不同,计算机动画可以分为二维动画和三维动画。二维动画是以二维空间的形体为研究对象,而三维动画是以三维空间的形体为研究对象。二维动画可以单纯依靠手工来完成,而三维动画离开计算机是无法实现的。

在各种媒体的创作系统中,动画创作所要求的软硬件环境都是很高的。它不仅需要高速的 CPU 和较大的内存容量,而且所需要的软件工具也较复杂、庞大。流行的动画创作工具软件有很多,二维动画制作软件有 Animator、RETAS、PEGS 及 Flash 等;三维动画制作软件有 Softimage 3D、3DS MAX、LightWave 3D 和 MAYA 等。

4) 音频(Audio)

音频包括语音、音乐和自然界的各种声响。语音也叫话音,是人类为了表达思想通过发音器官发出的声音,是人类语言的物理形式。音乐是符号化了的声音,比语音更加规范。声响则指自然界除语音和音乐以外的声音,包括大海的涛声、山林的风声、天空的惊雷等,也包括各种噪声。

自然的声音都是模拟信号。话筒是音频的输入设备,模拟音频经过话筒变成相应的电信号输入到计算机的声卡中,由声卡进行数字化处理后进行压缩编码,最后进行播放、存储和传输。扬声器是音频的输出设备,所有的音频信号最终都通过扬声器还原出原始的声音。

与动画、视频等多媒体信息一样,音频的数据量也很大,因此需要进行数据压缩。压缩比越大,还原出的声音质量就越差,反之亦然。例如,数字电话中的话音质量就远低于数字激光唱盘的声音质量。

5)视频(Video)

将若干有联系的图像画面连续播放便形成了视频。视频的每一帧实际上就是一幅静态图像,多幅图像连续播放,人眼就会产生图像"动"的感觉。"视频"一词来源于电视技术,电视视频都是模拟信号,而计算机视频则是数字信号。

计算机获取视频的方法有:通过摄像机、录像机或电视机等模拟视频设备输出模拟视频信号,并将它输入到计算机内的视频采集卡进行数字化转换,然后存储;对于数码摄像机而言,可以直接将其输出到计算机的数字接口(IEEE 1394)进行信号的变换和记录。

帧速率是视频的一项重要的技术参数。动画和视频都是利用人的视觉暂留原理快速变换帧的内容而使人感受到"动"的效果。单位时间内播放的帧数越多,画面看起来越稳定,闪烁感越低。NTSC 制为 30 f/s(帧/秒),PAL 制为 25 f/s。有时为了减少数据传输量而人为降低帧数,人的视觉也能基本接受,只是效果较差。例如,视频会议中为了减小所需带宽,会采用人为降低帧速率的办法。

视频的质量一方面取决于原始图像信号源的质量,另一方还与数据压缩比密切相关。视频由于是由多幅静态图像连续播放形成的,帧速率较高,因此数据量巨大,这给视频的存储和实时传输造成很大困难,数据压缩势在必行。由于视频压缩采用的是有损压缩方式,数据压缩比越大,图像质量下降得越多。

5.1.3　多媒体技术及特点

1)多媒体技术

多媒体技术是指能够同时获取、处理、编辑、存储和显示两种以上媒体信息(如文本、图形、图像、音频、视频和动画等)的技术。由于计算机以其强大的数据处理功能和人机交互功能极大地促进了多媒体技术的发展,因此目前的多媒体技术都是基于计算机的一种技术。人们通常认为,多媒体技术是先进的计算机技术与视频技术、音频技术、电子技术和通信技术相互融合的结果。多媒体技术能提供多种文字信息、音频和视频信息的输入、输出、传输、存储和处理,使显示的信息图文并茂,声情并茂,更加形象、直观、自然,使人赏心、悦耳、悦目。

2)多媒体技术的特点

多媒体技术的特点主要包括信息载体的多样性、集成性和交互性。

(1)多样性。多样性是指综合处理多种媒体信息,包括文本、音频、图形、动画和视频等。多媒体信息的多样性表现在三方面:一是媒体表现形式多样化,有数值、文字、声音、图像和视频等多种形式;二是处理媒体的硬件设备多样化,如声卡、显卡和网卡等多种设备;三是存储媒体信息的实体多样化,如光盘、磁带和半导体存储器等。

(2)集成性。集成性首先是指多媒体信息的集成,各种媒体信息的多通道统一获取、多媒体信息的统一存储和组织以及多媒体信息的表现合成等。集成性还包括多媒体处理设备或工具的集成,也就是说,多媒体的各种设备应该整合在一起,构成一个整体。从硬件来看,应具备能够处理多媒体信息的高性能计算机系统以及与之相应的输入、输出能力及外设；从软件方面来看，应该有统一的多媒体操作系统，适合于多媒体信息管理的软件系统、创作工具及各类应用软件等，并且在网络的支持下，集成构造出支持广泛应用的各种信息系统。

（3）交互性。交互性指用户可以与计算机实现复合信息的双向处理，即用户和计算机之间可以进行数据交换、媒体交换和控制权交换等。交互可以增加对信息的注意力和理解力，延长信息的保留时间，从而为用户提供更加有效的控制和使用信息的手段。

5.1.4　多媒体技术的应用

多媒体所涉及的技术范围很广，技术很新，研究内容很深，是多种学科和多种技术交叉的领域。目前，多媒体技术的研究和应用开发主要在下列几个方面：

（1）多媒体数据表示技术，包括文字、声音、图形、图像、动画、影视等媒体在计算机中的表示方法。由于多媒体的数据量大得惊人，尤其是声音和影视，包括高清晰度数字电视在内的这类连续媒体为克服数据传输通道带宽和存储器容量的限制，投入了大量的人力和物力来开发数据压缩和解压缩技术。人机接口技术，如语音识别和文本—语音转换，也是多媒体研究中的重要课题。虚拟现实（Virtual Reality，VR）是当今多媒体技术研究中的热点技术之一。

（2）多媒体创作和编辑工具，利用多媒体创作编辑软件进行多媒体素材的综合处理。常用的多媒体创作和编辑工具有 Photoshop、Authorware、Cool Edit 及 Flash 等。

（3）多媒体数据存储技术，包括 CD 技术、DVD 技术等。

（4）多媒体应用开发，包括多媒体 CD 节目制作、多媒体数据库、环球超媒体信息系统、多目标广播技术、影视点播、远程视频会议、远程教育系统、多媒体信息的检索等。

5.2　超文本和超媒体

多媒体信息以爆炸的方式不断地膨胀，形成海量数据，使得通常的信息存储与检索机制越来越不能高效实施来全面地满足人们日益增长的需求，尤其是不能像人类的思维方式那样以联想方式来确定信息的内部关联性。近些年来不断研究与发展的超文本与超媒体就是为了解决这个领域难题的一种高级多媒体技术。

5.2.1　超文本和超媒体的概念

超文本（hypertext）和超媒体（hypermedia）的概念与多媒体密切相关，因此很容易把它们和多媒体混淆在一起。

传统的媒体表达以文字为主体，以字符为基本表达信息的单位，并且以线性形式组织数据。而现代的媒体以多种媒体形式来表示信息，并且各种媒体信息之间能提供网状链接结构。一种按信息之间的关系非线性地存储、组织、管理和浏览信息的计算机技术就称为"超文本"。它的概念可以用图 5.1 来表示。文本①中的"超文本"与②中的"超文本"建立了链接关系，①中的"超媒体"与③中的"超媒体"建立了链接关系，③中的"超链接"与④中的"超链接"建立了链接关系，这种文件就称为超文本文件。由图 5.1 可以看出超文本具有包含多种媒体信息、网络结构形式和交互性三大特点。

图 5.1　超文本的概念

超文本不是顺序的,而是一个非线性的网状结构,它把文本按其内部固有的对立性划分成不同的基本信息块,称为"节点(node)"。一个节点可以是一个信息块,也可以由若干节点组成的信息块。节点之间按它们的自然关联,用链(link)连接成网,链的起始节点称为"锚节点(anchor node)",终止节点称为"目的节点"。这种链可以超出一个文本,通常称为"超链接"(hyperlink)。

早期的超文本的表现形式仅仅是文字的,这就是它被称为"文本"的原因。随着多媒体技术的发展,各种各样多媒体接口的引入,信息的表现方式扩展到视觉、听觉及触觉媒体。利用超文本形式组织起来的文件不仅仅是文本,也可以是图、文、声、像以及视频等多媒体形式的文件,这种多媒体信息就构成了超媒体。

超媒体方法和超文本方法都以非线性方式组织信息,从本质上说是完全一样的。主要区别在于超媒体方法组织的信息对象更多,因此从理论上说,超媒体是超集。通常情况下,如果没有特别强调,人们常常将这两者互换使用。

超媒体和多媒体不同,它们之间的关系可以用一个简单的公式来说明,即:

$$超媒体＝超文本＋多媒体$$

5.2.2　超文本和超媒体的组成要素

超文本和超媒体主要由节点和链组成。

1) 节点

超文本是由节点和链构成的信息网络。节点是表达信息的单位,是围绕一个特殊主题组织起来的数据集合。节点的内容可以是文本、图形、图像、动画、音频、视频等,也可以是一般计算机程序。

节点分为两种类型:一种称为表现型,用于记录各种媒体信息,表现型节点按其内容的不同可分为许多类别,如文本节点和图文节点等;另一种称为组织型,用于组织并记录节点间的联结关系,它实际起索引目录的作用,是连接超文本网络结构的纽带,即组织节点的节点。

根据节点表示方法的不同,大致可以把节点分为以下几种类型:文本节点、图形节点、图像节点、音频节点、视频节点、混合媒体节点、按钮节点、组织型节点、推理型节点。

2) 链

链是组成超文本的基本单位,它以某种形式将一个节点与其他节点连接起来。由于超文本没有规定链的规范与形式,因此超文本与超媒体系统的链也是不同的,信息间的联系可以是多种多样的,从而引起链的种类也是复杂多变的。但最终达到的效果却是一致的,即建立起节点之间的联系。

链的一般结构可分为三个部分：链源、链宿及链的属性。链源是导致节点迁移的原因，链宿是链的目的所在，链的属性决定了链的类型。各类链的特点如下：

(1) 基本结构链是构成超媒体的主要形式，在建立超媒体系统前需要创建基本结构链。它的特点是层次与分支明确。

(2) 索引链是超文本所特有的。

(3) 推理链用于系统的机器推理与程序化。

(4) 隐形链又称关键字链或查询链。

5.2.3　超文本标记语言(HTML)

WWW 系统是一种超文本系统，或称 Web 系统。它与其他超文本的不同之处是基于 Internet，能够把世界各地的文本、图形、图像、声音、视频等信息资源有机地结合在一起。将这些信息结合起来，主要依靠以下三种基本技术：

①指定网上信息资源地址的统一命名方法 URL；

②存取资源的协议 HTTP；

③在资源之间很容易浏览的超文本链接技术。

为了出版可在全球发行的信息，用户需要一种所有计算机都能够理解的出版语言，现在 WWW 使用的文档是基于超文本标记语言(Hyper Text Markup Language, HTML)的。

HTML 与其他高级语言(如 C 语言等)不同，它不是一种程序设计语言，而是一种页面语言，很大程度上和排版语言相似。制作 HTML 文档时需要加入一些标记，用于说明一些段落、标题、图像、字体等。当用户通过 Web 浏览器阅读 HTML 文档时，浏览器负责解释插入在文档中的各种标记，并以此为依据显示文档的内容。

5.2.4　超文本和超媒体的应用

随着多媒体技术的发展，超文本与超媒体技术具有广阔的应用前景。超文本与超媒体组织和管理信息的方式符合人们"联想"的思维习惯，适合于非线性的数据组织形式。这种独特的表现方式使它得到了广泛的应用。

(1) 办公自动化。Apple 公司的 Hypercard 软件展示了把 Hypercard 用于办公室日常工作的一个方面，它以卡片的形式提供了形象的电话簿、备忘录、日历、价格表与文献摘要等，是应用多媒体管理技术的一个实例。

(2) 大型文献资料信息库。将超文本与超媒体技术广泛应用于大型文献资料信息库的建设。目前已经研制出来的中英文字典系统就是按照超文本与超媒体的方式组织和构造，它收录了 25 万项条目，计 4 181 万字、186 万个记号。对于采用这种方式存储的 30 卷百科全书，查询时间只需几秒钟。

(3) 综合数据库应用。在各类工程应用中，要求用图纸、图形、文字、动画或视频表达概念和设计，一般数据库系统是无法表达的，而超文本与超媒体技术为这类工程提供了强有力的信息管理工具，不少系统已将它应用于联机文档的设计和软件项目的管理。

(4) 友好的用户界面。超文本与超媒体不仅是一项信息管理技术，也是一项界面技术。图形用户界面(GUI)使用户桌面由字符命令菜单方式转为图形菜单方式，而超文本技术在 GUI 基础上再上了一个新台阶，即多媒体用户界面(MMGUI)，数字和图形、图像、动画、音频、视频等信息都能展现在用户的面前。

5.3　图形与图像

图形、图像是人类最容易接收的信息媒体。中国有句古语"百闻不如一见",这说明图形、图像是信息量极其丰富的媒体,一幅图画可以形象、生动、直观地表现出大量的信息,具有文字和声音所不可比拟的优点。因此在多媒体作品中,图形图像是不可缺少的。随着 Windows 的 GUI 和彩色显示技术的发展,图形图像技术的进一步开发应用有了更强有力的支持。

图形是指由点、线、面以及立体几何图形元素所构成的黑白或彩色几何图,一般指用计算机绘制的画面。数字图像就是一个由量化后的采样点的光强值组成的矩阵。图像上的采样点叫"图像元素",也称为"像素(pixel)"。像素的光强值叫"灰度级",用整数表示,其值取决于图像函数在这一点附近区域颜色的平均效果。数字图像常占用很大的存储空间。

5.3.1　图像的类别

1)矢量图与点阵图

计算机中的数字图像按照其生成方法可以分为两类:通过计算机合成制作的图像称为"矢量图形",简称"图形";通过扫描仪、数码相机等数字设备所获取的图像称为"采样图像"、"点阵图像"或"位图图像",简称"图像"。虽然这两种生成图的方法不同,但在显示器上显示的结果几乎没有什么差别。

图形文件只记录生成图形元素的算法和特征点信息(几何图形的大小、形状以及位置、维数等),因此称为"矢量图"。图形的格式是一组描述点、线、面等几何元素特征的指令集合。绘图程序就是通过读取图形格式指令,并将其转换为屏幕上可显示的形状和颜色(如画点、画线、画曲线、画圆、画矩形等),从而生成图形的软件。这种方法实际上是用数学方法来描述一幅图,然后变成许多的数学表达式,再编程,用计算机语言来表达。在计算机上显示图形时,相邻的特征点之间的曲线用诸多小直线连接形成。若曲线围成封闭图形,可用着色算法填充颜色。

矢量图的最大优点是可以分别控制处理图中的各个部分,如目标图形元素的移动、缩小、放大、旋转、拷贝、属性的改变(如线条变宽变细、颜色的改变);不同的物体可在屏幕上重叠并保持各自的特征,必要时也可以分开独立显示;相同的或类似的图可以作为图形的构造块,存储到图形构件库中,以便加速图形的生成,而且可以减小矢量图文件的大小。

矢量图主要用于线框形的图画、工程制图、美术字等。大多数 CAD 和 3D 造型软件采用矢量图形作为基本图形存储格式。计算机中图形的存储格式大小都不固定,与特定的绘图软件有关。常用的矢量图形文件有 3DS(用于 3D 造型软件)、DXF(用于 CAD)、WMF(用于桌面出版系统)等。

矢量图形文件的特点是数据量相对比较小,图形的绘制和显示需要计算机执行相应的算法,所以需要一定的时间开销。因此,当图形很复杂时,计算机就要花费很长的时间去执行绘图指令。此外,对于一幅复杂的彩色照片(例如一幅真实世界的彩照),恐怕就很难用数学来描述,因而就不用矢量图表示,而是采用点阵图表示。

点阵图是把一幅彩色图分成许多的像素,如图 5.2 所示。每个像素用若干个二进制位来指定该像素的颜色、亮度和属性。因此一幅点阵图由许多描述每个像素的数据组成,这些数据通常称为"图像数据",存储图像数据的文件又称为"图像文件"。点阵图的获取通常用扫描仪以及摄像机、录像机、激光视盘与视频信号数字化卡一类设备,通过这些设备把模拟的图像信号经过采样和量化等过程转换成数字图像数据。

图 5.2　一幅图像由许多像素组成

　　点阵图文件占据的存储器空间相对于矢量图来说大得多。影响点阵图文件大小的因素主要有两个参数：图像分辨率和像素深度。分辨率越高，就是组成一幅图的像素越多，图像数据越多，则图像文件越大；像素深度越深，就是表达单个像素的颜色和亮度的位数越多，图像数据越大，图像文件就越大。而矢量图文件的大小则主要取决于图形的复杂程度。

　　点阵图用"位"来定义图中每个像素的颜色和亮度信息，例如黑白线条图常用 1 位二进制位表示，灰度图常用 4 位二进制位（16 种灰度等级）或 8 位二进制位（256 种灰度等级）表示像素点的亮度，而彩色图像则有多种描述方法。彩色图像需要硬件（显卡）合成显示。点阵图适用于表现层次和色彩比较丰富、包含大量细节的图像，具有灵活和富于创造力等特点。点阵图图像的关键处理技术包括图像的扫描、编辑、压缩与解压缩、色彩一致性再现等，常用的图像处理软件有 Photoshop、画笔和 CorelDraw 等。

　　矢量图与点阵图相比，显示点阵图文件比显示矢量图文件要快；矢量图侧重于绘制和创造，点阵图偏重于获取和复制。矢量图和点阵图之间可以用软件进行转换，矢量图转换成点阵图采用光栅化技术，相对容易；点阵图转换成矢量图采用跟踪技术，这种技术在理论上说是容易的，但在实际中很难实现，对复杂的彩色图像尤其如此。

　　2）灰度图与彩色图

　　灰度图按照灰度等级的数目来划分。只有黑白两种颜色的图像称为单色图像，如图 5.3 所示的即为标准单色图像。图中的每个像素的像素值用 1 位二进制位存储，它的值只有"0"或者"1"，一幅 640×480 的单色图像需要占据 37.5 KB 的存储空间。

图 5.3　标准单色图

图 5.4　标准灰度图

　　图 5.4 是一幅标准灰度图。如果每个像素的像素值用一个字节表示,灰度值级数就等于 256 级,每个像素可以是 0～255 之间的任何一个值,一幅 640×480 的灰度图像就需要占据 300 KB 的存储空间。

　　彩色图像可按照颜色的数目来划分,例如 256 色图像和真彩色(2^{24}＝16 777 216 种颜色)图像等。图 5.5 是将一幅 256 色标准彩色图像(图 5.5(a))转换成 256 级灰度图(图 5.5(b)),彩色图像的每个像素的 R、G 和 B 值用一个字节来表示,一幅 640×480 的 8 位彩色图像需要 307.2 KB 的存储空间;图 5.6 是将一幅 24 位真彩色图像(图 5.6(a))转换成 256 级灰度图像(图 5.6(b)),每个像素的 R、G、B 分量分别用一个字节表示,一幅 640×480 的 24 位真彩色图像需要 921.6 KB 的存储空间。

　　许多 24 位彩色图像是用 32 位存储的,这个附加的 8 位叫做"Alpha 通道",它所表示的 Alpha 值常用来表示像素产生的特技效果。真彩色表示的图像需要很大的存储空间,网络传输时也很费时间。由于人的视角系统具有相对比较低的颜色分辨率这个特点,因此在没有必要使用真彩色的情况下就尽可能不用。

(a)　　　　　　　　　　　　　　　　　　(b)

图 5.5　256 色标准彩色图像转换成的 256 级灰度图

(a)　　　　　　　　　　　　　　　　　　(b)

图 5.6　24 位真彩图像转换成的 256 级灰度图

5.3.2　图像的属性

描述一幅图像需要使用图像的属性。图像的属性包含分辨率、像素深度和颜色模型。

1) 分辨率

图像分辨率是指组成一幅图像的像素密度的度量方法。对同样大小的一幅图,如果组成该图像的像素数目越多,则说明图像的分辨率越高,看起来就越逼真;相反,图像就显得越粗糙。

在用扫描仪扫描彩色图像时,通常要指定图像的分辨率,常用的单位是 DPI(Dots Per Inch),表示每英寸长度图像上像素点的数量。位图图像是二维的,图像的分辨率对于位图图像在水平和垂直两个方向上保持一致。例如,用 300 DIP 来扫描一幅 8 英寸×10 英寸的彩色图像,就得到一幅 2 400×3 000 个像素的图像。在用数码相机拍摄相片时也要指定图像分辨率,如1 024×768 等。

图像分辨率决定了组成一幅图像的像素数目,一幅分辨率为 1 600×1 200 的图像,其像素数目为 192 万。

图像分辨率与显示分辨率是两个不同的概念。显示分辨率是指显示屏上能够显示出的像素数目,又称为"屏幕分辨率"。例如,显示分辨率为 640×480 表示显示屏在水平方向上显示 640 个像素点,在垂直方向上显示 480 个像素点,整个屏幕可以显示 307 200 个显像点。屏幕能够显示的像素越多,说明显示设备的分辨率越高,显示的图像质量也就越高。如果显示屏的分辨率为 640×480,那么一幅 320×240 的图像只占显示屏的 1/4,而 2 400×3 000 像素的图像在这个显示屏上就不能显示一个完整的画面。

2) 像素深度

像素深度又称为"图像深度"或"图像灰度",是指图像中每个像素所占用的二进制位数。像素深度决定彩色图像的每个像素可能有的颜色数,或者确定灰度图像的每个像素可能有的灰度级数。例如,一幅彩色图像的每个像素用 R、G、B 三个分量表示,若每个分量用 8 位,那么一个像素共用 24 位表示。就说该图像的像素深度为 24,每个像素可以是 $2^{24}=16\ 777\ 216$ 种颜色中的一种,该图像称为"真彩色图像"。简单的图画和卡通图可用 16 色,而自然风景则至少用 256 色。像素深度越大,图像能表达的颜色数目就越多,图像数据量也越大。

3) 颜色模型

颜色模型是用来标定和生成各种颜色的规则和定义。某个颜色模型所能表示的所有色彩构成其颜色空间。在不同应用场合,人们使用的颜色模型也不一样。下面我们介绍几个主要的颜色模型,分别是面向显示设备的 RGB 模型、面向打印设备的 CMYK 模型、面向用户的 HSL 模型以及面向电视传输系统的 YUV 模型。

(1) RGB 相加混色模型

一个能发出光波的物体称为有源物体,它的颜色由该物体发出的光波决定,使用 RGB 相加混色模型,例如计算机显示器和电视机都使用的阴极射线管(CRT)就是一个有源物体。CRT 使用 3 个电子枪分别产生红(Red)、绿(Green)和蓝(Blue)三种波长的光,并以各种不同的相对强度综合起来产生颜色,如图 5.7 所示。组合这三种光波以产生特定颜色称为"相加混色",因为这种相加混色是利用 R、G、B 三种颜色分量来产生颜色,所以也称为"RGB 相加混色模型"。

相加混色是计算机应用中定义颜色的基本方法。

电子枪
掩蔽罩
荧光涂层屏幕

图 5.7　彩色显像管产生颜色的原理

某一种颜色和这三种颜色之间的关系可用下面的式子来描述：

颜色＝R(红色的百分比)＋G(绿色的百分比)＋B(蓝色的百分比)

当三基色等量相加时，得到白色；等量的红绿相加而蓝为 0 时，得到黄色；等量的红蓝相加而绿为 0 时，得到品红色；等量的绿蓝相加而红为 0 时，得到青色。这些三基色相加的结果如图 5.8 所示。

图 5.8　RGB 相加混色模型

(2) CMY 相减混色模型

一个不发出光波的物体称为"无源物体"，它的颜色由该物体吸收或者反射哪些光波决定，使用 CMY 相减混色模型。例如彩色打印机采用的就是这种原理，印刷彩色图片也是采用这种原理。

用彩色墨水或颜料进行混合，这样得到的颜色称为"相减色"。从理论上说，任何一种颜色都可以用三种基本颜料按一定比例混合得到。这三种颜色是青色(Cyan)、品红(Magenta)和黄色(Yellow)，通常写成 CMY，故称为"CMY 模型"。用这种方法产生的颜色之所以称为相减色，是因为它减少了为视觉系统识别颜色所需要的反射光。在相减混色中，当三基色等量相减时得到黑色；等量黄色和品红相减而青色为 0 时，得到红色；等量青色和品红相减而黄色为 0 时，得到蓝色；等量黄色和青色相减而品红为 0 时，得到绿色。三基色相减结果如图 5.9 所示。

图 5.9　CMY 相减混色模型

虽然理论上利用 CMY 三基色混合可以制作出所需要的各种色彩,但实际上同量的 CMY 三基色混合后并不能产生完美的黑色或灰色,因此在印刷时必须加上一个黑色(Black),由于字母 B 已经用来表示蓝色,因此黑色选用单词"Black"的最后一个字母"K"来表示,这样又称为"CMYK 颜色模式"。

（3）HSL 颜色模型

人们在日常生活中选择颜色的时候,不习惯通过指定红色、绿色、蓝色的比例来指定某个颜色。画家画画的时候,一般是从颜料盒里选择某种色调的颜料,然后通过加水或者加入其他颜料来调整其色调、亮度、饱和度,从而得到所要的颜色。如果我们需要指定某个颜色,通过指定色调、亮度和饱和度,即便这个颜色还没有显示出来,我们仍然知道它应该是什么样的颜色。而通过指定一定强度的红色、绿色和蓝色,其混合的效果将会是什么样,我们一般不容易得知。

HSL 颜色模型就是以人们熟悉的色调、亮度、饱和度作为色彩的三个要素,对颜色进行标定的颜色模型,这是一个面向用户的颜色模型。在 HSL 模型中,H 分量定义颜色的波长,称为"色调";S 分量定义颜色的强度,表示颜色的深浅程度,称为"饱和度";L 分量定义掺入的白光量,称为"亮度"。通过 HSL 颜色模型,人们可以用直观的方式来指定某种颜色。

（4）YUV 颜色模型

彩色电视技术是在黑白电视技术基础上发展起来的。彩色电视推向市场的时候,已经有大量的黑白电视机存在,为了充分利用这些已有的电视接收终端,科研人员在信号传递系统的设计当中,把彩色电视信号和黑白电视信号统一进行编码传输,黑白电视接收到信号后,只解码灰度信息,显示黑白图像,而彩色电视接收到信号后,不仅解码灰度信息(亮度信息),还解码色彩信息,还原彩色图像。一套统一的电视信号发射传输系统就可以兼容黑白和彩色电视接收终端,既充分利用了遗留的黑白电视机,又节省了建设电视信号发射传输系统的费用。

要实现黑白和彩色电视信号的兼容,必须依赖于特殊的编码方式。这种编码方式的基础是 YUV 颜色模型。在 YUV 颜色模型中,Y 分量表示亮度,而 U 和 V 分量表示色差,所谓色差是三基色信号分量和亮度信号之差。任何一个用 R、G、B 三个分量表达的颜色都可以转换成用 Y、U、V 三个分量表达的颜色,也可以做相应的逆变换。使用 YUV 颜色模型,不仅可以合并黑白、彩色电视信号,兼容黑白、彩色电视接收终端,而且具有节约传输带宽的优势。

5.3.3　图像的数字化

数字计算机只能处理数字信息,若要使其能处理图像信息,必须将模拟图像转化为由一系列离散数据所表示的图像,即所谓数字图像。将模拟图像转化为数字图像的过程称为(模拟)图像的数字化。图 5.10 所示为图像数字化过程。

图 5.10　图像数字化过程

1）采样

计算机要感知图像,就要把图像分割成为离散的小区域,即像素。像素是计算机系统生成和再现图像的基本单位,像素的亮度、颜色等特征是通过特定的数值来表示的。数字化图像的形成是计算机使用相应的软硬件技术把许多像素点的特征数据组织成行列,整齐地排列在一个矩形区域内,形成计算机可以识别的图像。

图像采样就是将二维空间上模拟的连续亮度（即灰度）或颜色信息转化为一系列有限的离散数值来表示。由于图像是一种二维分布的信息，所以具体的做法就是将图像在水平方向和垂直方向上等间隔地分割成矩形网状结构，所形成的矩形微小区域称为"像素点"。被分割的图像若水平方向有 M 个间隔，垂直方向上有 N 个间隔，则一幅图像画面就被表示成 M×N 个像素构成的离散像素点的集合，M×N 表示图像的分辨率。

为使一幅图像既能得到满意的视觉效果，又能使总数据量最少，一般需要针对图像的具体内容来确定相应的 M 和 N 值。例如，根据字的大小要求，每个字是 16×16 到 256×256 的点阵；显微镜图像是 256×256 到 512×512 的点阵；电视图像是（500～700）×480 的点阵。

2）量化

采样后得到的亮度值（或颜色值）在取值空间上仍然是连续值。把采样后所得到的这些连续量表示的像素值离散化为整数值的操作叫"量化"。图像量化实际就是将图像采样后的样本值的范围分为有限多个区域，把落入某区域中的所有样本值用同一值表示，是用有限的离散数值量来代替无限的连续模拟量的一种映射操作。

为此，通常把图像的颜色（黑白图像为灰度）的取值范围分成 K 个子区间，在第 i 个子区间中选取某一个确定的颜色值 q，落在第 i 个子区间中的任何颜色值都以 q 代替，这样就有 K 个不同的颜色值，即颜色值的取值空间被离散化为有限个数值。

在量化时所确定的离散取值个数称为量化级数，表示量化的颜色值（或亮度值）所需的二进制位数称为量化字长。一般可用 8 位、16 位、24 位或更高的量化字长来表示图像的颜色。量化字长越大，则越能真实地反映原有图像的颜色，但得到的数字图像的数据量也越大。

例如，量化后若每个像素的亮度值用一个字节（8 位）来表示，把亮度的连续变化模拟量化为 0～255 之间的整数值，共 256 个灰度级别或 256 个灰度值。量化后的灰度值即反映了对应像素点的亮度值或明暗程度。

经采样与量化后，一幅模拟图像就离散化为 M×N 字节的数字图像，可由计算机进行处理。

3）编码

数字化后得到的图像数据量十分巨大，必须采用编码技术来压缩信息。在一定意义上讲，编码压缩技术是实现图像传输与存储的关键。

5.3.4　图像压缩编码技术

在平面空间上对客观的场景进行横向和纵向的离散化以后形成的数字化图像存储为具有一定分辨率和颜色深度的图像文件。对于没有经过任何压缩的图像，我们可以根据其分辨率和颜色深度估算其占用的存储空间大小。计算图像数据量的公式为：

图像数据量（字节数）＝图像水平分辨率×图像垂直分辨率×像素深度/8

比如分辨率是 800×600 的真彩色图像，其数据量在没有压缩之前，计算如下：

数据量＝800×600×24/8＝1 440 000（Byte）

表 5.1 所列为未压缩的不同分辨率的图像数据量。从表中数据可以看出，数字图像的数据量是很大的。为了节省存储空间和提高传输速度，图像压缩编码是非常重要的多媒体技术之一。

表 5.1　图像数据量

图像大小	8 位(256 色)	16 位(65 536 色)	24 位(真彩色)
640×480	300 KB	600 KB	900 KB
1 024×768	768 KB	1.5 MB	2.25 MB
1 280×1 024	1.25 MB	2.5 MB	3.75 MB

数据压缩可分成两种类型:无损压缩和有损压缩。无损压缩是指使用压缩后的数据进行重构(或者叫做还原、解压缩),重构后的数据与原来的数据完全相同。无损压缩用于要求重构的信号与原始信号完全一致的场合,例如行程长度编码(RLE)、哈夫曼(Huffman)编码等。有损压缩是指使用压缩后的数据进行重构,重构后的数据与原来的数据有所不同,但不影响人们对原始资料所表达的信息的理解。有损压缩适用于重构信号不一定非要和原始信号完全相同的场合,例如变换编码、矢量编码等。图像和声音的压缩大多采用有损压缩,因为其中包含的数据往往多于我们的视觉系统和听觉系统所能接收的信息,丢掉一些数据并不至于对声音或者图像所表达的意思产生误解,但可大大提高压缩比。大部分多媒体系统使用混合技术,即将两种技术混合在一起。

随着多媒体技术的发展和实际应用的需要,不同公司开发了许多图像处理软件,也产生了不同的图像文件格式。表 5.2 列出了常见的图像文件格式所采用的压缩编码方法。

表 5.2　常见图像文件格式的压缩编码方法

名　称	压缩编码方法	性质	典型应用	开发公司
BMP	RLE(行程长度编码)	无损	Windows 应用程序	Microsoft
TIFF	RLE、LZW(字典编码)	无损	桌面出版	Aldus,Microsoft
GIF	LZW	无损	Internet	CompuServe
JPEG	DCT(离散余弦编码)、Huffman 编码	大多为无损	Internet、数码相机等	ISO/IEC
JP2	小波变换、算术编码	无损/有损	Internet、数码相机等	ISO/IEC

5.3.5　图像文件格式

图像文件是指以文件格式保存的图像。保存图像文件的格式很多。大多数早期的图像文件格式是开发者自行定义的,不具有通用性。而目前出现了很多标准化的图像文件格式,如动画和因特网中使用的 GIF 格式、Windows 系统使用的 BMP 格式、印刷系统使用的 TIFF 格式和以高压缩比流行的 JPEG 格式等。

对于同一幅数字图像,采用不同的文件格式保存时,所得图像文件的数据量、颜色数量和表现力不同。著名的图像处理软件能够识别大多数图像文件格式,并对其进行处理,但也有少数图像文件格式必须经过转换才能处理。以下说明部分常见的图像文件格式及其相关特点。

(1) BMP 格式

BMP 是使用最为普遍的位图格式之一,同时也是 Windows 系统下的标准格式。BMP 采用位映射存储方式,颜色深度可变,备选颜色深度为 1~24 位。BMP 文件未压缩,导致此格式文件占用存储空间较大。

(2) GIF 格式

GIF 是 CompuServe 公司在 1987 年开发的图像文件格式。GIF 采用的调色板颜色有限,最多支持 256 种颜色。为了减小文件大小还会采用更少的颜色数,GIF 图像的颜色深度的范围为 1～8 位。

GIF 格式的特点是压缩比高,占用存储空间较少,所以这种图像文件格式迅速得到了广泛的应用。最初的 GIF 只是简单地用来存储单幅静止图像,后来经过改进,GIF 可以同时存储若干幅静止图像进而形成连续的动画,成为当时为数不多的支持 2D 动画的格式之一。在 GIF 图像中允许指定透明区域。

考虑到网络传输中的实际情况,GIF 图像文件格式增加了渐进显示方式。也就是在图像传输过程中,用户先看到图像的大致轮廓,然后随着传输过程的继续而逐步看清图像中的细节部分。

GIF 的缺点是不能存储超过 256 色的图像。尽管如此,这种格式仍在 Internet 中广为流行。这和 G1F 图像文件短小、下载速度快、可用许多具有同样大小的图像文件组成动画等优势是分不开的。

（3）JPEG 格式

JPEG 是由联合图像专家组（Joint Photographic Experts Group，JPEG）开发的一种图像编码标准,JPEG 图像文件的扩展名为. jpg 或. jpeg。它以有损压缩方式去除图像冗余和彩色数据,获取了极高压缩率的同时能展现丰富生动的图像,实现了用较少的存储空间获得较好的图像质量。

JPEG 格式灵活,具有调节图像质量的能力,允许用 1∶5～1∶50 之间的不同压缩比例。比如,可以把 1.37 MB 的 BMP 位图文件压缩成 20.3 KB 的 JPEG 文件。JPEG 格式也支持渐进传输,这与 GIF 的"渐进显示"类似。因此,JPEG 得到了广泛应用,特别是在网络上和光盘读物中。

（4）JPEG2000 格式

JPEG2000 同样是由 JPEG 组织制定的,与 JPEG 相比,它具备更高的压缩率以及更多新功能,是新一代静态影像压缩技术。JPEG2000 的压缩率比 JPEG 高约 30% 左右。与 JPEG 不同,JPEG2000 同时支持有损和无损压缩,而 JPEG 只能支持有损压缩。无损压缩对保存一些重要图像信息是十分有用的。此外,JPEG2000 支持"感兴趣区域"特性,允许用户指定图像上感兴趣区域的压缩质量,并可以选择指定的部分先解压缩。

JPEG2000 可应用于传统的 JPEG 应用市场,如扫描仪、数码相机等,也可应用于网络传输、无线通信等新兴领域。

（5）TIFF 格式

TIFF 称作标签图像文件格式,是一种主要用来存储包括照片和艺术图在内的图像文件格式。它最初是由 Aldus 公司与微软公司一起为跨平台打印而开发的。目前,TIFF 格式得到了广泛的支持,很多图像处理软件、印刷排版软件、扫描软件和光学字符识别软件都支持这种格式。

TIFF 文件格式灵活、适应性强,可以在一个文件中处理多幅图像和数据。它还支持各种各样的图像压缩选项以及基于矢量的裁剪区域。TIFF 与 JPEG 和 PNG 一起成为流行的高位彩色图像格式。

（6）PNG 格式

PNG 是一种新兴的可移植网络图像格式。它汲取了 GIF 和 JPEG 的优点,兼有 G1F 和 JPEG 的颜色模式。PNG 使用无损压缩,保留所有与图像品质有关的信息。PNG 图像的显示速度很快,只需下载 1/64 的图像信息就可以显示出低分辨率的预览图像。

PNG 支持透明图像,在制作网页图像的时候非常有用。例如可以把图像背景设为透明,用网页本身的颜色信息代替设为透明的颜色，让图像和网页背景和谐地融合在一起。

（7）PSD 格式

PSD 是 Adobe 公司的图像处理软件 Photoshop 的专用格式。PSD 文件是 Photoshop 进行平面设计的"草稿图"，其中包含有各种图层、通道、蒙版等多种设计的样稿，以便于下次打开文件时能继续上一次保存的工作。

在 Photoshop 所支持的各种图像格式中，PSD 的存取速度比其他格式快很多，功能也很强大。由于 Photoshop 越来越被广泛地应用，所以这种格式日渐流行。

（8）DXF 格式

DXF 文件是 Autodesk 公司 AutoCAD 的矢量文件，它以文本方式存储文件，在表现图形的大小方面十分精确。DXF 文件一般用于存储工程图纸。目前，许多软件都支持 DXF 格式的文件输入与输出。

（9）WMF 格式

WMF 文件是 Windows 中一种常见的图形文件格式，属于矢量图形格式，在 Office 剪辑库中的图像使用的就是该格式。它具有文件尺寸小的特点，整个图形常由各个独立的组成部分拼接而成，因此视觉效果往往较为粗糙。

5.3.6 数字图像处理与应用

1）数字图像处理

数字图像处理是指利用计算机技术对图像进行降噪、增强、复原、分割、提取特征、压缩、存储、检索等操作，主要应用包括以下几个方面：

（1）改善图像视觉质量。例如，调整图像的亮度和色调，图像几何变换，特技或效果处理等。

（2）图像复原与重建。例如，对遥感图像进行几何校正，对老照片消除退化，图像二维重建或三维重建等。

（3）图像分析。提取图像中的特征信息，如频度、灰度、边界、区域、纹理、形状、拓扑以及关系结构特征等，为图像分类、识别、理解提供依据。

（4）图像数据压缩编码。有利于图像存储和传输。

（5）图像存储、检索、传输。

2）图像处理软件

图像处理软件与应用密切相关，具有较强的专业性，例如遥感应用和医学应用等。普通用户常使用办公自动化、桌面出版类型的图像处理软件，也称为图像修饰或图像编辑软件。其中美国 Adobe 公司的 Photoshop 是应用最为广泛的图像编辑软件之一，它的主要功能包括：

（1）图像的显示控制。

（2）图像区域选择。

（3）图像编辑操作。

（4）图像滤镜操作。

（5）绘图功能。

（6）文字编辑功能。

（7）图层操作。

其他常用的图像编辑软件包括：Windows 中的画图软件（Paint）和映像软件（Imaging for

Windows)，Office 中的 Microsoft Photo Editor 软件，Ulead System 公司的 Photo Impact 软件，ACD System 公司的 ACDSee32 等。

3）数字图像应用

数字图像处理在通信、遥感、电视、出版、广告、工业生产、医疗诊断、电子商务等领域都有广泛的应用，例如：

（1）图像通信。如传真、可视电话、视频会议等。

（2）遥感。对航空遥感或卫星遥感图像进行处理加工，用于矿藏勘探、地理资源调查、自然灾害预测、环境污染检测、气象预报和地面目标识别等。

（3）医疗诊断。如利用 X 射线、超声、计算机断层扫描（CT）、核磁共振等技术所成图像进行病理分析和疾病诊断。

（4）工业生产应用。如产品质量检测、生产过程监控等。

（5）机器人视觉。

（6）军事、安全、档案管理应用。

5.3.7　计算机图形学

计算机图形学研究的是用计算机模型来生成真实的或想象中物体的图形。图形通常由点、线、面、体等几何元素和灰度、颜色、线型、线宽等非几何属性组成。从处理技术上看，图形分为两类：基于线条信息表示的，用于刻画物体形状的几何要素图形，如工程图、等高线地图、曲面的线框图等；反映物体表面属性或材质特征的非几何要素图形，如基于物体描述模型和光照模型的真实感三维图形。

计算机图形处理是指利用由概念或数学描述所表示的物体的几何数据或几何模型，用计算机进行显示、存储、修改、完善以及有关操作的过程。图形处理包括：

（1）几何变换，如平移、旋转、缩放、透视和投影等。

（2）曲线和曲面拟合。

（3）建模或造型。

（4）隐线、隐面消除。

（5）阴暗处理。

（6）纹理产生。

（7）着色。

计算机图形处理技术主要应用领域有：

（1）计算机辅助设计与制造（CAD/CAM）。

（2）图形化的用户界面。

（3）地形地貌和自然资源图。

（4）科学计算可视化。

（5）计算机动画和艺术。

常用的计算机绘图软件有 AutoCAD、MAPInfo、ARCInfo 等专用领域的绘图软件，也有通用的办公事务处理、平面设计、桌面出版所涉及的二维绘图软件，如 Corel 公司的 CorelDRAW，Adobe 公司的 Illustrator，Macromedia 公司的 FreeHand，微软公司的 Microsoft Visio 等。

图形和图像在用户看来是一样的，而对多媒体制作者来说是完全不同的。同一幅图，例如一条线段，矢量图形记录的信息是线段的开始点和结束点坐标数据与线段的颜色编码信息，而数字图像需要记录在整个图的范围内每个坐标点上的像素颜色信息。

随着计算机技术的飞速发展,图形和图像之间的界限已越来越小,它们互相融会贯通。例如,文字或线条表示的图形在被扫描到计算机时,从图像的角度来看,均是一种由最简单的二维数组表示的点阵图。在经过计算机自动识别出文字或自动跟踪出线条时,点阵图就可形成矢量图了。目前汉字手写体的自动识别、图文混排的印刷体的自动识别等都体现了图像处理技术借用了图形生成技术,而地理信息和自然现象的真实感图形表示、计算机动画和三维数据可视化等领域在三维图形构造时又采用了图像信息的描述方法。因此,图形和图像的结合应用和研究越来越成为计算机多媒体技术的发展趋势之一。

5.4 音频

音频(Audio)信息包括人的声音、音乐、风雨声、机器声等自然界的各种声响。声音携带了大量的信息,是人类表达、传递信息的主要媒体之一。在多媒体应用中,适当地运用语音和音乐能起到其他媒体无法替代的效果,使得多媒体应用更加生动、形象。

在多媒体技术中,声音媒体可按声音自身用途和音频特点进行分类。按声音的用途分类,声音可分为语音(如人的说话声)、音乐(如各种配乐)和声效(如自然界各种声音)等。按声音的音频特点分类,声音可分为波形声音、语音和音乐三类。

5.4.1 音频的基本概念

声音是多媒体技术研究中的一个重要内容,是计算机处理的重要数据信息。声音是通过空气传播的一种连续的振动波,叫"声波"。声音的强弱体现在声波压力的大小上,音调的高低体现在声音的频率上。声音用电信号表示时,声音信号在时间和幅度上都是连续的模拟信号。

1) 声音的描述参数

(1) 振幅:波形最高点(或最低点)与基线间距离为振幅,表示声音的强弱。

(2) 周期:两个连续波峰间的时间长度称为周期。

(3) 频率:一秒钟内出现的周期数(振动次数),以 Hz 为单位。通常,频率小于 20 Hz 的信号称为"亚音信号"或"次音(subsonic)信号";频率范围为 20 Hz～20 kHz 的信号称为"音频(audio)信号";虽然人的发音器官发出的声音频率大约是 80～3 400 Hz,但人说话的信号频率通常为 300～3 000 Hz,人们把在这种频率范围的信号称为"语音(speech)信号";高于 20 kHz 的信号称为"超音频信号"或"超声波(ultrasonic)信号"。超音频信号具有很强的方向性,而且可以形成波束,在工业上得到了广泛的应用,如超声波探测仪、超声波焊接设备等就是利用这种信号。在计算机领域的多媒体技术中,处理的信号主要是音频信号,它包括音乐、话音、风声、雨声、鸟叫声、机器声等。

2) 声音的三要素

(1) 音调:声音高低,与频率有关。

(2) 音色:声音特点。声音分纯音(振幅、周期均为常数)和复音(不同频率、不同振幅的混合声音)两类,复音中频率最低的基音和各种频率的谐音构成音色的重要因素。

(3) 音强:声音强度(响度或音量),与振幅成正比。

声音的特点是:从声源发出,靠介质传播,因此声音具有方向性、可传播性及可衰减性。不同的声源的频域(频率范围)差异很大,声音在不同的介质中传播、衰减的速度不同。

5.4.2　音频输入与输出

代表声音的模拟信号是连续模拟正弦波,不能由计算机直接处理,必须将其数字化。计算机输出的声音也需要还原成模拟信号。

1) 声音信号的数字化

声音进入计算机的第一步就是数字化,数字化实际上就是采样、量化和编码的过程(称为"数模转换")。图 5.11 描述了音频信号数字化的过程。声音的质量与频域和音色有关,影响数字音频的因素有:采样频率和量化精度(数据位数)。频率越低,数据位越少,音质越差。录制声音时,音频信号幅度与噪声幅度比值(信噪比)越大越好。

图 5.11　音频信号数字化过程

(1) 采样:采样过程就是按规定的时间间隔采集一段时间内的声音模拟信号,即获得采样时刻模拟信号幅度值。相邻两次采样的时间间隔称为"采样周期"。采样频率是采样周期的倒数。采样频率的高低是根据 Nyquist 理论而定:采样频率不应低于声音信号最高频率的两倍,这样就能把以数字表达的声音还原成原来的声音,这叫做"无损数字化"。因此,电话话音的信号频率约为 3.4 kHz,采样频率就选为 8 kHz。通常采样频率越高,对于原声音曲线的模拟就越精确。采样的结果就是声音的数字化信息,又称"声音样本"。

声音通道数指一次采样的声音波形数。单声道一次采样一个波形,双声道(立体声)一次采样两个声音波形。采用立体声道的声音更丰富,但存储空间要多占用一倍,多声道数据量更大。

(2) 量化:量化精度是用每个声音样本的存储位数 bit/s(即 bit per sample,bps)表示的,它反映度量声音波形幅度的精度。例如,每个声音样本用 16 位(2 字节)表示,测得的声音样本值是在 0~65 536 的范围里,那么它的精度就是输入信号的 1/65 536。样本位数的大小会影响声音的质量,位数越多,声音的质量越高,而需要的存储空间也越多;位数越少,声音的质量越低,需要的存储空间也越少。

声音经过采样和量化得到的声音数据所需要的存储容量按照下列公式计算:

$$存储容量(字节)=采样频率×量化精度/8×声道数×时间$$

例如,一段持续 1 min 的双声道声音,若采样频率为 44.1 kHz,量化精度为 16 位,不考虑数据压缩,数字化后所需要的存储容量为:

$$44.1×1\ 000×16/8×2×60=10.584(MB)$$

(3) 编码:为了方便数据的传输和存储,数字音频的编码必须具有压缩声音数据的能力。最常采用的音频压缩方法是自适应脉冲编码调制(ADPCM)。ADPCM 压缩编码具有信噪比高,数据压缩倍率可达 2~5 倍,却不会明显失真的特点。

(4) 声音输入设备:声音的输入主要通过麦克风和声卡。麦克风的作用是将声波转换为电信号,声卡的作用是将电信号数字化。

2) 声音信号的输出

计算机输出声音的过程称为声音的播放,通常分两步。首先把声音从数字形式转换成模拟信号(声音的重建),再将重建的模拟音频信号经过处理和放大送到扬声器或音箱输出。

声音的重建是声音信号数字化的逆过程,也分为三步,如图 5.12 所示。

(1) 解码:将压缩的数字音频恢复为压缩编码前的状态。

(2) 数模转换:将数字声音样本转换为模拟信号样本(称为数/模转换)。

(3) 插值:把时间离散的一组样本转换成在连续时间内的模拟信号。

图 5.12 声音信号重建过程

3) 声卡的功能

声卡是多媒体计算机必备的部件之一,用来处理各种类型的数字化声音信息。声卡一般由 Wave 合成器、MIDI 合成器、混音器、MIDI 电路接口、CD - ROM 接口和 DSP 数字信号处理器等组成。声卡硬件结构见图 5.13。

麦克风和喇叭使用的都是模拟信号,而计算机所能处理的都是数字信号,声卡的作用就是实现信号的转换。从结构上分,声卡可分为模/数转换电路和数/模转换电路两部分,模/数转换电路负责将麦克风等声音输入设备采集到的模拟信号转换为计算机可以处理的数字信号;而数/模转换电路负责将计算机使用的数字声音信号转换为喇叭等设备能使用的模拟信号。在播放 MIDI 时,根据所使用的乐器到滤波查询表中查询该乐器的资料,经过数/模转换成模拟信号后可以达到令人满意的音乐效果。

图 5.13 声卡的硬件结构

声卡的主要功能有以下几点:

(1) 录制与播放音频文件。

(2) 编辑合成波形音频文件。

(3) 文语转换和语音识别。

(4) MIDI 音乐录制和合成。

5.4.3 音频压缩编码技术

1) 声音的数据量

数字音频信号采用一种二进制的串行位流的形式,按照时间顺序编码。音频文件的主要参数有采样频率、量化精度、声道数目、压缩算法以及比特率(bit rate)。比特率也称为"码率",表示经过压缩后的视音频数据每秒需要用多少个比特来表示,即把每秒显示的图像、声音进行压缩后的数据量,一般采用的单位是 kbps,即千位每秒。

未压缩的声音文件的数据传输率:

$$数据传输率(bps)=采样频率(Hz)×采样位数(bit)×声道数$$

未压缩的声音文件的数据量:

$$数据量(KB)=(采样频率(kHz)×采样位数(bit)×声道数×时间(s))/8$$

一般来说,音频数据量非常庞大。例如,对于 3.4 kHz 的模拟话音信号,若采样频率取 8 kHz,每个采样值利用 8 位二进制数来编码,每秒钟的数据量为 8 KB,若用网络传输则需要占用 64 Kb/s 的数字信道;对于模拟带宽为 22 kHz 的高保真立体声音乐信号,若采样频率选为 44.1 kHz,每个采样值用 6 位二进制数来编码,则每秒钟的数据量为 1.345 Mb。

2) 声音压缩标准

在计算机系统的音频数据的存储和传输过程中,数据压缩是必须的。然而数据压缩通常会造成音频质量的下降,计算量的增加。因此人们在实施数据压缩时,在语音质量、数据率、计算量三方面要进行综合考虑。

为了减少数据率,专家们致力于压缩编码的研究。国际电报电话咨询委员会(CCITT)先后提出了一系列语音压缩编码的建议。压缩编码方法可分为波形编码、参数编码和混合编码。基于波形的压缩编码可获得高质量语音,但数据率不易降低。参数编码的数据率低,但质量不易提高。近几年出现的混合编码,把波形编码的高质量和参数编码的低数据率结合在一起,取得了较好的效果。

(1) ITU - TG 系列声音压缩标准

国际上主要有国际电信联盟(ITU)和国际电工委员会(IEC)两个国际标准组织研究制定电信方面的标准。IEC 着重于制定与产品有关的标准,而 ITU 则着重于制定与应用有关的标准。国际电信联盟电信标准化部门(ITU - T)主要制定全球电信领域中有关技术和应用方面的标准。国际上,对于语音信号压缩编码的审议在 CCITT 下设的第十五研究组进行,相应的建议为 G 系列。ITU - T 在 G 系列建议中对语音编码技术进行了标准化,已经公布了一系列语音编码协议,采用波形基编码方式的主要有 G.711、G.721、G.722、G.723、G.726、G.727,采用参数基编码方式的主要有 G.728、G.729、G.729A、G.723.1。

(2) MPEG 音频编码标准

MPEG 代表的是 MPEG 活动影音压缩标准,MPEG 音频文件指的是 MPEG 标准中的声音部分,即 MPEG 音频层。MPEG 音频文件根据压缩质量和编码复杂程度的不同可分为三层 (MPEG Audio Layer1/2/3),分别与 MP1、MP2 和 MP3 这三种声音文件相对应。

MPEG 音频编码具有很高的压缩率,如表 5.3 所示,MP1 和 MP2 的压缩率分别为 4:1 和 6:1~8:1,而 MP3 的压缩率则高达 10:1~12:1,也就是说 1 分钟 CD 音质的音乐未经压缩需要 10 MB 存储空间,而经过 MP3 压缩编码后只有 1 MB 左右,同时其音质基本保持不失真。因此,目前 Internet 上的音乐格式以 MP3 最为常见。

表 5.3　MPEG-1 Audio 三个压缩层次

层　次	压缩比	输出数据率	用途
Layer1	4:1	384 Kb/s	小型数字盒式磁带
Layer2	6:1~8:1	256~192 Kb/s	数字广播声音、数字音乐、CD、VCD
Layer3	10:1~12:1	64 Kb/s	Internet 上的声音传播

（3）MP4

MP3 问世不久，就凭借较高的压缩比和较好的音质创造了一个全新的音乐领域，但 MP3 的开放性不可避免地导致了版权之争，在这样的背景下，文件更小、音质更好并能有效保护版权的 MP4 应运而生了。MP3 是一个音频压缩的国际标准，而 MP4 却是一个商标的名称，它采用美国电话电报公司（AT&T）开发的以"知觉编码"为关键技术的 A2B 音频压缩技术，能将压缩比成功地提高到 15∶1 而不影响音乐的实际听感。

（4）AC‐3 编码和解码

AC‐3 音频编码标准源自 Dolby AC‐1。AC‐1 应用的编码技术是自适应增量调制（ADM），它把 20 kHz 的宽带立体声音频信号编码成 512 Kb/s 的数据流。AC‐1 曾在卫星电视和调频广播上得到广泛应用。1990 年 Dolby 实验室推出了立体声编码标准 AC‐2，其数据率在 256 Kb/s 以下，AC‐2 被应用在 PC 声卡和综合业务数字网等方面。AC‐3 是在 AC‐1 和 AC‐2 基础上发展出来的多通道编码技术，因此保留了 AC‐2 的许多特点。另外 AC‐3 还利用了多通道立体声信号间的大量冗余性，对它们进行"联合编码"，从而获得了很高的编码效率。AC‐3 的开发起源于 HDTV。在美国，AC‐3 已用于数字有线电视，已与 HDTV 相容，AC‐3 还可应用于高密度多功能光盘 DVD 的声音标准。

5.4.4 音频文件格式

在多媒体技术中，存储音频信息的常见文件格式主要有：WAV 文件、MPEG 音频文件、RealAudio 文件和 MIDI 声音文件等。目前常见的音频存储格式见表 5.4。

表 5.4 常见音频文件格式

文件的扩展名	说明
au	Sun 和 NeXT 公司的声音文件存储格式
aiff(Audio Interchange)	苹果计算机上的声音文件存储格式
cmf(Creative Music Format)	声霸(SB)卡带的 MIDI 文件存储格式
mct	MIDI 文件存储格式
mff(MIDI Files Format)	MIDI 文件存储格式
mid(MIDI)	Windows 的 MIDI 文件存储格式
mp2	MPEG Layer 1,2
mp3	MPEG Layer 3
mod(Module)	MIDI 文件存储格式
rm(RealMedia)	RealNetworks 公司的流式声音文件格式
ra(RealAudio)	RealNetworks 公司的流式声音文件格式
rol	Adlib 声音文件存储格式
snd(sound)	苹果计算机上的声音文件存储格式
seq	MIDI 文件存储格式
sng	MIDI 文件存储格式
voc(Creative Voice)	声霸卡存储的声音文件存储格式
wav(Waveform)	Windows 采用的波形声音文件存储格式
wrk	Cakewalk Pro 软件采用的 MIDI 文件存储格式

（1）WAV 格式

WAV 格式又称波形文件，是微软公司开发的一种声音文件格式。WAV 格式支持 MS - ADPCM、CCITT G.711 等多种压缩算法。尽管 WAV 格式支持音频数据的压缩存储，但大多数情况下，WAV 文件是未经压缩的，文件尺寸较大。作为最主要的 Windows 音频格式，WAV 格式得到广泛支持。WAV 格式常用于多媒体系统、音乐光盘制作，用来记录物理波形，数据量大。

（2）MP3 格式

MPEG（Moving Picture Expert Group，运动图像专家组）是 ISO/IEC/JTC/SC2/WG11 联合成立的专家组，其目标是开发满足各种应用的运动图像及其伴音的压缩、解压缩和编码描述的国际标准。MPEG 标准包括 MPEG 视频、MPEG 音频和 MPEG 系统（视频、音频同步）三个部分。已发布的标准有 MPEG - 1、MPEG - 2、MPEG - 4、MPEG - 7 和 MPEG - 21 等。通常 VCD 遵循的就是 MPEG - 1 编码标准。MP3 压缩音频文件的数据量小，必须经过解压缩才能播放。早些年出现了专门播放 MP3 文件的 MP3 播放器。

（3）WMA 格式

WMA 格式来自于微软公司，音质优于 MP3，压缩比一般可以达到 18：1 左右。WMA 格式的一个优点是内容提供商可以通过 DRM（数字版权管理）实现版权保护。这种版权保护技术可以限制多媒体内容的播放时间和播放次数，甚至可用于播放的机器中。WMA 格式还支持音频流（Streaming）技术，适合在线收听。Windows Media Player 具有直接把 CD 光盘文件转换为 WMA 格式的功能。

（4）ASF 格式

ASF 也源于微软公司，是一种支持在各类网络和协议上传输数据的标准。ASF 格式支持音频、视频及其他多媒体数据，而 WMA 格式是只支持音频的 ASF 格式。

（5）RM 格式

RM 是 RealNetworks 公司所制定的音频/视频压缩规范。它是一种在 Internet 上流行的跨平台多媒体应用标准。该标准不仅能在宽带网络上提供优质的多媒体服务，还能够以 28.8 kb/s 的传输速率提供连续立体声和视频应用。RM 音频格式主要有 RA（Real Audio）、RM（Real Media）和 RMVB（可变比特率的 RM）。

（6）VQF 格式

VQF 格式是 NTT 公司与 Yamaha 公司共同开发的一种音频压缩格式。它的压缩率能够达到 18：1，因此在相同情况下，VQF 文件比 MP3 文件小 30%～50%，同时还能保持极佳的音质。

（7）CD - DA 格式

CD - DA 格式的文件是激光音频文件，准确记录声波，数据量大，经过采样生成 WAV 和 MP3 音频文件。标准 CD - DA 格式的采样频率为 44.1 kHz，量化位数为 16 位，双声道，是近似无失真的。CD - DA 光盘可以在 CD 唱机中播放，也能用计算机上的各种播放软件来播放。CD 音频曲目文件 CDA 只是索引，并不包含声音数据，所以不论 CD 音乐的长短，从计算机上看到的 CDA 文件都是 44 字节。

（8）VOC 格式

VOC 格式主要用于 DOS 操作系统。VOC 文件由文件首部和音频波形数据块组成，在文件首部又包括标识符、版本号和一个指向数据块开始位置的指针等。

（9）MIDI 格式

乐器数字接口（MIDI）是由世界上主要电子乐器制造厂商建立起来的一个国际通信标准。MIDI 文件记录的是一系列指令，而不是波形数据，所以它占用的存储空间比 WAV 文件小很多。MIDI 格式用于合成和游戏，使用数字记录音符时值、频率和音色特征，数据量小。

（10）AIFF 文件

AIFF 是音频交换文件格式的英文缩写，是苹果计算机公司开发的一种声音文件格式，被 Macintosh 平台及其应用程序所支持，其他专业音频软件包也同样支持这种格式。

5.4.5 常用音频编辑软件

声音工具用来录放、编辑和分析声音文件。声音工具使用得相当普遍，但它们的功能相差很大。下面列出了比较常见的几种工具。

1）Windows 自带的录音机

Windows 操作系统自带的录音机程序是一个功能实用而且操作简单的声音文件编辑和处理软件，如图 5.14 所示。使用录音机程序可以录制、播放以及编辑处理声音。需要注意的是使用录音机程序录音时，计算机要安装麦克风，录下的声音被保存为波形（.wav）文件。

图 5.14 Windows 的录音机

2）声卡附带的软件工具

声卡一般都附带了声音工具，例如 WaveStudio，它能够轻松地管理和执行各种声音编辑任务，具体功能包括：播放、编辑和录制 8 位、16 位和 24 位波形数据；通过所提供的多样化的特殊效果和各种编辑操作，加强波形数据或创作独特的音频效果；同时打开并编辑多个音频文件；支持打开 RAW、WMA 和 WAV 数据文件。WaveStudio 的用户界面如图 5.15 所示。

图 5.15 Creative WaveStudio Version 4.00 的用户界面

3) 网络上下载的工具

Internet 上有许多站点提供试用的或者免费的声音工具。图 5.16 所示的就是从 Internet 下载的供试用的 CoolEdit 工具。CoolEdit 是 Syntrillium 公司出品的一款集录音、编辑、合成等多种功能于一体的数字音频编辑软件。借助 CoolEdit 的帮助,相当于拥有了一座专业的电脑模拟录音棚,即同时拥有了多轨数码录音机、音乐编辑机和音乐合成器,能够制作出各种美妙的音乐作品。CoolEdit 可以对音频文件进行降噪、扩音、剪接等处理,同时提供添加立体环绕、淡入淡出、3D 回响等多种特效,还可以实现将多个声音文件进行合并、混合等操作,也可以实现多种音频文件格式间的转换。类似的工具还有 GoldWave 公司的声音工具等。

图 5.16　CoolEdit 的用户界面

5.4.6　音频合成技术与语音识别技术

音频合成技术通过计算机合成声音,主要有两类:一类是合成音乐或音效,另一类是合成语音。语音识别技术以语音为研究对象,是通过计算机分析语音信号的特征参数,理解语音的语义,最终实现人与机器进行自然语言交互的一种技术。目前语音识别的主要应用是通过文本—语音转换器和语音识别器来实现。

1) MIDI 音乐

计算机合成音乐常用的是 MIDI(Musical Instrument Digital Interface,电子乐器数字接口)音乐。计算机的媒体播放器在播放 MIDI 音乐时,读取 MIDI 文件,解释内容并翻译成合成命令,由声卡按照合成命令发出 MIDI 消息(命令),由音乐合成器合成出各种音符并播放出音乐。

计算机合成 MIDI 音乐需要的三要素是:乐器、乐谱和演奏人员。计算机的声卡一般都带有音源,音源也称"音乐合成器",相当于乐器集合,可以模仿几十种乐器的声音。MIDI 乐谱是用 MIDI 音乐描述命令所编辑的 MIDI 文件，一首乐曲对应一个 MIDI 文件，文件扩展名是 . mid。计算机中支持 MIDI 音乐播放的软件就相当于演奏人员，例如 Microsoft Media Player、Real Player 等。

MIDI 音乐与波形音频相比音质稍差，但是有数据量小的优点，适合手机铃声、游戏音效等应用。

2) 文本—语音转换器

文本—语音转换是将文本形式的信息转换成为自然语音的一种技术。文本—语音转换器分为综合和连贯两种类型。

综合语音系统是通过分析单词，由计算机确认单词的发音，然后将这些音素输入到一个复杂的模仿人声并发声的算法中，这样计算机就可以阅读文本了。综合的文本—语音转换器能读任何单词，甚至自造的词，但没有感情，有明显的机器语音的味道。

连贯语音系统会分析文本，并从预先录制好的文库中抽取出单词和词组的录音。这样的效果比较自然，但不能读出文库中没有的单词。

文本—语音转换器的基本工作过程是：输入的汉字文本经过语言学和语音学处理后得到语流的控制参数，然后读取语音数据库，再经过语音信号处理后输出连续的语音，如图 5.17 所示。

图 5.17　文本—语音转换系统

文本—语音转换器在医疗、教育、通信、信息、家电等领域具有相当广泛的应用。目前已经逐步实用化的有：残障人士康复、计算机训练、信息服务等。

3) 语音识别器

语音识别技术就是让机器通过识别和理解过程把语音信号转变为相应的文本或命令的高技术。让机器识别语音的困难在某种程度上就像一个外语不好的人听外国人讲话一样，与不同的说话人、不同的说话速度、不同的说话内容以及不同的环境条件有关。语音信号本身的特点造成了语音识别的困难。这些特点包括多变性、动态性、瞬时性和连续性等。计算机语音识别过程与人对语音识别处理的过程基本上是一致的。目前主流的语音识别技术是基于统计模式识别的基本理论，分为训练和识别两个过程。在训练阶段，语音识别系统对人类的语言进行学习，学习结束后把学习内容组织成语音库存储起来；在识别阶段，就可以根据当前输入的语音在语音库中查找相应的词义或语义。

不同的语音识别系统，虽然具体实现细节有所不同，但所采用的基本技术相似，一个典型语音识别系统的实现过程如图 5.18 所示。语音识别技术主要包括特征提取技术、模式匹配准则及通过模型训练技术产生模式库三个方面。此外，还涉及语音识别单元的选取。

图 5.18　语音识别系统的实现过程

在语音识别领域，IBM 在世界上一直处于领先地位，它推出的 ViaVoice 中文连续语音识别系统已经实现了高度智能化的语音识别。ViaVoice 具有自动识别非特定人、无限量词汇、连续语音识别、高识别率、专业文章智能分析、智能理解、网上语音聊天等功能，代表了当前语音识别领域的最高水平。

5.5　视频

视频（Video）是指内容随时间连续变化的图像序列，也称为"活动图像"或"运动图像"。常见的视频有模拟电视、计算机数字视频、计算机动画、数字电视等。模拟电视是典型的模拟视频，处理的对象是模拟信号。电视视频要转换成计算机数字视频，需要经过捕获模拟视频信号、将模拟信号转换成数字信号、压缩与解压缩等过程。计算机动画是计算机制作的图像序列，是计算机合成的视频。数字电视是将数字化技术应用在电视领域。

5.5.1　视频基础知识

人类接受的信息 70% 来自视觉，其中活动图像是信息量最丰富、直观、生动、具体的一种承载信息的媒体。视频就其本质而言，就是其内容随时间变化的一组动态图像。从数学角度描述，视频指随时间变化的图像，或称为"时变图像"。

与其他媒体相比，视频信息具有以下特点：

（1）视频信息具有高分辨率，色彩逼真（真彩色）。

（2）伴随有与画面动作同步的声音（伴音）。

（3）视频信息容量大，通过视觉获得的视频信息往往比通过听觉获取的音频信息有更大的信息量。

图像与视频是两个既有联系又有区别的概念：静止的图片称为图像（Image），运动的图像称为视频（Video）。此外，两者的信源方式不同，图像的输入要靠扫描仪、数字照相机等设备，而视频的输入只能是靠电视接收机、摄像机、录像机、影碟机以及可以输出连续图像信号的设备。

按照处理方式的不同，视频分为模拟视频和数字视频。

1）模拟视频

模拟视频是一种用于传输图像和声音的并且随时间连续变化的电信号。早期视频的记录、存储和传输都是采用模拟方式。例如，人们在电视上所见到的视频图像是以一种模拟电信号的形式来记录的，它依靠模拟调幅的手段在空间传播，再用盒式磁带录像机将其作为模拟信号存放在磁带上。

模拟视频具有以下特点：

（1）以模拟电信号的形式来记录。

（2）依靠模拟调幅的手段在空间传播。

（3）使用盒式磁带录像机将视频作为模拟信号存放在磁带上。

传统的视频信号都是以模拟方式进行存储和传送的，然而模拟视频不适合网络传输，因为其在传输效率方面先天不足，而且图像随时间和频道的衰减较大，不便于分类、检索和编辑。

视频中的单幅静止图像称为“帧（frame）”，每秒钟连续播放的帧数称为“帧率”，单位是“帧/秒（f/s）”。人类的视觉系统具有视觉暂留的特点，在连续播放图像的速度达到 20 f/s 时，几乎很难有画面断续的感觉。视频技术通常采用的帧率有 24 f/s、25 f/s 和 30 f/s。我国采用的 PAL 电视制式的帧率为 25 f/s，电影采用的帧率是 24 f/s。美国采用 NTSC 电视制式，帧率为 30 f/s。视频图像同时伴随一个或多个音轨以提供音效。

电视信号是视频处理的重要信息源。电视信号的标准也称为电视的制式。目前各国的电视制式不尽相同，不同制式之间的主要区别在于不同的刷新速度、颜色编码系统、传送频率等。目前世界上常用的电视制式有中国和欧洲使用的 PAL 制式、美国和日本使用的 NTSC 制式及法国等国所使用的 SECAM 制式等。

NTSC、PAL、SECAM 和 HDTV 是常见的几种彩色电视制式。

NTSC 制式是 1952 年美国国家电视标准委员会制定的彩色电视广播标准。美国、加拿大等大部分西半球国家以及日本、韩国、菲律宾等国和中国的台湾地区采用该制式。NTSC 的制式规定为：帧率为 30 f/s，每帧 525 行，宽高比是 4∶3，隔行扫描，场扫描频率是 60 Hz，颜色模型为 YIQ。

PAL 是 1962 年德国制定的彩色电视广播标准，PAL 意指“相位逐行交变”。德国、英国等一些西欧国家以及中国、朝鲜等国家采用这种制式。PAL 制式的规定为：帧率为 25 f/s，每帧 625 行，宽高比是 4∶3，隔行扫描，场扫描频率是 50 Hz，颜色模型为 YUV。

SECAM 是 1965 年法国制定的彩色电视广播标准，意为“顺序传送色彩与存储”。这种制式与 PAL 制式相类似，差别在于 SECAM 中的色度信号是频率调制（FM）。法国、俄罗斯和东欧国家采用这种制式。

HDTV 称为“高清晰度电视”，是目前发展迅猛的电视标准。一般认为，HDTV 制式的要求为：每帧扫描在 1 000 行以上，宽高比是 16∶9，逐行扫描，有较高的扫描频率，传送的信号全部数字化。

不同制式的电视机只能接收和处理其对应制式的电视信号。也有多制式或全制式的电视机，这为处理和转换不同制式的电视信号提供了极大的方便。全制式电视机可在各国各地区使用，而多制式电视机一般为指定范围的国家生产。

2）数字视频

要使计算机能够对视频进行处理，必须把视频源，即来自于电视机、模拟摄像机、录像机、影碟机等设备的模拟视频信号转换成计算机要求的数字视频形式并存放在磁盘上，这个过程称为视频的数字化（包括采样、量化和编码）。

数字视频克服了模拟视频的局限性，这是因为数字视频可以大大降低视频的传输和存储费用，增加交互性（数字视频可通过光纤等介质高速随机读取），带来精确再现真实情景的稳定图像。

目前，数字视频的应用已经非常广泛，并带来一个全新的应用局面。首先，包括直播卫星（DBS）、有线电视、数字电视在内的各种通信应用均需要采用数字视频。其次，近年出现的一些产品，如 VCD、DVD、数字式便携摄像机都是以 MPEG 视频压缩为基础的。

与模拟视频相比，数字视频具有很多优点。例如，适合于网络应用，复制和传输不会造成信号质量下降,易于编辑修改,抗干扰能力强,易于加密,可节省频率资源等。

要让计算机处理视频信息,首先要解决的是视频数字化的问题。视频数字化是将模拟视频信号经模数转换和颜色空间变换为计算机可处理的数字信号,与音频信号数字化类似,计算机也要对输入的模拟视频信息进行采样与量化,并经编码使其变成数字化图像。

(1) 视频信号的采样

根据电视信号的特征,亮度信号的带宽是色度信号带宽的两倍。因此视频数字化时对信号的色差分量的采样率低于对亮度分量的采样率。如果用 Y∶U∶V 来表示 Y、U、V 三分量的采样比例,则数字视频的采样格式分别有 4∶1∶1、4∶2∶2 和 4∶4∶4 三种。

电视图像既是空间的函数,也是时间的函数,而且又是采用隔行扫描方式,所以其采样方式比扫描仪扫描图像的方式要复杂得多。分量采样时采集到的是隔行样本点,要把隔行样本组合成逐行样本,然后进行样本点的量化,再将 YUV 转换到 RGB 颜色空间,最后才能得到数字视频数据。

(2) 视频信号的量化

采样过程是把模拟信号变成了时间上离散的脉冲信号,量化过程则是进行幅度上的离散化处理。在时间轴的任意一点上量化后的信号电平与原模拟信号电平之间在大多数情况下总是有一定的误差,误差是不可避免的,同时也是不可逆的。由于信号的随机性,这种误差大小也是随机的。这种表现类似于随机噪声效果,具有相当宽度的频谱,因此通常又把量化误差称为量化噪声。

如果视频信号量化比特率为 8 位,信号就有 $2^8=256$ 个量化值。若最大信号正好用足 8 位,小于 1/256 的信号就只能当 0 处理了。而且每两个相邻数字的差距也必须大于 1/256 才能分得开。当两个原来不同的数值用同一个二进制值来表示时,实际数值与记录数值之差就成为量化噪声。所以,比特率已决定了整个系统的理想状态下的最小噪声、动态范围和信噪比,模拟信号在理想状态是没有这种限制的。亮度信号用 8 位量化,灰度等级最多只有 256 个,如果 R、G、B 三个色度信号都用 8 位量化,就可以获得 $256×256×256=16\,777\,216$,近 1 700 万种颜色。不同的量化位数所获得的灰度等级不同。

量化位数越多,层次就分得越细,但数据量也成倍上升。每增加一位,数据量就翻一番。例如 DVD 播放机视频量化位数多为 10 位,灰度等级达到 1 024 级,然而数据量是 8 位量化的 4 倍。

量化的过程是不可逆的,这是因为量化本身给信号带来的损伤是不可弥补的。量化时位数选取过小不足以反映出图像的细节,位数选取过大则会产生庞大的数据率,从而占用大量的频带,给传输带来困难。降低量化误差最直接的方法就是增加量化级数、减小最小量化间隔,但由此带来数据率的增加会要求更大的处理带宽。一般现在的视频信号均采用 8 位、10 位量化,在信号质量要求较高的情况下采用 12 位量化。

(3) 视频信号的压缩与编码

采样、量化后的信号要转换成数字符号才能进行传输,这一过程称为"编码"。视频压缩编码的理论基础是信息论。信息压缩就是从时间域、空间域两方面去除冗余信息,将可推知的确定冗余信息去掉。

在通信理论中,编码分为信源编码和信道编码两大类。所谓信源编码是指将信号源中多余的信息除去,形成一个适合用来传输的信号。为了抑制信道噪声对信号的干扰,往往还需要对信号进行再编码,使接收端能够检测或纠正数据在信道传输过程中引起的错误,这称为"信道编码"。

视频编码技术主要包括 MPEG 与 H.261 标准。视频编码技术主要分成帧内编码和帧间编码,前者用于去除图像的空间冗余信息,后者用于去除图像的时间冗余信息。

视频信号的数字化过程比音频信息数字化要复杂,计算机中用于视频信号数字化的硬件称为"视频采集卡",简称"视频卡",它能将输入的模拟视频信号(以及伴音信号)进行数字化,然后存储在硬盘中。在数字化的同时,视频图像经过颜色空间转换(由 YUV 转换为 RGB)后与计算机图形显示卡产生的图像叠加,用户即可在显示器上观看到视频内容。

通常,获取数字视频的同时需要数字信号处理器(DSP)进行音频和视频数据的压缩编码。当使用专用的视频播放软件打开视频文件,播放之前需要进行音频和视频数据的解压缩。图5.19 是视频卡的组成及其与图形卡、主机之间的关系。

图 5.19 视频卡、图形卡与主机的关系

数字摄像头也是一种在线获取数字视频的设备。数字摄像头通过光学镜头和 CCD 传感器采集图像,不需要视频采集卡,直接将图像转换成数字信号并输入到计算机。数字摄像头具有分辨率、帧率和视角等主要技术参数。大多数的数字摄像头采用 CCD 感光传感器,也有些产品采用成本较低、技术参数也低的 CMOS 类型的光传感器,获得功耗小、速度快的优点。数字摄像头的接口一般采用 USB 接口,有些采用高速的 IEEE 1394 接口。

数字摄像机是一种离线的数字视频获取设备。其原理与数码相机类似,但功能更多。数字摄像机所拍摄的视频图像及记录的伴音使用 MPEG 进行压缩编码,记录在磁带或硬盘上,需要时通过 USB 和 IEEE 1394 接口输入计算机处理。

3)视频文件格式

目前,常见的视频素材格式包括 AVI、MPEG、RM、ASF、WMV、QuickTime 等,下面详细介绍这些格式的特点。

(1) AVI 格式

AVI 是微软公司制定的音频视频交互的格式,是一种不需要专门的硬件支持就能实现音频与视频压缩处理、播放和存储的格式。AVI 格式的文件可以把视频信号与音频信号同时保存在文件中,在播放时,音频和视频可同步播放。多数多媒体产品均采用 AVI 视频文件格式来表现影视作品、动态模拟效果、特技效果和纪实性新闻。

利用视频编辑软件,可以对 AVI 文件进行剪辑、合成、配解说词等加工编辑处理。Office 系列软件中幻灯片软件 PowerPoint 可以播放 AVI 视频文件。利用高级程序设计语言,可定义、调用和播放 AVI 视频文件。

目前,可下载的由 MP4 播放器进行播放的文件都是 AVI 文件,但采用的编码技术有互不兼容的 DivX 和 XviD 两种。AVI 文件的不足是不能很好地适应网络播放的视频流。

（2）MPEG 格式

MPEG 是运动图像专家组的英文缩写，实质上是一种运动图像压缩算法的国际标准。它采用了有损压缩方法减少运动图像中的冗余信息，该方法的依据是相邻两幅画面绝大多数是相同的，把后续图像中和前面图像有冗余的部分去除，从而达到压缩的目的。这种格式具有压缩率高（其最大压缩比可达到 200∶1）、画面质量好的优点。家里常看的 VCD、SVCD、DVD 文件就是采用这种格式。目前 MPEG 格式有三个压缩标准，分别是 MPEG-1、MPEG-2 和 MPEG-4，MPEG-7 与 MPEG-21 仍处在研发阶段。

MPEG-1 制定于 1992 年，它是针对 1.5 Mbps 以下数据传输率的数字存储媒体运动图像及其伴音编码而设计的国际标准。也就是我们通常所见到的 VCD 制作格式。使用 MPEG-1 的压缩算法，可以把一部 120 分钟长的电影压缩到 1.2 GB 左右大小。这种视频格式的文件扩展名包括. mpg、. mlv、. mpe、. mpeg 及 VCD 光盘使用的. dat 等。

MPEG-2 制定于 1994 年，设计目标为高级工业标准的图像质量以及更高的传输率。这种格式主要应用在 DVD/SVCD 的制作（压缩）方面，同时在一些 HDTV（高清晰度电视）和一些高要求视频编辑、处理方面也有很多应用。使用 MPEG-2 的压缩算法，可以把一部 120 分钟长的电影压缩到 4～8 GB 的大小。这种视频格式的文件扩展名包括. mpg、. mpe、. mpeg、. m2v 及 DVD 光盘上使用的. vob 文件等。

MPEG-4 制定于 1998 年，是为了播放流式媒体的高质量视频而专门设计的。它可利用很窄的带宽，通过帧重建技术压缩和传输数据，以求使用最少的数据获得最佳的图像质量。目前 MPEG-4 最有吸引力的地方在于，它能够保存接近于 DVD 画质的小体积视频文件。使用这种算法的 ASF 格式可以把一部 120 分钟长的电影压缩成 300 M 左右的视频流。其他的 DivX 格式也可以压缩到 600 M 左右，但其图像质量比 ASF 要好很多。另外，这种文件格式还包含了以前 MPEG 压缩标准所不具备的比特率的可伸缩性、交互性甚至版权保护等一些特殊功能。这种视频格式的文件扩展名包括. asf、. mov、. divx、. avi 等。

（3）RM 格式

RealNetworks 公司所制定的音频视频压缩规范称为 RealMedia，它一开始就定位在视频流应用方面，也可以说是视频流技术的始创者。用户可以使用 RealPlayer 或 RealOne Player 在不下载音频/视频内容的情况下实现在线播放。RealMedia 可以根据不同的网络传输速率制定出不同的压缩比率，从而实现在低速率的网络上进行影像数据实时传送和播放。另外，RM 作为目前主流的网络视频格式，还可以通过其 RealServer 服务器将其他格式的视频转换成 RM 视频并由 RealServer 服务器负责对外发布和播放。

RealVideo 是 Networks 公司开发的一种新型流式视频文件格式，文件名后缀为. ra、. rm、. ram、. rmvb。2002 年 RealNetworks 公司推出了它的 RealVideo 9 编码方式，该技术同上一版相比，画质提高了 30%。使用 RealVideo 9 编码格式的文件的文件名后缀一般为. rmvb。RMVB 文件中的"VB"是 VBR（Variable Bit Rate，可变比特率）的缩写。它比普通的 RM 文件有更高的压缩比（同样画质）和更好的画质（同样压缩比）。RMVB 文件一般用 RealOne Player 播放器播放，当然也可以用安装了相应插件的 RealPlayer 播放。相对于 DVDRip 格式，RMVB 视频有着较明显的优势，一部大小为 700 MB 左右的 DVD 影片，如果将其转录成同样视听品质的 RMVB 格式，大小最多也就在 400 MB 左右。不仅如此，这种视频格式还具有内置字幕和无需外挂插件支持等独特优点。

（4）ASF 格式

这是微软为了和现在的 RealPlayer 竞争而推出的一种视频格式，用户可以直接使用 Windows 自带的 Windows Media Player 对其进行播放。由于它使用了 MPEG-4 的压缩算法,所以压缩率和图像的质量都很不错。高压缩率有利于视频流的传输,但图像质量肯定会有一定的损失,所以有时候 ASF 格式的画面质量不如 VCD。作为微软的产品,一个特有的优势就是支持它的软件非常多。

（5）WMV 格式

它的英文全称为"Windows Media Video",也是微软推出的一种采用独立编码方式并且可以直接在网上实时观看视频节目的文件压缩格式。WMV 格式的主要优点包括:本地或网络回放、可扩充的媒体类型、部件下载、可伸缩的媒体类型、流的优先级化、多语言支持、环境独立性、丰富的流间关系以及扩展性等。

（6）DivX 格式

这是由 MPEG-4 衍生出的另一种视频压缩编码标准,也即我们通常所说的 DVDrip 格式,对应的文件扩展名为 . avi 或者 . divx。它采用了 MPEG-4 的压缩算法,同时又综合了 MPEG-4 与 MP3 各方面的技术,其实就是使用 DivX 压缩技术对 DVD 光盘的视频图像进行高质量压缩,同时用 MP3 或 AC3 对音频进行压缩,然后再将视频与音频合成并加上相应的外挂字幕文件而形成的视频格式。其画质直逼 DVD 并且体积只有 DVD 的数分之一。这种编码对机器的要求也不高,所以 DivX 视频编码技术可以说是一种对 DVD 威胁最大的新生视频压缩格式。

（7）MOV 格式

QuickTime(MOV)是苹果公司专有的一种视频格式。在开始的一段时间里,它都是以 . qt 或 . mov 为扩展名的,使用它们自己的编码格式。但是自从 MPEG-4 组织选择了 QuickTime 作为 MPEG-4 的推荐文件格式以后,它们的 MOV 文件就以 . mpg 或 . mp4 为其扩展名,并且采用了 MPEG-4 的压缩算法。

QuickTime 6 将 MP4 文件作为它的第一选择,利用 QuickTime 6 可以制作出专业级质量的、ISO 兼容的 MPEG-4 音频和视频文件,而且这些文件也可以被任何兼容 MPEG-4 的播放器播放。MOV 文件格式是苹果公司推出的一种视频文件格式,默认的播放器是苹果的 Quick-Time Player,具有较高的压缩比率和较完美的视频清晰度等特点,但是其最大的特点还是跨平台性。以前只能在苹果公司的 MacOS 操作系统中使用,现在同样也能支持 Windows 系列操作系统。

（8）nAVI 格式

nAVI 是 newAVI 的缩写,是一个名为"ShadowRealm"的组织发展起来的一种新视频格式（与我们上面所说的 AVI 格式没有太大联系）。它是由 Microsoft ASF 压缩算法修改而来的,但是又与前文介绍的 ASF 视频格式有所区别,它以牺牲原有 ASF 视频文件的"流"特性为代价,通过增加帧率来大幅提高 ASF 视频文件的清晰度。

（9）DV-AVI 格式

DV 的英文全称是"Digital Video Format",是由索尼、松下、JVC 等多家厂商联合提出的一种家用数字视频格式。目前非常流行的数码摄像机就是使用这种格式记录视频数据的。它可以通过计算机的 IEEE 1394 接口传输视频数据到计算机,也可以将计算机中编辑好的视频数据回录到数码摄像机中。这种视频格式的文件扩展名一般是 . avi,所以也叫 DV-AVI 格式。

5.5.2　视频压缩标准

数字视频的数据量很大,无论存储、传输还是其他综合处理都是计算机很大的负担,所以数字视频的压缩是多媒体技术中的一个重要课题。

由于视频信息中画面内部有很强的信息相关性，相邻画面的内容又有高度的连贯性，再加上人眼的视觉特性，通常数字视频的数据量可以压缩几十倍甚至几百倍。视频压缩方案常常综合了多种不同的压缩算法，以便达到更好的压缩效果。多年来，国际上的标准化组织制定了相关的数字视频（及其伴音）压缩编码的几种标准及其应用范围（见表 5.5）。

表 5.5　视频压缩编码的标准及其应用

标准名称	源图像格式	压缩后的码率	应用
MPEG-1	360×288	1.2 Mb/s~1.5 Mb/s	VCD、数码相机、数字摄像机等
H.261	360×288 180×144	p×64 kb/s (p=1~30)	视频通信，如可视电话、会议电视等
MPEG-2(MP&ML)	720×576	5 Mb/s~15 Mb/s	用途最广，如 DVD、150 路卫星电视直播、540 路数字有线电视等
MPEG-2(High Profile)	1 400×1 152 1 920×1 152	80 Mb/s~100 Mb/s	高清晰度电视(HDTV)领域
MPEG-4(H.26L)	多种不同的视频格式	与 MPEG-1、MPEG-2 相当，最低可达 64 kb/s	适合交互和移动多媒体应用，包括虚拟现实、远程教学、手机、MP4 播放器。

5.5.3　视频编辑软件

视频编辑软件很多，常见的视频处理手段主要包括：视频剪辑，根据需要剪除不需要的视频片段，连接多段视频信息；视频叠加，根据需要把多个视频影像叠加在一起；视频和声音同步，在单纯的视频信息上添加声音并精确定位；添加特殊效果，使用滤镜加工视频影像，使影像具有各种特殊效果。

比如，电视节目素材可以根据不同长短、不同顺序进行剪辑，同时配上字幕、特技和各种动画，再进行配音、配乐，最终制作成所需要的视频节目。有些软件还具有将制作好的视频节目刻录成 VCD 或 DVD 的功能。Adobe 公司的 Premiere、微软的 Windows Movie Maker 都是比较简单方便的视频编辑软件。另外，电视台、电影剪辑工作室具有各种专业视频编辑制作硬件和软件。

下面我们对一些常见的视频编辑软件的功能及特点进行介绍。

（1）视频编辑软件 Premiere

Premiere 是由 Adobe 公司开发的一种专业化数字视频处理软件，有"电影制作大师"的称号，可以轻松地对视频进行多种编辑和处理。它首创的时间线编辑、素材项目管理等概念已成为事实上的行业标准。Premiere 融音频视频处理于一身，功能强大。其核心技术是将视频文件逐帧展开，以帧为精度进行编辑，并与音频文件精确同步。它可以配合多种硬件进行视频捕捉和输出，能产生广播级质量的视频文件。

（2）Ulead MediaStudio Pro

Ulead MediaStudio Pro 是最完整的数字视频剪辑处理软件。从影片撷取、影片剪辑、影音合成到添加字幕与拟真绘图特效等，一次帮用户解决所有制作上的问题。它集成了五大功能模块：视频捕捉器、视频编辑器、视频面板、标题生成器、音频编辑器，可以轻松对视频和音频进行捕获、编辑以及输出。视频画板是其杀手锏，可以对视频片段中任一帧或者连续帧进行画面处理，并且它内置了 MPEG 编码器，不需要任何插件就可以制作 VCD 电影；视频捕捉器担负视频采集的任务；视频编辑器对视频作最主要的处理和编辑；标题生成器可以在图像任一地方制作动态标题；音频编辑器对音频进行各种处理和编辑。

（3）Windows Media Encoder

Windows Media Encoder 是一套容易使用、功能强大的软件，给使用者提供自行录制影像的功能，可以从影像捕捉设备或桌面画面录制，亦提供文件格式转换的功能。其主要特色在于容易使用、高品质编码、增强的可程序化与管理。Windows Media Encoder 9 的特点为：新的用户界面和向导，更容易设定与制作影片，提供网络现场播放或后期播放；支持多重来源，可以立即切换来源，并可监视编码程序进行时的数据，如影像大小、数据流量等；新的编码能力支持屏幕捕捉，有更好的输出品质，捕捉文件最大可到 30 GB，支持的捕捉设备包括 Winnov、ATI、Hauppauge 以及 USB 视频摄影机等。

（4）WisMencoder

WisMencoder 是最快的视频转换压缩工具。WisMencoder 能够把你的计算机上的所有视频格式，包括 AVI、MPG、RMVB、WMV、MP4、MOV、DAT 等格式以最快的速度和最高的质量转换为 AVI 格式。其速度和质量都高于同类软件。AVI 是现在最为流行的视频格式，采用 DivX、XviD 和 x264 格式编码的视频文件能拥有较高的视频质量且占用非常少的磁盘空间，效果并不亚于 WMV 或者 RMVB，而压缩/转换速度更比 WMV 和 RMVB 快很多。

（5）PowerTiTle 特效字幕软件

PowerTiTle 特效字幕软件是一个纯粹的字幕工具软件，它需要视频编辑软件和视频压缩软件的支持，能为视频文件添加特效片头文字、3D 片头文字、人物对话字幕、动态变换字幕、卡拉 OK 字幕、标志 logo、图文混排动态字幕等。字幕制作完毕后可以实时浏览字幕效果。该字幕软件操作简便，功能强大，每一个特效字幕功能都是单独的插件，可以很方便地添加和修改。

（6）视频合并专家

视频合并专家是一款易于使用、功能强大的视频文件合并工具。它可以将多个 AVI、MPEG、MPG、DAT、RM、RMVB、WMV、ASF、MOV、QT 等格式的琐碎影片合并成为一个大的视频文件，可以输出为 AVI（DivX/XviD）、MPEG-1、MPEG-2、VCD、SVCD、DVD、WMV 等多种视频格式，还可以任意组合或者排列这些片段，同时支持合并完成后自动关机功能。

（7）VirtualDub

VirtualDub 是一款免费的多媒体剪辑软件，可以针对现有的电影短片文件如 AVI 以及 MPG 等文件进行编辑工作，还可以搭配影像捕捉卡完成实时的动态影像捕捉。安装 MPEG - 4 驱动程序后可以把 VCD 压缩成 MPEG-4，文件大小就从 600 M 变成 300 M 左右。虽然 Virtu-alDub 是一款免费的多媒体剪辑软件，但它的功能却不比 Premiere、Ulead MediaStudio Pro 等专业等级产品的功能逊色。

5.5.4　动画技术

动画可以说是一种老少皆宜的艺术形式，例如"米老鼠"、"唐老鸭"这些动画形象已深深印在我们每个人的脑海中。动画有着悠久的历史，像我国民间的走马灯和皮影戏，就可以说是动画的一种古老形式。当然，真正意义上的动画是在电影摄影机出现以后才发展起来的。而现代科学技术的发展，又不断为它注入了新的活力。

在过去几十年里，计算机动画一直是人们研究的热点。在全球的图形学盛会 SIGGRAPH 上，几乎每年都有计算机动画的论文和专题。随着计算机图形学和硬件技术的高速发展，人们已经可以用计算机生成高质量的图像，促使计算机动画技术飞速地发展起来。计算机动画的应用领域十分广泛，包括影视作品制作、科学研究、视觉模拟、电子游戏、工业设计、教学训练、军事仿真、过程控制、平面绘画、建筑设计等各个方面，使人们充分地体验到计算机动画高超技术的魅力。

1）动画的原理

人们看到一幅图像时,这幅图像在人的视觉系统中至少停留 1/24 s 以上,这就是"视觉暂留"现象,动画正是利用了"视觉暂留"原理。当人的视觉中前面一幅图像还没有消失时,如果马上给他呈现另一幅内容比较接近的图像,人的视觉就会感到一种连续的效果。因此,电影采用了每秒 24 幅画面的速度拍摄播放,电视采用每秒 25 幅画面(PAL 制式,如中央电视台的动画就是 PAL 制式)或每秒 30 幅画面(NSTC 制式)的速度拍摄播放时,人们会看到非常流畅的画面,觉得电影里面的人和运动的物体好像真的在运动一样。当然,这只是一种视觉欺骗,但是这种欺骗也给人们带来了许多美好的感受,电影、电视都是利用了视觉暂留原理。

2）动画的分类

可以用不同的方法对计算机动画进行分类。

（1）帧动画和矢量动画

根据动画的性质不同,可以将计算机动画分为帧动画和矢量动画。

帧动画是指动画的基本单位是帧,由许多帧组成了动画。帧动画借鉴传统动画的概念,每帧的内容不同,连续播放时形成动画视觉效果。帧动画又分成关键帧动画和逐帧动画。制作帧动画的工作量非常大,计算机特有的自动动画功能只能解决移动、旋转等基本动作过程,不能解决关键帧问题。帧动画主要用在传统动画片、广告片以及电影特技的制作方面。

矢量动画是指经过计算机计算而生成的动画,其画面只有一帧,需要通过编写程序制作动画,以及对每一个运动的物体分别进行设计并赋予一些特征,比如大小、形状、颜色等,然后用这些物体构成完整的矢量动画。矢量动画主要表现为变换的图形、线条和文字。矢量动画通常采用编程方式和某些矢量动画制作软件完成。矢量动画又称为"造型动画"。

（2）二维动画和三维动画

根据视觉空间的不同,可以将计算机动画分为二维动画和三维动画。

二维动画又叫"平面动画",是帧动画的一种,具有非常灵活的表现手段、强烈的表现力和良好的视觉效果。二维动画的特点是:运用传统动画的基本概念,在平面上构成动画的基本动作,并且在保持传统动画的表现力和视觉效果的基础上尽量发挥计算机处理的高效率、低成本等特点。

三维动画又叫"空间动画",可以是帧动画,也可以制作成矢量动画,主要表现三维的动画的主体和背景。三维动画的特点是:动画主体的三维造型是经过计算得到的,无需画出物体在旋转和翻滚时的各个面。三维动画的加工和后期制作往往采用二维动画软件完成。

3）动画制作软件

一般制作动画的软件都具备大量用于绘制动画的编辑工具和一些对动画效果进行处理的工具,还有用于自动生成动画、产生运动模式的自动动画功能。制作动画的软件种类很多,下面介绍一些常见的制作动画的软件。

（1）Animator Studio,这是基于 Windows 系统的一种集动画制作、图像处理、音乐编辑及音乐合成等多种功能为一体的二维动画制作软件。

（2）Flash,这是 Macromedia 公司制作的一款交互动画制作软件,用于绘制和加工帧动画、矢量动画,可为动画添加声音效果,是比较流行的网页动画制作工具,在网页制作及多媒体中广泛应用。

（3）GIF Construction,这是一款网页动画生成软件,它把动画和图片序列转换成网页动画形式,可以单独控制每一帧显示的时间。

(4) COOL 3D,这是一款三维文字动画软件,用于制作具有三维效果的文字,文字可以三维运动,其动画作品可以是帧动画文件或视频文件。

(5) 3D Studio MAX,这是一款应用于 PC 平台的元老级三维动画软件,由 Autodesk 公司出品。它具有优良的多线程运算能力,支持多处理器的并行运算,有丰富的建模和动画能力以及出色的材质编辑系统,用于制作三维造型和动画,适用范围较广。

(6) MAYA,这是一款三维动画制作软件,用于制作动画片、广告、电影特技、游戏等。该软件的动画制作功能很强,被认为是比较专业的动画制作软件。

(7) LightWave 3D,它在好莱坞的影响一点也不比 Softimage 和 MAYA 等差。它具有出色的品质,价格也非常低廉,电影《泰坦尼克号》中的"泰坦尼克号"模型就是用它制作的。

4) 动画文件格式

动画文件的格式有很多,主要有以下几种:

(1) GIF 格式

GIF 即"图形交换格式",这种格式在 20 世纪 80 年代由美国一家著名的在线信息服务机构 CompuServe 开发而成。GIF 采用的是无损数据压缩方法中压缩率比较高的 LZW 算法,文件尺寸较小。GIF 图像格式有渐显功能,可以先看到图像的大致轮廓,然后逐步传输显示图像中的细节部分。

(2) FLI/FLC 格式

FLC 格式由 Autodesk 公司研制而成,在 Autodesk 公司出品的 Autodesk Animator、Animator Pro 和 3D Studio 等动画制作软件中均采用了这种彩色动画文件格式。它具有电影般的动画效果,主要用于存储一组位图图像,即动画数据。因此,FLI 格式和 FLC 格式的文件又被称为"动画文件"。

(3) SWF 格式

SWF 格式的动画是用 Micromedia 公司的 Flash 动画编辑软件制作的。这种格式的动画能用比较小的体积来表现丰富的多媒体形式,并且还可以与 HTML 文件达到一种"水乳交融"的境界。Flash 动画其实是一种"准"流形式的文件,即观众在观看的时候,可以不必等到动画文件全部下载到本地再观看,即使后面的内容还没有完全下载到硬盘,观众也可以开始欣赏动画。而且 Flash 动画是利用矢量技术制作的,不管将画面放大多少倍,画面仍然清晰流畅,画面质量不会降低。

5.5.5 数字视频的应用

1) VCD 与 DVD

1994 年,JVC 和 Philips 等公司联合定义了存储数字视频和音频信息的规范,称为"Video CD",简称"VCD"。该规范规定了将 MPEG-1 音频/视频数据记录在光盘上。一张普通 VCD 光盘可以存储约 60 分钟的音频和视频数据,图像质量达到家用录放像机的水平,可以播放立体声。VCD 播放机体积小,价格便宜,音频/视频质量较好。

DVD,即数字多用途光盘,具有规格多、用途广泛的优点。其中,DVD-Video 就是类似 Video CD 的家用影碟。VCD 的存储容量为 650 MB,而同样规格的 DVD 存储容量为 4.7 GB。DVD 采用 MPEG-2 标准压缩视频图像,画面质量比 VCD 明显提高。

DVD-Video 可以提供 32 种文字或卡拉 OK 字幕,最多可以录放 8 种语言的声音。DVD-

Video 具有多结局、多角度、变焦和家长锁定控制等功能。DVD-Video 的画面宽高比有三种选择：全景扫描、4∶3 普通屏幕和 16∶9 宽屏幕。DVD-Video 的伴音有 5.1 声道(左、右、中、左环绕、右环绕和超重低音，简称"5.1 声道")，可以实现三维环绕立体音响效果。

2）可视电话与视频会议

可视电话是指电话的语音和视频同步的通信技术，又称为"视频电话"。可视电话分为静态图像可视电话和动态图像可视电话。前者显示的图像是静止的，图像信号和语音信号交替传输，传送图像时不能通话；后者同时传输图像和语音，图像显示动态变化。

可视电话的终端设备集摄像、显示、声音与图像的编码/解码等功能于一体，内置高质量的数字变焦 CCD 镜头及 Modem，用普通电话线可实现连接通信。可视电话的视频编码标准采用 H.263。

视频会议，又称为"电视会议"，指的是通过数字音频数据实时传送声音和图像，使分布在不同地点的用户可以同时参加会议的一种多媒体通信技术。视频会议通常使用 Internet 实现音频和视频的传输。例如，微软免费提供的 MSN Messenger 就可以实现视频会议的功能。视频会议除了计算机网络的配置之外，还特别需要摄像机/摄像头、话筒、音箱等多媒体外设。

3）数字电视与点播电视

数字电视是将电视信号进行数字化，再以数字形式进行编辑、制作、传输、接收和播放的新型电视技术。数字电视具有频道利用率高、图像清晰的特点，还可以开展交互式数据业务，包括电视购物、电视银行、电视商务、电视通信、电视游戏、点播电视、电视旅游和电视交互竞赛等。

数字电视系统由信源编码、业务复用和信道传输与发送三个部分组成。美国采用的 ATSC (Advanced Television System Committee，先进电视制式委员会)、欧洲采用的 DVB(Digital Video Broadcasting，数字视频广播)和日本采用的 ISDB(Integrated Service Digital Broadcasting，综合业务数字广播)的数字电视标准中，信源编码的视频部分采用 MPEG-2 标准，音频采用 MPEG-2 或 Dolby AC-3；业务复用采用的都是 MPEG-2 系统层规范及其扩展形式。

数字电视的传输途径有有线电视网络、Internet、宽带网络。数字电视接收机一般分三类：传统模拟电视＋数字机顶盒、数字电视接收机和支持数字电视的计算机。

点播电视，又成为"视频点播(VOD)"，指的是用户可以根据自己的需要选择电视节目，即交互式电视。

视频点播系统可以分为 TVOD 和 NVOD 两种。TVOD(真视频点播)支持用户提出请求即可得到服务的实时功能。TVOD 为每个用户提供单独的连接，需要庞大的网络带宽资源。NVOD(准视频点播)系统采用每隔一段时间在不同的频道上开始播放同一个节目供用户选择收看的技术。NVOD 系统服务器的性能要求相对低。

VOD 系统对网络资源的要求比较高，现在 VOD 还在发展阶段，大范围地实现 VOD 系统在技术上还有一定难度。相对小范围的校园 VOD 系统应用在网络教学方面的效果比较好。

习 题 五

一、选择题

1. 下列有关文本与文本处理的叙述中，错误的是_____。

A. 文本信息在计算机中存储时，汉字字符均为双字节编码，非汉字字符均为单字节编码

B. 文本输入可以是键盘输入，也可以是联机手写输入、语音输入等

C. DOC 文档、HTML 网页、PDF 文档均为丰富格式文本,但它们的格式标记方式不同

D. 文本中的字符可以使用不同的字体,不同字体的同一个汉字,其机内码相同

2. 下列关于文本的叙述中,错误的是_____。

A. 不同文字处理软件制作的丰富格式文本通常不兼容

B. 纯文本的文件扩展名为. txt

C. DOC 文件中不仅包含西文字符和汉字,并且含有许多字符属性和格式标记

D. 超文本可以是丰富格式文本,也可以是纯文本

3. 美国 Adobe 公司的 Acrobat 软件,使用____文件格式将文字、字形、排版格式、声音和图像等信息封装在一个文件中,既适合网络传输,也适合电子出版,得到了广泛的应用。

A. TXT   B. DOC   C. HTML   D. PDF

4. 微软公司的 Office 办公套件中,Word 和 PowerPoint 等文档中都可以包含两种不同类型的图片:图像(image)和图形(graphic)。下面相关的叙述中,错误的是_____。

A. 从扫描仪输入的图片以"图像"类型插入到 Word 或 PowerPoint 文档中

B. 使用 Word 或 PowerPoint 中绘图工具绘制而成的是图形

C. 在 Word 和 PowerPoint 中,不能对图像的大小进行修改

D. 在 Word 和 PowerPoint 中,图形可以编辑修改

5. 下列与数字图像图形相关的叙述中,错误的是_____。

A. 彩色图像在数字化过程中需进行分色处理,然后对不同的基色进行取样和量化

B. 如果某 RGB 图像的像素深度为 12,则可表示的颜色数目为 2 048 种

C. 数码相机常用 JPEG 格式保存图像文件,该格式的图像大多采用有损压缩编码

D. 图形是计算机合成的图像,也称为矢量图形

6. 以下列出的数字图像的文格式中,能够在网页上发布并可具有动画效果的文件格式是_____。

A. BMP   B. GIF   C. JPEG   D. TIF

7. 下面关于图像的叙述中,错误的是_____。

A. 图像的压缩方法很多,但是一台计算机只能选用一种

B. 图像的扫描过程指将画面分成 M×N 个网格,形成 M×N 个取样点

C. 一般来说,图形比图像的数据量要少一些

D. 图形比图像更容易编辑、修改

8. 下列关于数字图像的叙述中,正确的是_____。

A. 一幅彩色图像的数据量计算公式:图像数据量=图像水平分辨率×图像垂直分辨率/8

B. 黑白图像或灰度图像的每个取样点只有一个亮度值

C. 对模拟图像进行量化的过程也就是对取样点的每个分量进行 D/A(数字信号/模拟信号)转换

D. 取样图像在计算机中用矩阵来表示,矩阵的行数称为图像的水平分辨率,矩阵的列数称为图像的垂直分辨率

9. 彩色图像的像素颜色是采用若干基色的组合进行描述的,选用哪些基色可以有多种不同的方案(称为"颜色空间"),下面不属于颜色空间的是_____。

A. CMYK   B. RGB   C. TIF   D. YUV

10. 显示存储器 VRAM 的容量与显示器的分辨率及每个像素的位数有关。假定 VRAM 的容量为 4 MB,每个像素的位数为 24 位,则显示器的分辨率理论上最高能达到_____。

A. 800×600   B. 1 024×768   C. 1 280×1 024   D. 1 600×1 200

11. 计算机合成的声音有两类：一类是合成的语音，另一类是合成的音乐。在下列声音文件类型中，属于计算机合成音乐的是_____。

A. WAV   B. MIDI   C. MP3   D. WMA

12. 下列采集的波形声音中_____的质量最好。

A. 单声道、8 位量化、22.05 kHz 采样频率

B. 双声道、8 位量化、44.1 kHz 采样频率

C. 单声道、16 位量化、22.05 kHz 采样频率

D. 双声道、16 位量化、44.1 kHz 采样频率

13. 关于 MIDI，下列叙述不正确的是_____。

A. 使用 MIDI，不需要许多的乐理知识

B. MIDI 声音的数据量比数字波形声音少得多

C. MIDI 是合成声音

D. MIDI 文件是一系列指令的集合

14. 声音获取时，影响数字声音码率的因素有三个，下面_____不是影响声音码率的因素。

A. 取样频率   B. 声卡的类型   C. 量化位数   D. 声道数

15. 声卡是获取数字声音的重要设备，下列有关声卡的叙述中，错误的是_____。

A. 声卡既负责声音的数字化，也负责声音的重建与播放

B. 因为声卡非常复杂，所以只能将其做成独立的 PCI 插卡形式

C. 声卡既处理波形声音，也负责 MIDI 音乐的合成

D. 声卡可以将波形声音和 MIDI 声音混合在一起输出

16. 在下列关于 Windows XP 内置的多媒体工具软件的叙述中，错误的是_____。

A. "画图"可以处理多种类型的图片文件，包括 BMP、JPEG、GIF 和 PNG 等类型

B. "录音机"可以记录、编辑播放声音，声音文件可以为 WAV 文件和 MIDI 文件

C. Windows Media Player 可以播放 CD 音乐和 DVD 视频

D. Windows Movie Maker 可以导入多种类型的图片文件、音频文件和视频文件

17. 在 PC 上播放数字视频时，需要使用所谓的"媒体播放器"软件。下面的软件中，不能播放数字视频的是_____。

A. Windows Media Player   B. QuickTime

C. Adobe Reader   D. RealPlayer

18. 下列有关视频信息在计算机中的表示与处理的叙述中，错误的是_____。

A. 多媒体计算机中所说的视频信息特指运动图像

B. MPEG 系列标准均是关于数字视频（及其伴音）压缩编码的国际标准

C. MPEG-1 标准主要用于数字电视

D. DVD-Video 采用 MPEG-2 标准对图像进行压缩

19. 以下_____不是数字视频可以进行大幅度数据压缩的原因。

A. 数字视频的数据量大得惊人

B. 视频信息中各画面内部有很强的信息相关性

C. 人眼的视觉特性

D. 视频信息中相邻画面的内容有高度的连贯性

20. 数字视频信息的数据量相当大,对 PC 的存储、处理和传输都是极大的负担,为此必须对数字视频进行压缩编码。下面_____不是数字视频压缩码的国际标准。

A. MPEG-1　　　　B. MPEG-2　　　　C. MPEG-3　　　　D. MPEG-4

二、填空题

1. 一幅图像若其像素深度是 8 位,则它能表示的不同颜色的数目为_____。

2. 数字图像的获取步骤大体分为三步:采样、量化、编码,其中_____就是将二维空间上模拟的连续亮度(即灰度)或色彩信息转化为一系列有限的离散数值来表示。

3. 颜色位数(颜色深度)反映了扫描仪对图像颜色的辨析能力。颜色位数为 10 位的彩色扫描仪,可以分辨出_____种不同的颜色。

4. 黑白图像或灰度图像只有_____个位平面,彩色图像有 3 个或更多的位平面。

5. 不同的图像文件格式往往具有不同的特性,有一种格式具有图像颜色数目不多、数据量不大、能实现累进显示、支持透明背景和动画效果、适合在网页上使用等特性,这种图像文件格式是_____。

6. 现在流行的所谓"MP3 音乐"是一种采用国际标准_____压缩编码的高质量数字音乐,它能以 10 倍左右的压缩比大幅减少其数据量。

7. 在因特网环境下能做到数字声音(或视频)边下载边播放的媒体分发技术称为"_____媒体"。

8. CD 唱片上的音乐是一种全频带高保真立体声数字音乐,它的声道数目一般是_____个。

9. 在计算机应用中,视频点播的英文缩写是_____。

10. 我国彩色电视采用 PAL 制式,每一帧图像由奇数场和偶数场组成,其帧率为_____f/s。

三、计算题

1. 假定某用户上网在半小时内共下载了分辨率为 800×600 的 65 536 色的彩色相片 20 张,则下载时的平均数据传输率大约是多少 kbps?

2. 一幅没有经过数据压缩的能表示 65 536 种不同颜色的彩色图像,其数据量是 2.5 MB,假设它的垂直分辨率是 1 024,那么它的水平分辨率是多少?

3. 人们说话时所产生的语音信号必须经过数字化之后才能由计算机存储和处理。假设语音信号数字化时的采样频率为 8 kHz，量化精度为 8 位，数据压缩倍数为 4 倍，那么 1 分钟数字语音的数据量大约是多少 KB？

4. 歌手唱歌时所发出的声音信号必须经过数字化之后才能制作成 CD 唱片。假设声音信号数字化时的采样频率为 44.1 kHz，量化精度为 16 位，双声道，那么 1 分钟数字声音的数据量大约是多少 MB？

5. 容量为 4.7 GB 的 DVD 光盘在播放时，若读出数据的速率为 10.4 Mbps，则连续播放的时间大约为多少小时？

四、简答题

1. 超文本的核心思想是什么？超文本系统和超媒体系统有什么差别？

2. 超媒体是什么？多媒体与超媒体之间有什么关系？

3. HTML 是什么语言？

4. 什么是矢量图形和数字图像？两者的区别是什么？

5. 描述数字图像的重要参数有哪些？影响图像数据量大小的参数有哪些？影响图像显示效果的参数有哪些？为什么？

6. 简述数字图像处理技术的应用领域。

7. 简述计算机图形处理技术的应用领域。

8. 音频数据如何获得？分几个步骤？

9. 声卡的硬件构成有哪些？声卡有哪些功能？

10. 常用的音频编辑软件有哪些？简述其功能。

11. MIDI 音乐的特点以及其与波形音频的区别有哪些？

12. 简述模拟视频和数字视频的区别。它们分别应用在哪些方面？

13. 常用数字视频的文件格式有哪些？

14. 流行的动画制作软件和文件格式有哪些？

15. 简述现实生活中的数字视频的应用。

6 数据库技术与信息系统

数据库技术是专门用来管理数据和信息资源的重要技术,是建立信息系统的核心和基础。随着信息系统向各行各业日益渗透和推广,数据库技术已成为应用最广泛的技术之一。不论是在生产管理、销售管理、库存管理、财务管理、客户管理、人力资源管理、金融证券管理,还是在政务管理、教学管理、图书馆管理等领域,数据库已成为信息管理的重要工具。对于一个国家来说,数据库的建设规模、数据库信息量的大小和使用频率也成为衡量这个国家信息化程度的一个重要标志。

6.1 数据库系统概述

"数据库"一词源于20世纪50年代,当时美国为了战争的需要,把各种情报收集在一起并存储在计算机里,称为"Information Base"或"DataBase"(记作"DB")。随着计算机在数据处理领域应用的不断扩大,为了有效地组织与存储数据、高效地获取和处理数据,20世纪70年代初出现了数据库技术。由于数据库具有数据结构化、数据冗余度小、共享性好、数据独立性高等优点,其产品刚进入市场就受到广大用户的欢迎。当今最流行的是关系数据库,其产生于20世纪70年代末,从20世纪80年代起流传至今,已经盛行30多年,在数据库领域中占据主导地位。

目前比较常用的关系数据库管理系统软件有微软公司的 Access、Visual Foxpro、SQL Server,Oracle 公司的 Oracle,IBM 公司的 DB2,瑞典 AB 公司开发的 MySQL 等。

6.1.1 数据库系统基本概念

数据、数据库、数据库管理系统和数据库系统是与数据库技术密切相关的基本概念。

1)数据(Data)

数据是数据库中存储的基本对象。数据是描述事物的符号记录,描述事物的符号有数字、文字、图形、图像、声音、视频等多种形式,这些形式的数据都可以经过数字化后存入计算机。

2)数据库(DataBase,简称 DB)

数据库是存储在计算机内的有组织、可共享的数据集合。

数据库中的数据具有集成性和共享性两大特点。

集成是指数据库中的数据集中了各种应用的数据,进行统一构造和存储,数据冗余度小,独立性强,数据操作容易。

共享是指数据库中的数据可以为多个不同的用户所使用,即多个不同的用户可使用多种不同的语言,为了不同的应用目的而同时访问数据库,甚至同时访问同一数据。

3)数据库管理系统(DataBase Management System,简称 DBMS)

数据库管理系统是一种管理数据库的系统软件,是位于用户与操作系统之间的一种数据管理软件。它负责对数据库进行统一管理和控制。

4)数据库应用

数据库应用是指以数据库为基础的各种应用程序。应用程序必须通过 DBMS 才能访问数据库。

5）数据库管理员（DataBase Administrator，简称 DBA）

DBA 是指负责数据库的规划、设计、协调、维护和管理等工作的人员。

6）数据库系统（DataBase System，简称 DBS）

数据库系统是以海量的、结构复杂的、持久的、共享的数据的统一管理为目标的计算机软件应用整体。

数据库系统的组成包括数据库、数据库管理系统、数据库应用、数据库管理员等，如图 6.1 所示。

图 6.1　数据库系统的组成

6.1.2　数据库技术的产生和发展

数据库技术是应数据管理的需求而产生的。数据管理是指如何对数据进行分类、组织、编码、存储、检索和维护。自 20 世纪 50 年代末以来，数据管理一直是计算机科学技术领域中的一门重要的技术和研究课题。商业管理领域、信息管理领域中的数据具有以下特点：

（1）涉及的数据量大，需要存放在大容量的辅助存储器中。

（2）数据不随程序的结束而消失，需长期保留在计算机系统中，这种数据称为"持久数据（Persistent Data）"。

（3）数据为多个应用程序所共享，甚至在一个单位或更大的范围内共享。

我们把管理这种大量的、持久的、共享的数据称为"数据密集型应用"。这是最大的计算机应用领域，管理信息系统、办公信息系统、银行信息系统、交通信息系统、情报检索系统等都属于这一类。如何管理是数据密集型应用面临的共同问题。

自 20 世纪 40 年代末以来，随着计算机硬件和软件的发展，数据管理在经历了人工管理和文件系统管理两个阶段后，于 20 世纪 60 年代末开始进入了数据库系统管理阶段，并逐步在数据管理领域中占据主导地位。

6.1.3　数据库系统的特点

数据库系统之所以可以在数据管理领域中占主流地位，主要是因为其具有以下几个特点：

（1）数据结构化

在数据库系统中，数据是按照一定的模型组织与存放的，能够较自然地反映数据间的内在联系。数据库中的数据是面向整个系统的全部应用，是从全局的角度来考虑并集成其数据结构的，为数据的集中管理和控制、减少数据冗余提供了前提和保证。

（2）数据共享性好，冗余度低

数据库系统管理阶段的数据是面向整个系统进行集中统一的管理和控制的，当前所有用户可以同时存取数据库中的数据，从而减少了数据冗余，较大程度上避免了数据之间的不一致性，即同一数据在数据库中重复出现且具有不同的值。而采用人工管理或文件系统管理时，由于数据被重复存储，当不同的应用程序使用和修改不同的拷贝时就易造成数据的不一致。

（3）数据独立性高

数据独立性是指数据库中的数据与应用程序之间互不依赖，应用程序独立于数据，数据的逻辑结构、存储结构与存取方式的改变不影响应用程序。

数据独立性分为物理独立性和逻辑独立性两种。物理独立性是指当数据的存储结构发生改变时，如存储设备、存取方式等发生改变时，数据的逻辑结构可以保持不变，从而应用程序也不必改变。逻辑独立性是指当数据间的总体逻辑结构发生改变时，数据的局部逻辑结构可以保持不变，由于应用程序是依据数据的局部逻辑结构来编写的，因而可以不必修改应用程序。

（4）数据由 DBMS 统一管理和控制

DBMS 是数据库系统的统一管理者，主要负责对数据作全面集中的管理，包括提供统一的数据模式、数据操纵方式，还提供集中的数据安全性、完整性、并发处理、故障恢复等控制功能。

数据安全性（Security）是防止数据的非法使用造成数据的泄露和破坏。数据的完整性（Integrity）是指数据的正确性、有效性和相容性，即将数据控制在有效的范围内或要求数据之间满足一定的关系。数据的正确性是指数据的合法性，如年龄属于数值型数据，只能包含 0，1，…，9，不能包含字母等其他字符。数据的有效性是指数据必须在其定义的有效范围内，如月份只能用 1～12 表示。数据的相容性是指同一事实的两个数据应相同，如一个人不能有两个性别。

并发控制是指当多个用户对同一数据进行并发地存取或修改时可能会发生冲突，为了避免发生冲突，数据库管理系统必须对多用户的并发操作加以控制和协调。

数据库恢复是当计算机系统出现硬件或软件故障时，DBMS 能将数据库从错误状态恢复到一致状态（也称完整状态）。

6.2 关系数据模型

6.2.1 数据模型的概念

数据库是用来管理某一个现实领域中所涉及的相关事物的工具。然而计算机并不能直接处理现实世界中的具体事物，那么现实世界中的事物在数据库系统中是如何表示的呢？

首先，我们必须将现实中的具体事物转换成计算机能够处理的数据，然后在数据库中用数据模型来抽象、表示和处理现实世界中的数据。数据模型是一种对现实世界中的数据特征进行抽象的工具，它可以描述数据的静态特征（包括数据的基本结构、数据间的联系和数据中的约束条件）和动态特征（即定义在数据上的操作）。

数据模型的组成包括三个要素：数据结构、数据操作与数据的完整性约束条件。

1）数据结构

数据结构用于描述数据的静态特性，包括数据类型、内容、性质以及数据间联系的有关情况，是所研究对象类型的集合。

数据结构是数据模型的基础，数据操作和约束均建立在数据结构上，因此一般数据模型的分类均以数据结构的不同来划分。

2）数据操作

数据操作用于描述数据的动态特性，主要描述在相应数据结构上的操作类型和操作方式，是对数据库中各种对象（型）的实例（值）所允许的操作的集合。

数据库的主要操作包括检索和更新（包括插入、删除和修改）两大类。

3）数据的完整性约束条件

数据的完整性约束条件主要描述数据结构内数据间的语法、语义联系，是一组完整性规则的集合。

完整性规则是给定的数据模型中数据及其联系所具有的制约和存储规则，用于限定符合数据模型的数据库状态以及状态的变化，以保证数据的正确、有效和相容。

数据模型应该反映和规定本数据模型必须遵守的基本的通用完整性约束条件，如实体完整性和参照完整性，还要提供定义完整性约束条件的机制，以反映具体应用所涉及的数据必须遵守的特定语义约束条件。

6.2.2　数据模型的分类

数据模型按不同的应用层次分为三种类型：概念数据模型（Conceptual Data Model）、逻辑数据模型（Logic Data Model）和物理数据模型（Physical Data Model）。

概念数据模型是面向用户、面向现实世界的数据模型，是与 DBMS 无关的数据模型。概念数据模型着重于对客观世界中复杂事物结构的描述及其内在联系的刻画。目前，较为有名的概念数据模型有 E-R 模型、扩充的 E-R 模型、面向对象模型及谓词模型等。

逻辑数据模型又称数据模型，是一种面向数据库系统的模型，是客观世界到计算机间的中间模型，与 DBMS 有关。概念数据模型只有转换成逻辑数据模型后才能在数据库中得以表示。目前，较为广泛使用的逻辑数据模型有：层次模型、网状模型及关系模型，其中占主导地位的是关系模型。

物理数据模型是一种面向计算机物理表示的模型，它给出了数据模型在计算机中真正的物理结构的表示，如物理块、指针、索引等，而逻辑数据模型只反映数据的逻辑结构，如文件、记录、字段等。物理数据模型不但与 DBMS 有关，而且与操作系统、硬件也有关。

6.2.3　概念数据模型

概念数据模型是现实世界到机器世界的第一层抽象，是进行数据库设计的有力工具，也是数据库设计人员和用户之间进行交流的语言。概念数据模型最常用的建模方法是"实体-联系"法，该方法用 E-R 图来描述某一组织的概念数据模型。

下面主要介绍一下有关的术语和 E-R（Entity-Relation）图的画法。

1）概念数据模型中的基本术语

（1）实体（Entity）

实体是指客观存在并可以相互区别的事物。实体可以是具体的人、事、物，也可以是抽象的概念或联系，如一个学生、一门课、学生的一次选课等。

（2）属性（Attribute）

实体所具有的某一特性称为"属性"。一个实体可以由若干个属性来描述，如学生具有学号、姓名、性别、出生年月、所在系、入学年份等属性。

（3）键（Key）

键是用来唯一标识一个实体的属性或属性组合，又称为"候选码"、"关键字"或"码"。例如，对于学生实体，因为每个学号都不重复，一个学号只能与一个学生相对应，因此学号可以作为学生的键，也就是说如果要查找某个学生，只要提供该生的学号就可以了。

（4）实体集（Entity Set）

实体集是指同一类型实体所构成的集合，如全体学生就是一个实体集，全体教师是另一个实体集。

（5）实体类型（Entity Type）

实体类型是指同一个实体集所具有的相同属性和特征，即用实体名和相关的属性名来描述同类实体，如课程（课程号、课程名、学分、学时）就是一个实体类型。

（6）联系（Relationship）

现实世界万物间的联系是错综复杂的，这种联系反映到信息世界中又可分为两种：一种是实体内部各个属性之间的联系；一种是不同的实体集之间的联系。在实际应用中我们着重关注不同的实体集之间的联系。归纳现实世界中实体集之间的联系情况，也可以分为三种：一对一联系、一对多联系和多对多联系。

①一对一联系（记作 1∶1）

如果对于实体集 A 中的每一个实体，实体集 B 中至多有一个实体与之联系；反之，对于实体集 B 中的每一个实体，实体集 A 中至多有一个实体与之联系，则称实体集 A 与实体集 B 具有一对一联系，记作 1∶1。

如一个班级只有一个班主任，一个班主任只负责管理一个班级，则班级和班主任之间具有一对一联系。又比如，假设一个部门只有一个经理，一个经理负责管理一个部门，则部门和经理之间也是一对一联系。

②一对多联系（记作 1∶n）

如果对于实体集 A 中的每一个实体，实体集 B 中有多个实体与之联系；反之，对于实体集 B 中的每一个实体，实体集 A 中至多只有一个实体与之联系，则称实体集 A 与实体集 B 具有一对多联系，记作 1∶n。

如一个班级由很多个学生组成，每个学生只能属于一个班级，因此一个班级可以与学生实体集中的多个学生相联系，而学生实体集中的每个学生最多只能与一个班级相对应，因此班级和学生之间是一对多联系。

又如，一个部门由很多个职工组成，每个职工只能属于一个部门，因此部门和职工之间也是一对多联系。

由上可见，一对多联系在多数情况下是用来表示组成关系的，如班级由学生组成，系由教师组成，部门由职工组成等等。

③多对多联系（记作 m∶n）

如果对于实体集 A 中的每一个实体，实体集 B 中有多个实体与之联系；反之，对于实体集 B 中的每一个实体，实体集 A 中也有多个实体与之联系，则称实体集 A 与实体集 B 具有多对多联系，记作 m∶n。

如一个学生可以选修多门课程，一门课程也可以同时被多个学生选修，因此学生和课程之间是多对多联系。

又如，一个商店可以销售多种商品，每一种商品又可以在多个商店同时销售，因此商店和商品之间也是多对多联系。

2) E-R 图的画法

为了直观地表示实体集的属性和实体集之间的联系方式,实体-联系模型(E-R 模型)提供了一些简明的符号工具来表示实体集、属性和联系。

(1) 实体集的表示方法:用长方形框表示,框内写上实体集名。

(2) 属性的表示方法:用椭圆形表示,在里面写上属性名,并用线段将属性与相应的实体集联系起来。

(3) 联系的表示方法:用菱形表示,在菱形框内写上联系名,并用线段将菱形框与相关实体集联系起来,然后在线段旁注明联系的类型,如果一个联系本身也有属性,则将属性框与该菱形相连。

下面举些例子说明 E-R 图的画法。

【例 6.1】 班级和班主任两个实体集之间的一对一联系可以用图 6.2 表示。

图 6.2 班级和班主任的 E-R 图

【例 6.2】 班级和学生两个实体集之间的一对多联系可以用图 6.3 表示。

图 6.3 班级和学生的 E-R 图

【例 6.3】 学生和课程之间的多对多联系可以用图 6.4 表示。

图 6.4　学生和课程的 E-R 图

在例 6.3 中,由于学生选修一门课程后,在课程结束时会得到一个考试成绩,所以为"选修"这一联系增加了一个"成绩"属性。

需要说明的一点是,E-R 图是对现实世界进行抽象的工具,在画 E-R 图时应从现实世界出发,根据具体的信息管理要求来设计系统需要包含的实体集、每个实体集的属性以及实体之间的联系方式。有时同一个实体在不同的应用中所要描述的属性可能不同,如在学籍管理系统中,学生的属性可能只要包括学号、姓名、性别、出生年月、所在系、专业即可,但是如果是学校医院管理系统中所存放的学生信息,则可能除了上述属性外还得包含学生的身高、体重、血型等与健康有关的信息。另外,有时同样的两个实体集在不同的语义条件下可能其联系方式也不一样,如假设规定每位教师只能上一门课,同一门课可以由多个教师上,则教师和课程之间是多对一的联系;但是如果规定每位教师能上多门课,同一门课也可以由多个教师上,则教师和课程之间是多对多的联系,所以在设计 E-R 图时要注意语义约束。

总之,概念数据模型是对现实世界需求的第一层描述,是计算机专业人员与用户之间进行交流的工具,与具体的 DBMS 无关。数据库设计人员应该在这一阶段利用 E-R 模型确定用户的信息管理内容,如包含哪些实体集,每个实体集具有哪些属性,实体集之间的联系方式等,只有把这些内容确定下来之后,数据库设计人员才可以建立数据库的逻辑数据模型,进而建立数据库的物理数据模型,从而完成数据库的框架结构的建立。

6.2.4　关系数据模型简介

1) 关系数据模型的数据结构

（1）关系数据模型的基本数据结构

关系数据模型的基本数据结构是二维表,由行和列组成。二维表又称"关系",因此以二维表为基本结构所建立的模型称为"关系数据模型"。

（2）关系数据模型的基本术语

①关系(Relation):即二维表。

②元组(Tuple):二维表中的一行即一个元组,表示一个记录。

　　③属性(Attribute)：二维表中的一列即一个属性，表示实体集的一个特征。在同一关系中属性名不能同名。

　　④键(Key)：二维表中可以唯一确定一个元组的最小属性集。一个表可能有多个键，称为候选键，一般选定其中一个作为主键。

　　⑤域(Domain)：属性的取值范围，如性别的域是{男，女}。

　　⑥分量：元组中的一个属性值。

　　⑦关系模式：对关系的描述，一般表示为：关系名(属性 1，属性 2，…，属性 n)，即关系名和关系的属性集。n 是 R 的属性的个数，称为关系的"目(Degree)"。

　　例如，描述大学生的关系模式为：

　　　　Student(姓名，学号，性别，出生年月，籍贯，系别，入学年份)

　　<李明，0098135，女，1984，江苏，计算机系，2001>是其中的一个元组。

　　(3) 对关系模型中的二维表的限制条件

　　①同一个表中的属性名必须各不相同，但次序可以任意改变；

　　②同一个表中的元组必须均不相同，但元组的次序可以任意改变；

　　③表中每一分量必须是不可分割的基本数据项，这是关系模式必须满足的最基本条件。

　　2) 关系数据模型的操纵

　　关系数据模型的操纵主要包括查询和更新两大类，其中更新操作又分为插入、删除和修改三种。关系数据模型中的数据操作是集合操作，具有严格的数学理论基础，其操作对象和操作结果都是集合，即若干元组的集合。

　　3) 关系数据模型的完整性约束

　　关系数据模型的完整性规则是对关系的某种约束条件。关系数据模型中有三类完整性约束分别是实体完整性、参照完整性和用户定义的完整性。其中，实体完整性和参照完整性是关系数据模型必须满足的完整性约束条件，称作关系的两个不变性，必须由关系系统自动支持。

　　(1) 实体完整性

　　实体完整性的含义是指应该使关系中的每个实体都能被识别和区分，因为现实世界中的实体都是可区分的，具有唯一性标识。相应地，在关系模型中以主键来唯一地标识每个实体，而且作为唯一性标识的主键不能取空值，因为空值是指"不知道"或"无意义"的值，取空值则说明存在某个不可识别的实体，这与现实世界是互相矛盾的，所以这个实体一定不是一个完整的实体。因此，关系模型必须保证每个实体都是完整的，都要遵守实体完整性规则，即关系中主键的所有属性都不能取空值。

　　(2) 参照完整性

　　参照完整性又称"引用完整性"。由于现实世界中的实体之间一般都存在某种联系，而在关系模式中实体及实体间的联系都是用关系来描述的，因此就存在关系和关系间的引用。例如，以下学生和专业两个关系就存在互相引用的情况：

　　学生(学号，姓名，性别，专业号，年龄)

　　专业(专业号，专业名)

　　在这两个关系中，学生关系引用了专业关系的主键"专业号"。因而学生关系中的专业号值必须是专业关系中有记录的专业号，即学生关系中的"专业号"这个属性的值必须引用专业关系中的属性值。

　　设 F 是基本关系 R 的一个或一组属性，但不是关系 R 的主键，如果 F 与基本关系 S 的主

键 K_s 相对应,则称 F 是基本关系 R 的外键(Foreign Key)。即 F 不是 R 的主键,但是 S 的主键,则称 F 是关系 R 的外键。

基本关系 R 为参照关系(Referencing Relation),基本关系 S 为被参照关系(Referenced Relation)或目标关系(Target Relation)。

参照完整性规则内容:若属性(或属性组)F 是基本关系 R 的外键,它与基本关系 S 的主键 K_s 相对应,则 R 中每个元组在 F 上的值必须为:

①或者取空值(F 的每个属性值均为空值);

②或者等于 S 中某个元组的主键值。

例如,对于本例,学生关系中的每个元组的"专业号"属性只能取以下两类值:

①空值,表示尚未给该学生分配专业;

②非空值,这时学生关系中的专业号值必须是专业关系中存在的某个专业号值,即被参照关系"专业"中一定存在一个元组,其主键值等于该参照关系"学生"中的外键值。

（3）用户定义的完整性

用户定义的完整性是用户针对某一具体关系数据库定义的约束条件,它反映某一具体应用所涉及的数据必须满足的语义要求。例如,可以规定某个属性必须取唯一值,某个非主属性也不能取空值,某个属性的取值范围必须在 $0\sim100$ 之间等。

6.3　关系代数操作

关系代数主要用于描述关系数据库的检索操作,主要用到的运算符包括四类:集合运算符、专门的关系运算符、算术比较运算符和逻辑运算符。关系代数分为两大类:传统的集合运算和专门的关系运算两类。其中,传统的集合运算将关系看成元组的集合,每个元组相当于集合中的一个元素,其运算类型主要是代数中的并、交、差和广义笛卡尔积运算四种。而专门的关系运算是关系数据库所特有的运算,主要包括选择、投影、连接和除运算。其中,并、差、笛卡尔积、选择和投影五种运算被称为基本的关系运算,交、连接和除运算都可以由这五种运算推导出来。

6.3.1　传统的集合运算

传统的集合运算是二目运算,包括并、交、差、广义笛卡尔积四种运算。

1) 并(union)

设关系 R 和 S 具有相同的目,且相应的属性取自同一个域,则关系 R 与关系 S 的并集由属于 R 或属于 S 的元组组成。

$$R\cup S=\{t|t\in R\vee t\in S\}$$

如:

R		
A	B	C
$a1$	$b2$	$c3$
$a2$	$b3$	$c4$

S		
A	B	C
$a1$	$b2$	$c3$
$a3$	$b5$	$c7$

$R\cup S$		
A	B	C
$a1$	$b2$	$c3$
$a2$	$b3$	$c4$
$a3$	$b5$	$c7$

2) 差(difference)

设关系 R 和 S 具有相同的目,且相应的属性取自同一个域,则关系 R 与关系 S 的差集由属

于 R 但不属于 S 的元组组成。

$$R-S=\{t|t\in R\land\neg t\in S\}$$

如：

	R	
A	B	C
$a1$	$b2$	$c3$
$a2$	$b3$	$c4$

	S	
A	B	C
$a1$	$b2$	$c3$
$a3$	$b5$	$c7$

	$R-S$	
A	B	C
$a2$	$b3$	$c4$

3）交（intersection）

设关系 R 和 S 具有相同的目，且相应的属性取自同一个域，则关系 R 与关系 S 的交集由既属于 R 又属于 S 的元组组成。

$$R\cap S=\{t|t\in R\land t\in S\}$$

如：

	R	
A	B	C
$a1$	$b2$	$c3$
$a2$	$b3$	$c4$

	S	
A	B	C
$a1$	$b2$	$c3$
$a3$	$b5$	$c7$

	$R\cap S$	
A	B	C
$a1$	$b2$	$c3$

4）广义笛卡尔积（extended cartesian product）

两个分别为 n 目和 m 目的关系 R 和 S 的广义笛卡尔积是一个 $(m+n)$ 列的元组的集合。元组的前 n 列是关系 R 的一个元组，后 m 列是关系 S 的一个元组。若 R 有 k_1 个元组，S 有 K_2 个元组，则关系 R 和关系 S 的广义笛卡尔积有 $K_1\times K_2$ 个元组。

如：

	R	
A	B	C
$a1$	$b2$	$c3$
$a2$	$b3$	$c4$

	S	
A	B	C
$a1$	$b2$	$c3$
$a3$	$b5$	$c7$

$R\times S$ 的结果如下所示：

		$R\times S$			
$R.A$	$R.B$	$R.C$	$S.A$	$S.B$	$S.C$
$a1$	$b2$	$c3$	$a1$	$b2$	$c3$
$a1$	$b2$	$c3$	$a3$	$b5$	$c7$
$a2$	$b3$	$c4$	$a1$	$b2$	$c3$
$a2$	$b3$	$c4$	$a3$	$b5$	$c7$

6.3.2 专门的关系运算

1）选择（selection）

选择运算是指从关系 R 中选择满足给定条件的所有元组，记作：

$$\sigma_F(R)=\{t|t\in R\land F(t)='真'\}$$

F 表示选择条件，选择运算就是从 R 中提取能够使 F 条件成立的元组。选择运算是从行的角度进行的运算,投影结果取消重复的元组。

如对以下学生表 Student(Sno,Sname,Ssex,Sage,Sdept)中的数据进行选择运算:

Student

Sno	Sname	Ssex	Sage	Sdept
070601101	李明	男	18	建筑工程
070801201	王婷	女	19	计算机
070801101	张军	男	18	计算机

【例 6.4】 查询性别为男的全体学生。

$\sigma_{Ssex='男'}$ (Student)

结果为:

Sno	Sname	Ssex	Sage	Sdept
070601101	李明	男	18	建筑工程
070801101	张军	男	18	计算机

【例 6.5】 查询年龄小于 19 岁的全体学生。

$\sigma_{Sage<19}$ (Student)

Sno	Sname	Ssex	Sage	Sdept
070601101	李明	男	18	建筑工程
070801101	张军	男	18	计算机

2) 投影(projection)

关系 R 上的投影是从 R 中选择出若干属性列组成新的关系,是从列的角度进行的运算,投影的结果会取消重复的行。

记作 $\Pi A(R) = \{t[A] | t \in R\}$,其中 A 为 R 中的属性列。

【例 6.6】 查询 student 表中所有学生的学号和姓名。

$\Pi_{Sno,Sname}$ (Student)

结果为:

Sno	Sname
070601101	李明
070402101	王婷
070801101	张军

【例 6.7】 查询 Student 表中所有的学生都分布在哪些系。

Π_{Sdept} (Student)

结果为:

Sdept
建筑工程
计算机

3) 连接(join)

连接是从两个关系的笛卡尔积中选取属性间满足一定条件的元组。记作：

$$R \underset{A\theta B}{\bowtie} S = \{\widehat{t_r \quad t_s} \mid t_r \in R \wedge t_s \in S \wedge t_r[A]\theta t_s[B]\}$$

其中，θ 为比较运算符，A 和 B 分别为 R 和 S 上度数相等且可比的属性组。连接运算是从 R 和 S 的笛卡尔积中选取 R 中的 A 属性组和 S 中的 B 属性组满足 θ 条件的元组。

连接运算中有两种最为重要的连接，一种是等值连接，一种是自然连接。

等值连接是指从关系 R 和 S 的笛卡尔积中选取 A、B 属性值相等的那些元组，即 θ 为"＝"的连接运算。用公式表示如下：

$$R \underset{A=B}{\bowtie} S = \{\widehat{t_r \quad t_s} \mid t_r \in R \wedge t_s \in S \wedge t_r[A]=t_s[B]\}$$

自然连接是一种特殊的等值连接，它要求两个关系中进行比较的分量必须是相同的属性组，并且要在结果中把重复的属性去掉。用公式表示如下：

$$R \bowtie S = \{\widehat{t_r \quad t_s} \mid t_r \in R \wedge t_s \in S \wedge t_r[A]=t_s[B]\}$$

如对于以下两个关系 R 和 S：

R

A	B
7	5
5	4
9	8

S

B	D
9	6
5	8
4	5

则 $R \underset{A<D}{\bowtie} S, R \underset{A=D}{\bowtie} S, R \bowtie S$ 的结果分别如下：

$R \bowtie S$

A	B	D
7	5	8
5	4	5

$R \underset{A<D}{\bowtie} S$

A	R.B	S.B	D
7	5	5	8
5	4	9	6
5	4	5	8

$R \underset{A=D}{\bowtie} S$

A	R.B	S.B	D
5	4	4	5

4) 除(division)

设有关系 R 和 S，R 能被 S 除的条件是 R 中要包含有 S 中的属性。

R 除以 S 的商 T 的属性由 R 中那些不出现在 S 中的属性组成，其元组则由 S 中出现的所有元组在 R 中所对应的相同值所组成。记作：

$$R \div S = \{t_r[X] \mid t_r \in R \wedge \prod_y(S) \subseteq Y_x\}$$

如已知 R 和 S：

R

A	B
$a1$	$b1$
$a1$	$b2$
$a2$	$b1$

S

B
$b1$
$b2$

则 $R \div S$ 的结果为 $\{a1\}$，因为在 R 中，当属性列 A 的值为 $a1$ 时，其属性列 B 的值包含了 S 中属性列 B 中的所有值。

6.4　关系数据库标准语言

关系数据库的标准语言是 SQL。SQL 英文全称为"Structured Query Language"，即结构化查询语言，自 1974 年提出后，经过不断修改完善，已成为关系数据库的标准语言。第一个 SQL 标准是 1986 年 10 月由美国国家标准局（ANSI）公布，称为 SQL—86。1989 年第二次公布 SQL 标准（SQL—89），1992 年又公布了 SQL—92。目前 ANSI 正在酝酿新的 SQL 标准。

6.4.1　SQL 的特点

SQL 语言集数据查询、数据操纵、数据定义和数据控制功能于一体，充分体现了关系数据语言的特点和优点。

（1）综合统一

SQL 语言集数据定义语言、数据操纵语言、数据控制语言于一体，语言风格统一，可以独立完成数据库生命周期中的全部活动，包括定义关系模式、录入数据、查询、更新、维护、数据库重构、数据库安全性控制等一系列操作。

（2）高度非过程化

用 SQL 操作数据库时用户无需了解存取路径，存取路径的选择以及 SQL 语句的操作过程由系统自动完成。

（3）面向集合的操作方式

SQL 语言采用集合操作方式，查询结果和插入、删除、更新操作的对象都可以是元组的集合。

（4）以同一种语法结构提供两种使用方式

SQL 语言作为自含式语言和嵌入式语言两种方式使用时，其语法结构基本上一致。

（5）语言简洁，易学易用

SQL 语言完成数据定义、数据操纵、数据控制的核心功能只用了 9 个动词：CREATE、DROP、ALTER、SELECT、INSERT、UPDATE、DELETE、GRANT、REVOKE。

6.4.2　数据定义语句

SQL 提供数据定义语言（Data Definition Language，DDL），用以创建或删除数据表、视图和索引等。

1）定义、删除与修改基本表

（1）创建基本表

语句格式：

CREATE TABLE ＜表名＞ （＜列名＞＜数据类型＞[列级完整性约束条件］［,＜列名＞＜数据类型＞［列级完整性约束条件］…］)［,＜表级完整性约束条件＞］）；

功能：在数据库中建立一张数据表。

说明：＜ ＞表示不可缺少的命令项，［ ］表示可选项，可有可无，根据具体情况而定，每个SQL语句都必须以"；"结尾。

【例6.8】 建立一个学生表Student，由学号Sno、姓名Sname、性别Ssex、年龄Sage、所在系Sdept五个属性组成，其中学号属性不能为空且值是唯一的。

CREATE TABLE Student	
(Sno CHAR(5) NOT NULL UNIQUE,	/定义学号为5个字节的字符串，不为空且不重复
Sname CHAR(10),	//定义姓名为10个字节的字符串
Ssex CHAR(2),	//定义性别为2个字节的字符串
Sage INT,	//定义年龄为整型数据
Sdept CHAR(15),	//定义系名为15个字节的字符串
Primary key(Sno));	//定义学号为主键

（2）修改基本表

语句格式：

ALTER TABLE＜表名＞

［ADD＜新列名＞＜数据类型＞［完整性约束条件］］

［DROP［＜列名＞|＜完整性约束名＞］

［MODIFY＜列名＞＜数据类型＞］；

功能：对已经存在的表结构进行修改，包括添加新的列、删除某一列、修改某个列的定义。

说明：ADD子句用于增加新列和新的完整性约束条件，新增加的列一律为空值；

DROP子句用于删除指定的列或完整性约束条件；

MODIFY子句用于修改原有的列定义。

【例6.9】 向Student表增加入学时间列Scome，其数据类型为日期型。

ALTER TABLE Student ADD Scome DATE;

【例6.10】 删除关于学号必须取唯一值的约束。

ALTER TABLE Student DROP UNIQUE(Sno);

（3）删除基本表

语句格式：

DROP TABLE＜表名＞；

功能：将指定的基本表从外存中删除，包括表结构和表中的所有数据一起删除。

【例6.11】 将Student表中的表头和数据一起删除。

DROP TABLE Student;

2）建立与删除索引

（1）建立索引

建立索引的目的是加快查询速度。

语句格式：

CREATE［UNIQUE］INDEX＜索引名＞ON ＜表名＞（＜列名＞［＜次序＞］［,＜列名＞［＜次序＞］…］）［其他参数］；

其中，＜表名＞指定要建索引的基本表的名字。索引可以建在该表的一列或多列上，各列名之间用逗号分隔,每个<列名>后面可以用<次序>指定索引值的排列次序,包括 ASC(升序)和 DESC(降序)两种,默认为 ASC。

UNIQUE 表示此索引的每一个索引值只对应唯一的数据记录。

【例 6.12】 为 Student 表创建一个按学号 Sno 升序排列的唯一索引。

CREATE UNIQUE INDEX Stusno ON Student(Sno);

(2) 删除索引

语句格式:

DROP INDEX<索引名>;

【例 6.13】 删除索引 Stusno。

DROP INDEX Stusno;

6.4.3 查询

数据查询是数据库的核心操作。

SQL 查询语句一般格式:

SELECT [ALL|DISTINCT]<目标列表达式>[,<目标列表达式>]…

FROM <表名或视图名>[,<表名或视图名>]…

[WHERE <条件表达式>]

[GROUP BY<列名 1>[HAVING<条件表达式>]]

[ORDER BY<列名 2>[ASC|DESC]];

说明:

根据 WHERE 子句的条件表达式,从 FROM 子句指定的基本表或视图中找出满足条件的元组,再按 SELECT 子句中的目标列表达式,选出元组中的属性值形成结果表。如果有 GROUP 子句,则将结果按<列名 1>的值进行分组,该属性列值相等的元组为一个组,每个组产生结果表中的一条记录。如果 GROUP 子句带 HAVING 短语,则只有满足指定条件的组才予以输出。如果有 ORDER 子句,则结果表还要按<列名 2>的值的升序或降序排列。

1) 单表查询

(1) 选择表中的若干列

选择表中全部列或部分列的运算又称为"投影"。其变化方式主要表现在 SELECT 子句的<目标列表达式>。

① 查询指定列

【例 6.14】 查询全体学生的学号、姓名和系名。

SELECT Sno,Sname,Sdept

FROM Student;

② 查询全部列

有两种方法,一是在 SELECT 关键字后面列出所有列名,另一种是将<目标表达式>指定为 * ,此时查询结果的目标列的显示顺序与其在基本表中的顺序相同。

【例 6.15】 显示全体学生的详细信息。

可以用以下两种方法表示:

a. SELECT Sno,Sname,Ssex,Sage,Sdept

　　FROM Student;

b. SELECT *

　　FROM Student;

③查询经过计算的值

SELECT 子句的<目标列表达式>也可以不是属性列,而是一些计算表达式,即将查询出来的属性列经过一定的计算后列出结果。

【例6.16】　查询全体学生的学号、姓名和出生年份。

SELECT Sno,Sname,2008－Sage

FROM Student;

（2）选择表中的若干元组

①消除取值重复的行

投影结果可能会包含许多重复的行,如果要去掉结果表中重复的行,则必须指定 DIS-TINCT 短语。

【例6.17】　查询全体学生所在系。

b. SELECT　DISTINCT　Sdept

FROM Student;

②查询满足条件的元组

通过 WHERE 子句实现。

WHERE 子句常用的查询条件有:比较大小、确定范围、确定集合、字符匹配、空值、多重条件。

a. 比较大小

用于比较大小的运算符包括:＝(等于)、＞(大于)、＜(小于)、＜＝(小于等于)、＞＝(大于等于)、!＝或<>(不等于)、!＞(不大于)、!＜(不小于)。

【例6.18】　查询年龄大于20岁的学生详细信息。

SELECT　　*

FROM Student

WHERE　Sage＞20;

b. 确定范围

要查找属性值在确定范围的元组,可以用 BETWEEN…AND… 表示,要查找属性值不在确定范围内的元组,可以用 NOT BETWEEN…AND… 表示。

【例6.19】　查找年龄在18到20岁之间(即年龄大于等于18、小于等于20)的学生的学号、姓名和年龄。

SELECT　Sno,Sname,Sage

FROM　Student

WHERE Sage BETWEEN 18 AND 20;

c. 确定集合

用谓词 IN 来查找属性值属于指定集合的元组。

【例6.20】　查询信息系、数学系和计算机科学系的学生的姓名和性别。

SELECT　Sname,Ssex

FROM　　Student

WHERE　Sdept IN('IS','MA','CS');

d. 字符匹配

字符匹配可以用来实现模糊查询。在 SQL 语句中用 LIKE 来进行字符串的匹配。

语句格式：

[NOT] LIKE ′<匹配串>′

<匹配串>可以含有通配符"%"和"_"。其中，"%"代表任意长度的字符串，"_"代表任意单个字符。

注意：一个汉字占 2 个字符的位置。

【例 6.21】　查询姓刘的学生的姓名、学号和性别。

SELECT　Sname,Sno,Ssex

FROM Student

WHERE Sname LIKE ′刘%′；

e. 涉及空值的查询

可用谓词 IS NULL 和 IS NOT NULL 来查询空值和非空值。

注意：这里的"IS"不能用"="代替。

【例 6.22】　查找没有系名的学生的学号和姓名。

SELECT　Sno,Sname

FROM Student

WHERE Sdept IS NULL；

f. 多重条件查询

用逻辑运算符 AND（逻辑与）、OR（逻辑或）可以联结多个查询条件，AND 的优先级高于 OR。

【例 6.23】　查询年龄在 20 岁以下的男生的学号和姓名。

SELECT　Sno,Sname

FROM Student

WHERE Ssex=′男′ AND Sage<20；

说明：因为"性别"的数据类型是字符串类型，所以在"男"的两边要加单引号。类似的，如果查询条件表达式中有学号、姓名时，两边也要加单引号。

（3）对查询结果排序

用 ORDER 子句指定查询结果的排列顺序。ASC 为升序，DESC 为降序。

【例 6.24】　查询全校女生的学号、姓名和年龄，并将查询结果按年龄降序排列。

SELECT　Sno,Sname,Sage

FROM Student

WHERE Ssex=′女′

ORDER BY Sage DESC；

（4）使用集函数

集函数包括：

COUNT([DISTINCT|ALL]∗)　　　//统计元组个数

COUNT([DISTINCT|ALL]<列名>)　//统计一列中值的个数

SUM([DISTINCT|ALL]<列名>)　　//计算一列值的总和

AVG([DISTINCT|ALL]<列名>)　　//计算一列值的平均值

MAX([DISTINCT|ALL]<列名>)　　//求一列值中的最大值

MIN([DISTINCT|ALL]<列名>)　　　//求一列值中的最小值

【例 6.25】 查询学生总人数。

SELECT　COUNT(＊)

FROM Student;

【例 6.26】 查询学校中系的数量。

SELECT　COUNT(DISTINCT Sdept)

FROM Student;

（5）对查询结果分组

使用 GROUP BY 子句可以将查询结果表的各行按一列或多列取值相等的原则进行分组。对查询结果分组的目的是为了细化集函数的作用对象。如果未对查询结果分组，集函数将作用于整个查询结果，即整个查询结果只有一个函数值。如果对查询结果分组，则每一组都将有一个函数值。

【例 6.27】 查询各个系的学生人数。

SELECT　Sdept,COUNT(Sno)

FROM Student

GROUP BY Sdept;

如果要求按一定的条件对这些进行筛选，最终只输出满足指定条件的组，则可以使用 HAVING 短语指定筛选条件。

【例 6.28】 查询学生人数超过 300 的系名。

SELECT　Sdept

FROM Student

GROUP BY Sdept

HAVING COUNT(Sno)>300;

WHERE 子句与 HAVING 短语的根本区别在于：WHERE 子句作用于基本表或视图，从中选择满足条件的元组；HAVING 短语作用于组，从中选择满足条件的组。

2）连接查询

如果一个查询操作要用到多个表中的数据，则需要对多个表进行连接操作，这种查询称为连接查询。

连接查询实际上是通过各个表之间指定列之间的关系来查询数据的，数据表之间的联系是通过表的字段值来体现的，这种字段称为连接字段。连接操作的目的就是通过设置连接条件将多个表连接起来，以便从多个表中查询数据。

为了举例说明连接查询的使用方法，下面再引入一张数据表 SC(Sno,Cno,Grade)，即学生的选课表，由学号(Sno)、课程号(Cno)、成绩(Grade)三个属性列构成。

表 SC

Sno	Cno	Grade
070601101	1	90
070801201	1	85
070601101	2	80
070801201	2	78

【例 6.29】 查询每个学生及其选修课程的情况。

SELECT　Student.＊,SC.＊

FROM Student,SC

WHERE Student. Sno=SC. Sno;

查询结果如下所示：

Sno	Sname	Ssex	Sage	Sdept	Cno	Grade
070601101	李明	男	18	建筑工程	1	90
070801201	王婷	女	19	计算机	1	85
070601101	李明	男	18	建筑工程	2	80
070801201	王婷	女	19	计算机	2	78

3）嵌套查询

查询块：一个 SELECT—FROM—WHERE 语句称为一个查询块。

嵌套查询：将一个查询块嵌套在另一个查询块的 WHERE 子句或 HAVING 短语条件中的查询称为嵌套查询或子查询。

嵌套查询的求解方法是由里向外处理。即每个子查询在其上一级查询处理之前求解，子查询的结果用于建立其父查询的查找条件。

（1）带有 IN 谓词的子查询

带有 IN 谓词的子查询是指父查询与子查询之间用 IN 进行连接，判断某个属性列值是否在子查询的结果中。谓词 IN 是嵌套查询中最经常使用的谓词。

【例6.30】 查询与王婷在同一个系的学生的学号、姓名和系名。

SELECT　Sno,Sname,Sdept

FROM Student

WHERE Sdept IN

　　（SELECT Sdept

　　　FROM Student

　　　WHERE Sname='王婷'）；

（2）带有比较运算符的子查询

带有比较运算符的子查询是指父查询与子查询之间用比较运算符进行连接。

注意：子查询一定要跟在比较运算符之后。

【例6.31】 查询与"070801101"号同学年龄相同的学生的学号、姓名和所在系。

SELECT　Sno,Sname,Sdept

FROM Student

WHERE Sage=

　　（SELECT Sage

　　　FROM Student

　　　WHERE Sno='070801101'）；

6.4.4　数据更新

1）插入数据

INSERT 语句有两种形式：一是插入单个元组，另一种是插入子查询结果。

（1）插入单个元组

插入单个元组的 INSERT 语句格式为：

INSERT

INTO ＜表名＞[(＜属性列 1＞[,＜属性列 2＞...)]

VALUES (＜常量 1＞[,＜常量 2＞]...)；

如果某些列在 INTO 子句中没有出现，则新记录在这些列上将取空值，但声明了 NOT NULL 的属性列不能取空值。

如果 INTO 子句中没有指定任何列名，则新插入的记录必须在每个属性列上均有值。

【例 6.32】　将一个新学生记录（学号：070601112，姓名：张亮，性别：男，所在系：建筑工程，年龄：18）插入 Student 表中。

INSERT

INTO Student

VALUES('070601112','张亮','男','建筑工程',18)；

【例 6.33】　插入一条选课记录（学号：070601112，课程号：2）。

INSERT

INTO SC(Sno,Cno)

VALUES('070601112','2')；

（2）插入子查询结果

插入子查询结果的 INSERT 语句的格式为：

INSERT

INTO ＜表名＞ [(＜属性列 1＞[,＜属性列 2＞]...)]

子查询；

功能：将子查询的结果以批量形式插入指定表中。

【例 6.34】　对每个系求学生的平均年龄并把结果存入数据库。

先建一个新表 Deptage，包含系名（Sdept）和平均年龄（Avgage）两个属性，然后从 Student 表中查询每个系学生的平均年龄并将其插入新建的表中。具体操作如下：

CREATE TABLE Deptage

(Sdept CHAR(15)

　Avgage SMALLINT)；

INSERT

INTO　Deptage

SELECT　Sdept,AVG(Sage)

FROM Student

GROUP BY Sdept；

2）修改数据

又称为更新操作，一般格式为：

UPDATE　＜表名＞

SET＜列名＞=＜表达式＞[,＜列名＞=＜表达式＞]...[WHERE＜条件＞]；

功能：修改指定表中满足 WHERE 子句条件的元组。

其中,SET 子句用于指定修改方法,即用<表达式>的值取代相应的属性列值。如果省略 WHERE 子句,则表示要修改表中的所有元组。UPDATE 语句一次只能操作一个表,如果修改一个表后会影响另外一个表中的数据,则另一个表也要修改。

(1) 修改某一个元组的值

【例 6.35】 将学生 070601112 所在的系改为计算机。

```
UPDATE   Student
SET Sdept='计算机'
WHERE Sno='070601112';
```

(2) 修改多个元组的值

【例 6.36】 将所有学生的年龄增加 1 岁。

```
UPDATE   Student
SET Sage=Sage+1;
```

(3) 带子查询的修改语句

【例 6.37】 将计算机系全体学生的成绩置 0。

```
UPDATE   SC
SET Grade=0
WHERE '计算机'=
    (SELECT Sdept
      FROM Student
      WHERE Student. Sno=SC. Sno);
```

3) 删除数据

删除数据的一般格式为:

```
DELETE
FROM   <表名>
[WHERE   <条件>];
```

功能:从指定表中删除满足 WHERE 子句条件的所有元组。如果省略 WHERE 子句,表示删除表中全部元组,但表的定义仍保留。

(1) 删除某一个元组的值

【例 6.38】 删除学号为 070601112 的学生的记录。

```
DELETE
FROM   Student
WHERE Sno='070601112';
```

(2) 删除多个元组的值

【例 6.39】 删除所有学生的选课记录。

```
DELETE
FROM   SC;
```

执行这条语句后,SC 成为一张空表,但其定义仍然保存在数据字典中,也就是以后还可以对该表进行插入数据操作。

(3) 带子查询的删除语句

即用子查询来构造执行删除操作的条件。

【例 6.40】 删除计算机系所有学生的选课记录。

```
DELETE
FROM  SC
WHERE '计算机'＝
    (SELECT  Sdept
    FROM  Student
    WHERE Student. Sno＝SC. Sno)；
```

6.5　信息系统

信息系统的概念是随着计算机技术的发展而形成的。当今随着以计算机技术、通信技术和网络技术为代表的现代信息技术的飞速发展，人类已进入信息时代。信息对经济发展、社会进步起着巨大的作用。信息已被视为与物质、能源同等重要的人类赖以生存和发展的重要资源。信息的占有水平与利用程度，已成为衡量一个国家现代化水平和综合国力的重要标志。

6.5.1　信息的概念和特征

1）信息的概念

关于信息的概念，从不同的角度出发有不同的理解和解释。我国信息论专家钟义信教授将信息定义为"事物运动的状态和方式"，还有人认为信息是"客观事物可传递的差异性"，更有人认为信息是"事物的运动状态和关于事物动态过程的各种陈述，或是对客观事物属性和相互联系特征的表达"。在我国，日常用语中的信息泛指音讯、消息。曾有人统计，信息的定义在我国报刊上竟有 30 多种。不过信息的概念并不神秘，就信息系统而言，可以把信息看成是经过加工以后的对接收者有用的数据，它可以影响接收者的决策行为。

2）信息的特性

信息具有以下特性：

（1）真实性

信息是对现实世界的客观反映，应具有真实性，这是信息的最基本特性。不符合事实的信息不仅没有价值，而且可能具有负价值。但是现实生活中并非所有的信息都是真实可靠的，这就要求人们在收集信息时要注意鉴别真伪，在信息系统中要注意维护信息的真实性、准确性和客观性。

（2）时效性

信息的时效是指从信息源发送信息到接收者接收、处理、传递和利用所经历的时间间隔。时间间隔越短，使用信息越及时，则时效性越强。因此为了保证信息的有效性，人们需要连续不断地去收集最新信息，并且尽快对信息进行加工处理和利用，以抢占先机。正如比尔·盖茨所言，21 世纪是信息爆炸时代，你收集和利用信息的方法将决定你的输赢。

（3）共享性

信息与一般的物质不同，一本书如果给了你，我就没有了，但是如果我告诉你一条信息，我并没有失去这条信息，因此信息是可以共享的。一条信息可以为多个接收者所接收和使用，而且接收者还可以向更大的范围继续传输，这就是俗话所说的"一传十，十传百"。但是信息的共享具有两面性，一方面是有利的，如知识传播、技术推广等，它可以让更多的人掌握信息，使信息得以增值;另一方面是有害的,如擅自传播商业秘密或军事秘密会给企业或国家造成严重危害,而传播者也可能因此触犯法律。因此在和他人分享信息时一定要分清哪些信息可以共享,哪些信息需要保密,并且在传播信息时要注意保持信息的真实性,不能随意歪曲。

（4）滞后性

信息是经过加工以后的对人们有用的数据,从获取数据开始到将数据加工成有用的信息、对其加以利用并产生决策,其中每个转换都需要时间,因此不可避免地会造成时间的延迟。延迟的时间越长,则信息的时效性越差,因此应尽可能地减少信息传递、加工和使用过程中的时间间隔,以提高信息的使用效率。

（5）不完全性

根据人们的认识规律,关于客观事实的信息不可能一次全部得到,往往也没有必要收集全部信息。只能根据需要收集那些主要的信息,对于那些次要的、无用的信息应该舍掉。只有正确地舍弃信息,才能正确地使用信息。

（6）增值性

信息利用者通过对信息的有效利用创造出大量的物质财富,开发和节约更多的能量,节省更多的时间,或者创造出更多的高质量信息产品,从而实现信息的增值。信息的增值性是有条件的,不同的信息接收者对信息有着不同的接受能力、理解能力与利用能力,对获取同一信息所产生的效果也不一样。

6.5.2　信息系统的概念

信息系统是一个能够对信息进行收集、存储、加工、传输和维护并向有关人员提供有用信息的人机交互系统。信息系统可以帮助企事业单位实测各种运行情况,利用过去的数据预测未来,辅助决策,利用信息控制行为,帮助实现规划目标等。

信息系统的种类繁多,几乎各行各业都有专门为之服务的具有不同功能的信息系统,如业务数据处理系统、管理信息系统、决策支持系统、办公自动化系统、信息检索系统、信息分析系统、专家系统等。信息系统的分类方法很多,从信息处理的角度来分,有事务型处理系统和分析型处理系统。从层次上看,由于企事业单位一般都分为高、中、低三层,每层都有相应的信息系统为之提供服务,因此信息系统也分为三个层次:有为基层提供业务处理服务的事务处理系统,有为中层提供管理和控制服务的管理信息系统（MIS）、决策支持系统（DSS）、办公自动化系统（OAS）,以及为高层提供战略管理的高级经理支持系统（ESS）、战略信息系统（SIS）等。不同层次的信息系统负责为不同层次的职能部门提供专门的信息服务,不同层次的信息系统具有不同的特点。例如为高层管理者服务的信息系统其所收集的信息来源于组织内部和外部,以综合性的概括数据为主,主要为组织战略决策服务;为中层管理者服务的信息系统其数据主要来源于组织内部,负责对组织内部业务数据进行汇总、统计报表,主要为组织执行战略决策、管理和控制组织活动服务;为基层操作者服务的信息系统的主要任务是负责处理每笔业务并记载每笔业务的详细信息,其目的是为了提高业务处理效率和处理质量。只有认清每种信息系统的特点,才能更有针对性地去收集相应的信息并对信息作出相应的处理,以符合使用者的要求。下面对一些比较重要的信息系统进行介绍。

1）事务处理系统

事务处理系统又称为电子数据处理系统,产生于 20 世纪 50 年代中期,主要用于数据量较大的财务部门,如进行工资管理、制作财务报表等。现在事务处理系统已被广泛地应用到商场、超市、银行、证券、图书馆、书店等领域中,主要为企业处理日常业务服务,其目的是为了提高信息处理速度和质量,节省人力资源和减少财政开支。

2) 管理信息系统

管理信息系统是在事务处理系统的基础上产生的。随着事务处理系统的应用,企业内部积累了许多详细的业务资料,这些资料经过统计分析处理后往往会得到一些有助于企业决策的信息。管理信息系统正是为了充分利用企业内部信息资源而产生的。

3) 决策支持系统

早期的管理信息系统主要强调提高企业管理效率,而忽视了人在管理决策过程中的重要作用。决策支持系统是以辅助决策为目的,主要用于解决半结构化的决策问题的信息系统。决策支持系统强调人在决策中的作用,计算机信息技术只是起到"支持"决策的作用,而不是"代替"人进行决策。最终采取什么样的策略还得由人决定。决策支持系统结构一般包括数据库、模型库、方法库、知识库、人机交互模块等。

4) 高级经理支持系统

高级经理支持系统是专门为企业高层管理者提供战略决策服务的信息系统,主要用于解决半结构化和非结构化的问题。其信息主要来源于企业外部,同时也从内部的管理信息系统和决策支持系统中导出数据。

6.5.3 信息系统与数据库的关系

信息系统中处理的数据具有以下特点:
①数据量大,数据比较密集;
②绝大部分数据都需要长期保存;
③多数数据都要求可以被多个应用程序、多个用户共享。

数据库正是应上述要求而产生的。从数据库的概念也可看出数据库是管理信息的最佳工具,即数据库是存储在计算机内的、有组织的、可共享的数据集合。事实也是如此,数据库是信息系统的核心和基础,信息系统是随着数据库的产生而发展起来的。从技术层面上看,信息系统实际上就是一个数据库系统。因此对于一个信息系统开发者而言数据库技术是其首要具备的计算机技能。当然,要想成功地开发一个信息系统,光依靠数据库技术仍然不够,还需具备管理方面的知识、系统理论和方法以及相应领域的知识,如要开发一个财务管理系统,需要掌握财务管理方法和业务处理流程、系统分析和设计方法、数据库技术等知识。因此信息系统开发是一个庞大而复杂的系统工程,往往需要多方面的人员组成一个团队并通力合作才能完成。

6.5.4 信息系统的开发过程

信息系统从规划开始,需要经过分析、设计、实施才能投入运行,并在使用过程中不断进行修改和维护,当该系统不能适应需要时就要被新的信息系统所取代。这个从产生到被新系统取代的过程称为信息系统的生命周期。

信息系统最常用的开发方法就是生命周期法,也称为结构化生命周期法。该方法将信息系统开发流程分为以下五个阶段:系统规划、系统分析、系统设计、系统实施、系统运行和维护。每个阶段都有明确的任务,并且当且仅当上一个阶段的任务完成了、通过评审后才可以启动下一个阶段的任务。

系统规划阶段的主要任务是通过对现行系统进行初步调查研究,对新系统开发进行可行性论证。当确定可以开发新系统后,再从总体角度出发规划系统的组成部分,制定出开发计划,并撰写系统规划报告。

系统分析阶段是新系统的逻辑设计阶段,是系统开发中非常重要的一个阶段。系统分析阶段的主要任务是按照总体规划的要求,对系统组织机构、业务流程进行详细的调查,详细分析系统的信息需求和功能需求,将这些分析结果以数据流程图、数据字典等图表工具表达出来,形成新系统的逻辑模型,并撰写系统分析报告。

系统设计阶段是新系统的物理设计阶段,其主要任务是根据新系统的逻辑模型,结合计算机的具体配置设计各个组成部分在计算机上的具体实现,即具体选择一个物理的计算机信息处理系统,并撰写系统设计说明书。

系统实施阶段的主要任务包括:购买和安装设备,编写程序,录入数据,培训用户,测试系统和系统转换调试等,并撰写系统合作说明书。

信息系统交付使用后,研制工作即告结束,此后就进入信息系统的运行和维护阶段。该阶段的主要任务是对系统日常运行进行管理,记录和评价系统运行情况,对系统进行修改和扩充,并对新系统作出评价分析报告。系统维护是为了适应系统的环境和其他因素的各种变化,保证系统正常工作而对系统所进行的修改,它包括系统功能的改进和解决系统在运行期间发生的一切问题和错误。

生命周期法是一种比较严格的开发方法,其优点是开发出来的系统整体性比较好,功能比较全面,但也具有开发周期长、灵活性差、系统维护困难等缺点。原型法能够克服上述缺点,其基本思想是根据用户提出的基本要求在短时间内迅速开发出一个可以实际运行的系统原型供用户使用,然后再根据用户提出的意见修改原型,直到用户满意为止。但原型法也存在整体性差、不适合开发大系统等缺点。通常对于系统需求不太明确、技术上不太复杂的小系统可以采用原型法开发,而对于系统需求明确、结构复杂的大系统则采用生命周期法开发,也可以将两种方法结合起来使用,即用原型法确定系统需求,然后再按照生命周期法的步骤对系统进行完整的开发。

6.5.5　信息系统开发工具简介

1) 电子表格制作工具

常用的电子表格制作工具软件有 Microsoft Excel、Lotus 1-2-3 等。这类软件一般都提供规模较大的电子工作表,用户可以通过键盘在屏幕上填写表中数据,存入数据库。之后还可以将这些数据按图形方式显示或打印出来,如折线图、柱状图、饼图等。这类工具通常还提供许多统计和财会中常用的函数和模型,目前被广泛地用于金融管理、财会报表、预测决策等领域中,可以用于开发一些要求简单的信息系统。

2) 数据库管理系统软件

现在的数据库管理系统已不只局限于数据管理,还具备了相当强大的软件生成工具,如 Microsoft 公司的 Access、Visual Foxpro、SQL Server,Oracle 公司的 Oracle 等,不但可以利用这些软件建立和管理数据库,而且还可以利用这些软件提供的开发工具,如菜单设计器、窗口设计器、报表设计器、项目管理器等,方便快捷地进行信息系统开发。

3) 可视化编程工具

使用数据库管理系统软件建立的数据库也可以选用一些其他的可视化编程工具进行开发。常见的可视化的数据库编程工具有 Visual Basic、PowerBuilder、Delphi、VC、C♯ 等。这些工具都是面向对象的第四代语言,支持可视化编程,即在编写程序时,程序员无需编码,只需用鼠标选择编辑对象,如窗口或控件,这些对象就会被复制到程序的指定位置上,并且所见即所得,程序员可以立刻见到界面的设计效果。另外,这些工具一般都有一个集成的开发环境,为开发人员提供了一些方便快捷的开发工具,如窗口、数据库、图形、报表、调试器等,其中还包括丰富多彩的用于美化人机界面的设计工具等,这些工具的使用大大提高了编程的效率、改善了系统的美观程度。

6.5.6 信息系统发展趋势

近几十年来,随着信息技术、现代管理思想、数学方法和系统方法的广泛应用,信息系统已经发展形成了一系列用于不同目的、不同管理层次的信息系统,如事务处理系统(Transaction Processing System,TPS)、管理信息系统(Management Information System,MIS)、决策支持系统(Decision Support System,DSS)、高级经理支持系统(Executive Support System,ESS)等。随着信息系统在深度和广度上的不断拓展,信息系统也出现了一些新的应用热点,如物料需求计划(MRP)系统、制造资源计划(MRP Ⅱ)系统、企业资源计划(ERP)系统,计算机集成制造系统(CIMS)等。以下就这四种信息系统发展趋势作简要介绍。

1) MRP

MRP(Material Requirements Planning)是指物料需求计划,这一概念产生于 20 世纪 60 年代,其基本思想是根据需求和预测来制定未来物料供应与生产计划,并提供物料需求的准确时间和数量。MRP 系统以物料清单上列出的每个产品的零部件与零件之间的关系信息为基础,按照主生产计划的每一最终产品的数量和必须完成的日期,逐层分解计算出每种物料的需求量和需求时间,从而解决了物料需求过程中的三大问题:"需要什么"、"需要多少"、"什么时候需要"。其目的是为了解决缺料和库存积压问题,做到按需生产,尽可能地降低库存成本,甚至达到零库存。

2) MRP Ⅱ

MRP Ⅱ是在 MRP 系统的基础上发展起来的一种更为完善和先进的管理思想,MRP Ⅱ系统克服了 MRP 系统的不足,在软件中增加了生产能力计划、生产活动控制、采购和物料管理计划三方面的内容,将生产、销售、财务、采购、工程紧密结合在一起,形成一个全面的生产管理的集成优化模式,以实现企业的整体效益。

3) ERP

ERP(Enterprises Resources Planning)是指企业资源计划,是在 MRP Ⅱ基础上发展起来的。ERP 突破了原来只管理企业内部资源的方式,它把客户需求、供应商资源和企业内部资源有机地整合在一起,体现了完全按市场需求生产制造的经营思想。另外,ERP 已不仅仅局限于生产制造企业,而是应用于各个行业,如金融业、通信业、高科技产业、零售业等。

ERP 是在 MRP Ⅱ的销售、制造、财务三大功能基础上扩展延伸的,其基本框架仍然遵循 MRP/MRP Ⅱ,并无本质上的变化与改进,只是在内容范围上包含更广,如质量信息管理、仓库管理、运输管理、项目管理、实验室管理等。

4) CIMS

CIMS(Computer Integrated Manufacturing System)是计算机集成制造系统,它通过计算机技术把分散在产品设计和制造过程中各种孤立的自动化子系统,如计算机辅助设计(CAD)、计算机辅助制造(CAM)、计算机辅助工艺规划(CAPP)、计算机辅助测试(CAT)、计算机辅助质量控制(CAQ)等,有机地集成起来,形成适用于多品种、小批量生产,实现整体效益的集成化和智能化的制造系统,以争取更优的全局效应。经过十多年的实践,我国"863 计划"CIMS 主题专家组在 1998 年将 CIMS 定义为:"将信息技术、现代管理技术和制造技术相结合,并应用于企业产品全生命周期(从市场需求分析到最终报废处理)的各个阶段。通过信息集成、过程优化及资源优化,实现物流、信息流、价值流的集成和优化运行,达到人(组织、管理)、经营和技术三要素的集成,以加强企业新产品开发的 T(时间)、Q(质量)、C(成本)、S(服务)、E(环境),从而提高企业的市场应变能力和竞争能力。"与国外 CIMS 的发展相比较,我国 CIMS 不仅重视了信息集成,而且强调了企业运行的优化,并将计算机集成制造发展为以信息集成和系统优化为特征的现代集成制造系统。

习 题 六

一、选择题

1. 数据库系统具有许多特点,使其很快成为数据处理的主要工具,下列不是数据库系统的特点的是_____。

　　A. 具有复杂的数据结构　　　　　　　B. 不存在数据冗余

　　C. 有效地实现数据共享　　　　　　　D. 具有较高的独立性

2. 数据独立性是指_____。

　　A. 数据独立于计算机　　　　　　　　B. 数据独立于操作系统

　　C. 数据独立于数据管理系统　　　　　D. 数据独立于应用程序

3. 规范化理论是关系数据库进行逻辑设计的理论依据。根据这个理论,关系数据库中的关系必须满足:其每一属性都是_____。

　　A. 互不相关的　　　　B. 长度可变的　　　　C. 不可分解的　　　　D. 互相关联的

4. 一个关系中的各元组_____。

　　A. 前后顺序不能任意颠倒,一定要按照输入的顺序排列

　　B. 前后顺序可以任意颠倒,不影响关系

　　C. 前后顺序可以任意颠倒,但排列顺序不同,统计处理的结果可能不同

　　D. 前后顺序不能任意颠倒,一定要按照键的属性列顺序排列

5. 信息世界的实体对应于关系中的_____。

　　A. 性质　　　　　　　B. 属性　　　　　　　C. 元组　　　　　　　D. 列

6. 在数据库中,下列说法不正确的是_____。

　　A. 数据库避免了一切数据的重复

　　B. 若系统是完全可以控制的,则系统可确保更新时的一致性

　　C. 数据库中的数据可以共享

　　D. 数据库减少了数据冗余

7. 以下有关 SELECT 子句的叙述中不正确的是_____。

　　A. SELECT 子句中只能包含表中的列及其构成的表达式

　　B. SELECT 子句规定了结果集中的列顺序

　　C. SELECT 子句中可以使用别名

　　D. 如果 FROM 子句中引用的两个表中有同名的列,则在 SELECT 子句中引用它们时必须使用表名前缀加以限制

8. 下列有关通配符"％"的叙述中正确的是_____。

A. "％"代表一个字符　　　　　　　　　　B. "％"代表多个字符

C. "％"可以代表零个或多个字符　　　　　D. "％"不能与"_"同使用

9. SQL 语言集数据查询、数据操纵、数据定义和数据控制功能于一体,其中 CREATE、DROP、ALTER 语句实现_____功能。

A. 数据查询　　　　B. 数据操纵　　　　C. 数据定义　　　　D. 数据控制

10. 索引的作用之一是_____。

A. 节省存储空间　　　　　　　　　　B. 便于管理

C. 加快查询速度　　　　　　　　　　D. 建立各数据表之间的关系

11. 已知关系 R 和 S,则 $R \cap S$ 等价于_____。

A. $(R-S)-S$　　　B. $S-(S-R)$　　　C. $(S-R)-R$　　　D. $S-(R-S)$

12. 设关系 R 和 S 的属性个数分别为 r 和 s,则 R 和 S 的笛卡尔积的属性个数为_____。

A. $r+s$　　　　B. $r-s$　　　　C. $r \times s$　　　　D. $\max(r,s)$

13. 在关系代数中,可以用选择和笛卡尔积表示的运算是_____。

A. 投影　　　　B. 连接　　　　C. 交　　　　D. 除法

14. 目前数据库中最重要、最流行的数据库是_____。

A. 网状数据库　　　　　　　　　　B. 层次数据库

C. 关系数据库　　　　　　　　　　D. 非关系模型数据库

15. 设某数据库中有两个关系模式 R 与 S,其中属性 X 不是 R 的键,但是 S 的键,则称 R 中的 X 为 S 的_____。

A. 外键　　　　B. 候选键　　　　C. 超键　　　　D. 主键

二、填空题

1. 数据独立性分为_____和_____。

2. 实体集间的联系方式分为三种:_____、_____、_____。

3. _____和_____是关系模型必须满足的完整性约束条件,被称为关系的两个_____。

4. SQL 语言提供了两种不同的使用方式:_____、_____。

5. _____是指数据的正确性和相容性,防止错误数据进入数据库,防止数据存在不符合语义的数据。

6. 关系代数中的_____运算可以从关系中选取若干列组成新的关系。

7. 一个学生可以同时借阅多本图书,一本图书只能由一个学生借阅,学生和图书之间的联系方式为_____。

8. 专门的关系运算有_____、_____、_____、_____四种。

9. 基本的关系运算有_____、_____、_____、_____、_____五种。

10. 在关系代数的传统集合运算中,假定有关系 R 和 S,运算结果为 RS。如果 RS 中的元组既属于 R 又属于 S,则 RS 是_____运算的结果。

三、简答题

1. 什么是数据库? 数据库系统的特点是什么?

2. 数据库系统由哪几个部分组成？

3. 现实世界中实体集之间的联系分为哪几种？

4. 关系数据模型的基本数据结构是什么？什么是关系模型的键？

5. SQL 语言中文全称是什么，有哪些特点？

6. 修改基本表中的元组应该用什么命令？修改基本表结构用什么命令？

7. 什么是信息系统？信息系统具有哪些类型？

8. 信息系统的开发过程分为哪几个阶段？

四、编程题

针对基本表 Student(Sno,Sname,Sage,Sdept,Ssex)，请用 SQL 语言表示以下操作：

1. 插入一个新元组(070601211,李瑞平,18,男)。

2. 查询年龄大于 19 岁的女同学的详细信息。

3. 删除学号为"060701102"的学生记录。

4. 将学号为"070701212"的学生年龄改为 19 岁。

模 拟 测 验

一、选择题(每题 1 分,共 40 分)

1. 在下列有关现代信息技术的一些叙述中,正确的是_____。

　A. 集成电路是 20 世纪 90 年代初出现的,它的出现直接导致了微型计算机的诞生

　B. 集成电路的集成度越来越高,目前集成度最高的已包含几百个电子元件

　C. 目前所有数字通信均不再需要使用调制解调技术和载波技术

　D. 光纤主要用于数字通信,它采用波分多路复用技术以增大信道容量

2. 下列有关数字技术与微电子技术的叙述中,错误的是_____。

　A. 数字技术是采用有限状态(主要是两个状态)来表示、处理、存储和传输信息的技术

　B. 比特是信息的基本单位,1 个比特可以表示 8 位二进制数

　C. 集成电路芯片是微电子技术的结晶,是现代信息产业的基础

　D. 摩尔定律是指"单块集成电路的集成度平均每 18~24 个月翻一番"

3. 下列有关计算机发展与分类的叙述中,错误的是_____。

　A. 数字电子计算机诞生于 20 世纪 40 年代,微型计算机产生于 20 世纪 80 年代初

　B. 第四代计算机 CPU 主要采用中小规模集成电路,第五代计算机采用超大规模集成电路

　C. 计算机分类有多种方法,按其内部逻辑结构通常分为 16 位机、32 位机或 64 位机等,目前使用的 PC 大多是 32 位机或 64 位机

　D. 超级计算机一般采用大规模并行处理的体系结构,我国国防科技大学研制的"天河一号"超级计算机,其性能可在全球超级计算机排行榜中位居前 10 名

4. 使用存储器存储信息时,存储容量是一项很重要的性能指标。存储容量的单位有多种,下面不是存储容量单位的是_____。

　A. TB　　　　　　　B. XB　　　　　　　C. GB　　　　　　　D. MB

5. 数据传输速率是数据通信中重要的性能指标。Gb/s 是数据传输速率的计量单位之一,其正确含义是_____。

　A. 每秒兆位　　　B. 每秒千兆位　　　C. 每秒百兆位　　　D. 每秒百万位

6. 与十六进制数 AB 等值的八进制数是_____。

　A. 253　　　　　　B. 254　　　　　　C. 1714　　　　　　D. 172

7. 所谓"变号操作"是指将一个整数变成绝对值相同但符号相反的另一个整数。假设使用补码表示的 8 位整数 x=10010101,则经过变号操作后结果为_____。

　A. 01101010　　　B. 00010101　　　C. 11101010　　　D. 01101011

8. 设有补码表示的两个单字节带符号整数 a=01001110 和 b=01001111。则 a−b 的结果用补码表示为_____。

　A. 11111111　　　B. 10011101　　　C. 00111111　　　D. 10111111

9. 下列有关 PC 微处理器的叙述中,错误的是_____。

　A. 目前 PC 所用的各种微处理器均由 Intel 公司设计和生产

B. 微处理器通常由单片集成电路制成

C. 一台高性能 PC 中通常包含多个微处理器

D. 台式 PC 与笔记本 PC 采用的微处理器通常有所不同

10. 下列有关 PC 中央处理器(CPU)和内存(内存条)的叙述中,错误的是_____。

A. 目前 PC 所使用的 Pentium 和 Core 2 微处理器的指令系统有数百条不同的指令

B. 所谓双核 CPU 或四核 CPU,是指 CPU 由两个或四个芯片组成

C. DDR 内存条、DDR2 内存条在物理结构上有所不同,例如它们的引脚数目不同

D. 通常台式机中的内存条与笔记本电脑中的内存条不同,不能互换

11. 下列有关 PC 主板与芯片组的叙述中,错误的是_____。

A. 台式 PC 主板的物理尺寸已经标准化

B. 有些主板将声卡、网卡、显卡的功能均集成在其中

C. 芯片组是 PC 各组成部分相互连接和通信的枢纽,与 CPU 芯片以及 IO 接口同步发展

D. PC 主板上可安装的内存条类型及内存最大容量与芯片组无关

12. 下列有关 PC 主板上 BIOS 和 CMOS 的叙述中,错误的是_____。

A. BIOS 芯片是一块闪烁存储器,其存储的信息关机后不会丢失

B. BIOS 中包含加电自检程序、系统自举程序等

C. CMOS 芯片属于易失性存储器,它使用电池供电

D. CMOS 中存放着与硬件相关的一些配置信息,以及 CMOS 设置程序

13. 下列有关 PC 的 I/O 总线与 I/O 接口的叙述中,正确的是_____。

A. PC 中串行总线的数据传输速率总是低于并行总线的数据传输速率

B. SATA 接口主要用于连接光驱,不能连接硬盘

C. 通过 USB 集线器,一个 USB 接口理论上可以连接 127 个设备

D. IEEE 1394 接口的连接器与 USB 连接器完全相同,均有 6 根连接线

14. 下列是 PC 常用的四种外设接口,其中适用于连接硬盘和光驱的是_____。

A. RS-232　　　　　B. SATA　　　　　C. IEEE 1394　　　　　D. VGA

15. 下列有关 PC 常用 I/O 设备(性能)的叙述中,错误的是_____。

A. 通过扫描仪扫描得到的图像数据可以保存为多种不同的文件格式,例如 JPEG、TIF 等

B. 目前数码相机的成像芯片均为 CCD 类型,存储卡均为 SD 卡

C. 刷新速率是显示器的主要性能参数之一,目前 PC 显示器的刷新速率一般在 60 Hz 以上

D. 从彩色图像输出来看,目前喷墨打印机比激光打印机有性价比优势

16. 下列有关显示器、显卡、打印机的叙述中,错误的是_____。

A. 目前常见的宽屏 LCD 显示器,其屏幕的宽度与高度之比为 4∶3

B. 对于集成显卡来说,显卡的功能主要是由主板上的芯片组来实现

C. 无论是针式打印机,还是激光/喷墨打印机,均有黑白打印机与彩色打印机之分

D. 打印机的主要性能指标之一是打印速度,其单位为 PPM

17. 下列有关光盘存储器的叙述中,错误的是_____。

A. DVD 光盘刻录机可以刻录的光盘有 CD-R、CD-RW、DVD-R 和 DVD-RW 等类型

B. 组合光驱("康宝")组合了 CD 刻录机与 DVD 刻录机的功能

C. 蓝光光驱(BD)使用蓝色激光在光盘上读写信息

D. 光盘刻录机的读/写速度通常是不同的,一般来说读取信息的速度快于刻录的速度

18. 蓝光光盘(BD)是全高清影片的理想存储介质,其单层盘片的存储容量大约为_____。

    A. 4.7 GB   B. 8.5 GB   C. 17 GB   D. 25 GB

19. 按照软件著作权益的处置方式,软件可以分为商品软件、共享软件、自由软件等类型,在下列相关叙述中,错误的是_____。

A. 商品软件需要用户付费才能得到其使用权

B. 共享软件是具有版权的软件,允许用户有条件地使用

C. 自由软件允许使用者随意拷贝、传播,允许修改其源代码但必须公开修改内容

D. 共享软件、自由软件均属于免费软件

20. 下列有关 Windows 操作系统的叙述中,错误的是_____。

A. Windows XP 和 Windows 7 均分为 32 位版本和 64 位版本

B. 一般来说,能安装 Windows 7 的 PC 也能安装 Windows XP

C. 无论是 Windows XP 还是 Windows 7,其家庭版(基本版)均不支持多核处理器

D. 目前来看,Windows 比 Unix 更容易受到病毒的侵扰

21. 下面有关 Windows 操作系统多任务处理的叙述中,正确的是_____。

A. 用户如果只启动一个应用程序工作(如使用 Word 写作),则该程序自始至终独占 CPU

B. 由于 CPU 具有多个执行部件,所以操作系统才能同时进行多个任务的处理

C. 前台任务和后台任务都能得到 CPU 的响应

D. 处理器调度程序根据各个应用程序运行所需要的时间多少来确定时间片的长短

22. PC 从硬盘启动 Windows XP 操作系统是一个比较复杂的过程。在这个过程中,它需要经过以下这些步骤:①装入并执行引导程序;②读出主引导记录;③装入并执行操作系统;④加电自检。在上述步骤中,正确的工作顺序是_____。

    A. ①②③④   B. ④①②③

    C. ④②①③   D. ④③②①

23. 通常所说的"树型结构"是指_____。

    A. 文件组织中的目录结构   B. 程序设计中的控制结构

    C. 硬件组成中的物理结构   D. 网页设计中的布局结构

24. 在下列有关算法的叙述中,错误的是_____。

A. 通俗地说,算法就是解决问题的方法和步骤

B. 算法总是在执行了有限步的操作后终止

C. 程序是算法的实现,程序与算法是一一对应的

D. 算法解决的往往是一类问题而不是一个特定的问题

25. 下列有关通信技术的叙述中,错误的是_____。

A. 无论是模拟通信还是数字通信,目前都是通过载波技术实现远距离的信息传输

B. 多路复用技术可以降低信息传输的成本,常用的多路复用技术有 TDM 和 FDM

C. 卫星通信属于微波通信,它是微波接力通信技术和空间技术相结合的产物

D. 目前 3G 移动通信有多种技术标准,我国三大电信运营商均采用同一标准

26. 下列是与通信传输介质相关的叙述,其中错误的是_____。

A. 目前家用的电话线属于五类双绞线

B. 目前入户的有线电视电缆属于宽带同轴电缆

C. 光纤是光导纤维的简称,光纤的纤芯是细石英玻璃丝

D. 微波是一种电磁波,它具有类似光波的特性,在空间中主要是直线传播

27. 采用 ADSL 方式接入因特网时,ADSL Modem 将电话线传输信道分为三个信息通道:语音通道、上行数据通道、下行数据通道。下列有关这三个信息通道的叙述中错误的是_____。

A. 语音通道的频带最宽,采用的频率最高,以保证电话通话的质量

B. 通常上行数据通道的数据传输速率低于下行数据通道的数据传输速率

C. ADSL 的数据传输速率是根据线路情况自动调整的

D. 这三个信息通道可以同时工作,即可以同时传输信息(数据)

28. 无线局域网是以太网与无线通信技术相结合的产物,其采用的网络协议主要是 IEEE 制定的_____。

A. IEEE 802.3　　　　B. IEEE 802.11　　　C. IEEE 1394　　　　D. IEEE 1394b

29. 因特网中的 IP 地址可以分为 A 类、B 类、C 类、D 类等。在下列 4 个 IP 地址中,属于 C 类地址的是_____。

A. 28.129.200.19　　　　　　　　　　B. 88.129.200.19

C. 188.129.200.19　　　　　　　　　　D. 222.129.200.19

30. 在下列有关 IP 地址与域名的叙述中,错误的是_____。

A. 目前使用的 IP 协议主要是 IPv4 协议,其 IP 地址长度为 32 位

B. 因特网是多个网络互联而成的,不同网络中的主机可以具有相同的 IP 地址

C. 域名是 IP 地址的文字表述形式,但不是所有的 IP 地址均有相应的域名

D. 一个 IP 地址可以有多个对应的域名

31. 通常所说的 TCP/IP 协议,是指由 100 多个协议组成的协议系列(包含下列几个协议),在下列协议中,发送电子邮件主要依赖_____。

A. HTTP　　　　　　　B. FTP　　　　　　　　C. Telnet　　　　　　D. SMTP

32. 因特网由大量的计算机和信息资源组成,它为网络用户提供了非常丰富的网络服务。下列与 WWW 服务相关的叙述中,错误的是_____。

A. WWW 采用客户机/服务器工作模式

B. 网页到网页的链接信息由 URL 指出

C. 浏览器是客户端应用程序

D. 所有的网页均是 HTML 文档

33. 下面关于计算机病毒的相关描述,正确的是_____。

A. 只要计算机系统能够使用,就说明没有被病毒感染

B. 计算机病毒是程序,计算机感染病毒后,可以找出所有的病毒程序,进而完全清除它

C. 只要计算机系统的工作不正常,一定是被病毒感染了

D. U 盘写保护后,使用时一般不会被感染上病毒

34. 下面关于防火墙的描述,正确的是_____。

A. 防火墙是设置在可信任网络和不可信任网络之间的一道屏障

B. 防火墙可以清除病毒

C. 任何可信任网络的用户都可以对外部网络自由访问

D. 防火墙能够防范来自于网络内部的攻击

35. 下列有关汉字字符集及其编码的叙述中,错误的是_____。

A. GB 2312 是我国颁布的第一个汉字编码国家标准,该标准包含了 6 000 多个汉字

B. GB 2312 的所有字符在计算机内都采用两个字节来表示

C. GBK 收录了包括繁体字在内的 20 000 多个汉字和符号,它向下兼容 GB 2312

D. GB 18030 是我国最新颁布的汉字编码标准,它与 GB 2312 和 GBK 均不兼容

36. 数字图像文件有多种文件类型,不同类型的文件各有其特点。在下列 4 种文件类型中,能够将多张图片保存在一个文件中且能产生动画效果的是_____。

    A. BMP   B. JPG   C. GIF   D. PNG

37. 语音在数字化时常用的采样频率为 8 kHz,量化位数为 8 位。若声道数为 2,则每分钟的数字语音数据量在未压缩时大约为_____。

    A. 64 KB   B. 128 KB   C. 1 MB   D. 2 MB

38. 下列与数字图像图形相关的叙述中,错误的是_____。

A. 彩色图像在数字化过程中需进行分色处理,然后对不同的基色进行取样和量化

B. 如果某 RGB 图像的像素深度为 2,则可表示的颜色数目为 2

C. 数码相机常用 JPEG 格式保存图像文件,该格式的图像大多采用有损压缩编码

D. 图形是计算机合成的图像,也称为矢量图形

39. 下列文件中,属于数字视频的文件是_____。

    A. ABC. RMVB   B. ABC. DLL

    C. ABC. PDF   D. ABC. MIDI

40. 在下列有关数字视频的叙述中,错误的是_____。

A. PC 所使用的视频卡能将输入的模拟视频信号进行数字化

B. 目前使用摄像头获取视频信息时,不需要使用专门的视频卡

C. 数字视频在数据压缩时只能使用 MPEG 标准,DVD 就是采用 MPEG - 4 标准压缩的

D. 计算机动画是一种合成视频,这种技术是发展动漫产业的基础

二、填空题(每空 1 分,共 25 分)

1. 第二代计算机采用的逻辑元件是_____。

2. $(1100\ 1011\ 0111)_2 = ($_____$)_{16}$

3. 11 位补码可表示的整数的数值范围是 $-1\ 024 \sim$_____。

4. 冯·诺依曼参与研制的 EDVAC 计算机中,首次实现了_____和存储程序的重要思想。

5. CPU 由运算器、控制器和_____组成。

6. CPU 中用于分析指令操作码以确定需要执行什么操作的部件是指令_____部件。

7. 解决某一问题的算法也许有多种,但它们都必须满足确定性、有穷性、能行性等性质,其中输出的个数 n 应大于等于_____。(填一个数字)

8. 计算机系统是由硬件系统和_____两大部分组成的。

9. 文件名由文件主名和_____两部分组成,中间用“.”隔开。

10. 计算机网络的模式有对等模式和_____模式。

11. 计算机网络常见的拓扑类型有总线型、_____和环型三种。

12. 每块以太网卡都有一个全球唯一的 MAC 地址,MAC 地址由_____个字节组成。

13. 将数据在模拟格式和数字格式之间来回进行转换的网络设备是＿＿＿＿。

14. 若用户的邮箱名为 chf,所接入的 Internet 邮件服务器的域名为 Sohu. com,则该用户的邮件地址为＿＿＿＿。

15. WWW 服务是按客户机/服务器模式工作的,当浏览器请求服务器下载一个 HTML 文档时,必须使用 HTTP 协议,该协议的中文名称是＿＿＿＿。

16. 大写字母"A"的 ASCII 码为十进制数 65,ASCII 码为十进制数 100 的字母是＿＿＿＿。

17. GB 2312 汉字在计算机中使用最高位都置为"1"的双字节表示,这种表示就称为 GB 2312 汉字的＿＿＿＿码。

18. 我国彩色电视采用 PAL 制式,每一帧图像由奇数场和偶数场组成,其帧率为＿＿＿＿帧/s。

19. 卫星数字电视和新一代数字视盘 DVD 采用＿＿＿＿作为数字视频压缩标准。

20. 在一个字长为 8 的机器中,整数采用原码、反码和补码表示,符号位占一位,请写出下列十进制数在机器中的二进制表示形式。(每四位用逗号隔开)

十进制整数	原码	反码	补码
−15	1000,1111		
+127		0111,1111	
−128		无法表示	

三、判断题(对的请打√,错的请打×,每题 1 分,共 10 分)

1. 整数在计算机中的表示常用最高位作为其符号位,用"1"表示"＋"(正数),"0"表示"－"(负数),其余各位则用来表示数值的大小。　　　　　　　　　　　　　(　　)

2. 目前市场上有些 PC 的主板已经集成了许多扩充卡(如声卡、以太网卡、显卡)的功能,因此不再需要插接相应的适配卡。　　　　　　　　　　　　　　　(　　)

3. 若某台 PC 主板上的 CMOS 信息丢失,则该机器将不能正常运行,此时只要将其他计算机中的 CMOS 信息写入后,该机器便能正常运行。　　　　　　　　(　　)

4. 在一台已感染病毒的计算机上读取一张 CD-ROM 光盘中的数据,该光盘也有可能感染病毒。　　　　　　　　　　　　　　　　　　　　　　　　(　　)

5. 汇编语言是面向计算机指令系统的,因此汇编语言程序可以由计算机直接执行。
　　　　　　　　　　　　　　　　　　　　　　　　　　　　(　　)

6. 不论前台任务还是后台任务均能分配到 CPU 使用权,称这种方式为并发多任务方式。
　　　　　　　　　　　　　　　　　　　　　　　　　　　　(　　)

7. 光纤分布式数字接口(FDDI)网采用环型拓扑结构,使用光纤作为传输介质,传输速率高,可靠性好。　　　　　　　　　　　　　　　　　　　　　(　　)

8. 局域网利用专用的共享传输介质进行通信,接入一个局域网的计算机台数不受限制。
　　　　　　　　　　　　　　　　　　　　　　　　　　　　(　　)

9. 使用微软公司的 Word 软件生成的 DOC 文件,与使用记事本生成的 TXT 文件一样,都属于简单文本文件。　　　　　　　　　　　　　　　　　　　(　　)

10. 计算机中的声卡可控制并完成声音的输入与输出,但它只能获取波形声音不能处理 MIDI 声音。　　　　　　　　　　　　　　　　　　　　　　(　　)

四、计算题（每题 5 分，共 15 分）

1. 二进制数 10111000 和 11001010 进行逻辑与运算，运算结果再与 10100110 进行或运算，其结果的十六进制形式为多少？（要求写出计算步骤）

2. 一部数码相机其 Flash 存储器容量为 20 MB，它一次可以连续拍摄 65 536 色的 1024×1024 的彩色相片 40 张，那么可以推算出图像数据的压缩倍数是多少？

3. CD 立体声带宽为 20～20,000 Hz 的语音，若采样频率为 44.1 kHz，量化位数为 16 位，双声道，一张 CD 光盘片存储的立体声高保真全频带数字音乐约可播放一小时，则其数据量大约是多少 MB？（要求写出计算步骤）

五、简答题（每题 5 分，共 10 分）

1. 说明机器语言、汇编语言和高级语言的不同特点和使用场合？

2. 简述操作系统的概念及功能。

习 题 答 案

习题一

一、选择题

   1. D   2. B   3. A   4. D   5. A   6. A   7. A   8. D   9. D   10. A   11. C   12. D
13. B   14. C   15. C

二、计算题

   1.

	原码	反码	补码
+43	00101011	00101011	00101011
−7	10000111	11111000	11111001
127	01111111	01111111	01111111
−128	无	无	10000000

   2. (1) 机内码为 D6D0H,则国标码 5650H,区位码为 5448(十进制);

   (2) 国标码为 3A43H,机内码为 BAC3H;

   (3) 机内码为 BDCCH,其区位码为 2944(十进制)。

   3. 5 个汉字,2 个西文字符。5 个汉字的机内码分别为 CBFB,CAC7,B8F6,D1A7,C9FA,2 个西文字符编码为 31,2E

   4. 需要的存储空间＝10 * 24 * 24/8＝720 B

三、简答题

   略

习题二

一、选择题

   1. B   2. A   3. B   4. D   5. A   6. B   7. A   8. D   9. C   10. D

二、填空题

   1. 寄存器   2. 逻辑   3. CMOS   4. USB   5. DPI   6. 操作码   7. 串行   8. 高级

三、计算题

   $(4×2×16\,383×64×512)/(1\,000×1\,000×1\,024)≈4\,GB$

四、简答题

   略

习题三

一、选择题

   1. B   2. D   3. C   4. B   5. D   6. A   7. B   8. C   9. D   10. C   11. D   12. D
13. C   14. D   15. A

二、填空题

   1. 机器

2. 算法　算法　数据结构

3. 并发多任务　轮流

4. 顺序　选择　循环

5. 解释程序

三、判断题

1. √　2. ×　3. ×　4. √　5. ×　6. √　7. ×　8. ×　9. ×　10. ×

四、简答题

略

习题四

一、选择题

1. A　2. C　3. B　4. B　5. D　6. C　7. B　8. B　9. D　10. A　11. A　12. B
13. D　14. B　15. C

二、填空题

1. TCP/IP

2. TD-SCDMA

3. IEEE 802. 11

4. 128

5. MIME

三、判断题

1. √　2. ×　3. ×　4. √　5. √　6. ×　7. ×　8. √

四、简答题

略

习题五

一、选择题

1. A　2. D　3. D　4. C　5. B　6. B　7. A　8. B　9. C　10. C　11. B　12. D
13. A　14. B　15. B　16. B　17. C　18. C　19. A　20. C

二、填空题

1. 256　2. 采样　3. 1 024　4. 1　5. GIF　6. MPEG-1　7. 流　8. 2　9. VOD
10. 25

三、计算题

1. 平均数据传输率＝800×600×16×20/(30×60×1 000)≈85 kbps

2. 水平分辨率＝2.5×1 024×1 024×8/(16×1 024)＝1 280

3. 数据量＝采样频率×量化精度/8×声道数/压缩倍数×时间
　　　　＝8×1 000×(8/8)×1/4×60
　　　　＝120 000 B≈120 KB

4. 数据量＝采样频率×量化精度/8×声道数×时间
　　　　＝44.1×1 000×16/8×2×60
　　　　＝10 584 000 B≈10 MB

5. 播放时间＝数据量/速率＝4.7 GB/10.4 Mbps＝4.7×1 024×8/10.4＝3 702 s≈1 h

四、简答题
略

习题六

一、选择题
1. B 2. D 3. C 4. B 5. C 6. A 7. A 8. C 9. C 10. C 11. B 12. A
13. B 14. C 15. A

二、填空题
1. 逻辑独立性　物理独立性
2. 一对一　一对多　多对多
3. 实体完整性　参照完整性　不变性
4. 自含式　嵌入式
5. 数据完整性
6. 投影
7. 一对多
8. 选择　投影　连接　除
9. 并　差　笛卡尔积　选择　投影
10. 交

三、简答题
略

四、编程题
1. INSERT
   INTO Student(Sno,Sname,Sage,Sdept,Ssex)
   VALUES('070601211','李瑞平',18,'男');
2. SELECT *
   FROM Student
   WHERE Sage>19 AND Ssex='女';
3. DELETE
   FROM Student
   WHERE Sno='060701102';
4. UPDATE Student
   SET Sage=19
   WHERE Sno='070701212';

模拟测验

一、选择题(每题1分,共40分)
1. D 2. B 3. B 4. B 5. B 6. A 7. D 8. A 9. A 10. B 11. D 12. D
13. C 14. B 15. B 16. A 17. B 18. D 19. D 20. C 21. C 22. B 23. A 24. C
25. D 26. A 27. A 28. B 29. D 30. B 31. D 32. D 33. D 34. A 35. D
36. C 37. C 38. B 39. A 40. C

二、填空题(每空 1 分,共 25 分)

1. 晶体管　2. CB7　3. 1 023　4. 二进制　5. 寄存器组　6. 译码　7. 1　8. 软件系统
9. 扩展名　10. 客户机/服务器　11. 星型　12. 6　13. 调制解调器　14. chf@Sohu.com
15. 超文本传输协议　16. d　17. 机内　18. 25　19. MPEG-2

20.

−15	1000,1111	1111,0000	1111,0001
+127	0111,1111	0111,1111	0111,1111
−128	无法表示	无法表示	1000,0000

三、判断题(每题 1 分,共 10 分)

1. ×　2. √　3. ×　4. ×　5. ×　6. √　7. √　8. ×　9. ×　10. ×

四、计算题(每题 5 分,共 15 分)

1. 1011,1000　∧　1100,1010　＝　1000,1000
1000,1000　∨　1010,0110　＝　1010,1110
$(1010,1110)_2 = (AE)_{16}$

2. 图像数据量＝图像水平分辨率×图像垂直分辨率×像素深度/8
40 张彩色相片的数据量为:40×(1 024×1 024×16/8)＝80 MB
数据的压缩倍数应该为:80 MB/20 MB＝4(倍)。

3. 数据量＝采样频率×量化位数×声道数×时间
一小时数据量(MB)＝44.1×1 000×16/8×2×60×60＝635 040 000 B≈605.6 MB

五、简答题(每题 5 分,共 10 分)

1. (1) 机器语言:使用计算机指令系统的程序语言。用机器语言编写的程序全部都是二进制代码形式,可以被计算机直接执行。

(2) 汇编语言:用助记符来代替机器指令的操作码和操作数,如用 ADD 表示加法,用 SUB 表示减法等。汇编语言仍然是面向机器指令系统的,还保留了机器语言的各项缺点。

(3) 高级语言:其表示方法接近解决问题的表示方法,而且具有通用性,在一定程度上与机器无关。高级语言的特点:易学、易用,易维护。

2. 操作系统是为了合理、方便地利用计算机系统而对其硬件资源和软件资源进行管理的软件。操作系统包括处理器管理(进程管理)、存储器管理、设备管理、文件管理四大管理功能。

参 考 文 献

[1] 冯博琴,吕军,朱丹军. 大学计算机基础[M]. 北京:清华大学出版社,2004

[2] 张福炎,孙志挥. 大学计算机信息技术教程[M]. 南京:南京大学出版社,2006

[3] 耿国华. 计算机基础教程[M]. 北京:电子工业出版社,2000

[4] 网易科技报道. 盗版软件对用户的危害到底有多大? http://tech. 163. com/07. 16/3MBQT23V00091JFM. html. 2007. 8. 20

[5] 林曦. 78%中国个人电脑易感染病毒. 羊城晚报(A11 版),2013.4.4

[6] cnitinfo. 商业软件联盟调查称:57%的电脑使用者用盗版软件. http://news. cnblogs. com/n/142744. 2012.05. 17

[7] 李开复. 算法的力量. http://www. kuqin. com/itman/kaifulee/20070814/274. html. 2007. 8.14

[8] 裘伯君. http://baike. baidu. com/view/1025234. htm

[9] 教育部考试中心. 图像处理小专家[M]. 西安:西安交通大学出版社,2004

[10] 教育部考试中心. 动画制作小专家[M]. 西安:西安交通大学出版社,2004

[11] 3D MAX. http://baike. baidu. com/view/23805. htm

[12] Ulead GIF Animator. http://baike. baidu. com/view/186148. htm

[13] 光影魔术手. http://baike. baidu. com/view/563889. htm

[14] 光影魔术手官方网站. http://www. neoimaging. cn/

[15] 解压缩软件. http://baike. baidu. com/view/51. htm? fromId=1074526

[16] ghost. http://baike. baidu. com/view/2666. htm

[17] 我形我速. http://baike. baidu. com/view/788349. htm

[18] 美图秀秀. http://baike. baidu. com/view/2088493. htm

[19] 会声会影. http://baike. baidu. com/view/402054. htm

[20] 汇编语言. http://baike. baidu. com/view/49. htm

[21] C++. http://baike. baidu. com/view/824. htm

[22] C++的用场. http://wenku. baidu. com/view/14172a5abe23482fb4da4cd5. html

[23] C#. http://baike. baidu. com/view/6590. htm

[24] C#语言简介. http://zhidao. baidu. com/question/416348967. html

[25] JAVA. http://baike. baidu. com/view/29. htm? fromId=229611

[26] 怎么学习编程. http://zhidao. baidu. com/question/225644545. html

[27] 比尔·盖茨传记. http://www. bookbao. com/view/201207/28/id_XMjgxNzUz. html

[28] 计算机软件行业好吗? http://www. gz-benet. com. cn/zswd/201210/zswd_21331. html

[29] 百度百科

[30] 维基百科

[31] 帕森斯,奥贾. 计算机文化[M]. 吕云翔,傅尔也,译. 北京:机械工业出版社,2011

[32] 谢希仁,谢钧. 计算机网络教程[M]. 3 版. 北京:人民邮电出版社,2012

[33] 李丽萍,马宪敏,战会玲,等. 多媒体技术[M]. 北京:清华大学出版社,2010

[34] 龚尚福. 多媒体技术及应用[M]. 西安:西安电子科技大学出版社,2009

[35] 王珊,萨师煊. 数据库系统概论[M]. 4 版. 北京:高等教育出版社,2006

[36] 薛华成. 管理信息系统[M]. 5 版. 北京:清华大学出版社,2007